Constructing Cosmos

解读宇宙

人类构建宇宙图像的历程

沈贤勇 著

化学工业出版社
·北京·

内容简介

本书按照史前人类理解的世界、神话中的世界、柏拉图和亚里士多德的宇宙、牛顿的宇宙、爱因斯坦的宇宙的顺序展示了人类理解宇宙的历程，从理性与对理性的反思的视角详细讲述人类如何构建出这些宇宙图像，而这些构建过程又存在哪些缺陷和局限。特别是以牛顿力学为例，详细展示牛顿当初如何通过引入人为构建的成分，成功地构建出万有引力的概念，进而构建出牛顿力学的大厦，以及后来的爱因斯坦又如何洞察出这些人为构建成分，并在广义相对论中将它们完美剔除。通过这些梳理让读者体会到现代科学方法本身的有效性和局限性。

本书图文并茂，通俗易懂，适合对宇宙学、现代科学、哲学感兴趣的广大读者阅读，也可供相关学科的科研工作者、教师参考。

图书在版编目（CIP）数据

解读宇宙：人类构建宇宙图像的历程 / 沈贤勇著. 北京：化学工业出版社，2025. 5. -- ISBN 978-7-122-47711-8

I. P159-49

中国国家版本馆CIP数据核字第2025H8K350号

责任编辑：王清颢　　文字编辑：郑云海

责任校对：赵懿桐　　装帧设计：溢思视觉设计 / 姚艺

出版发行：化学工业出版社

（北京市东城区青年湖南街13号　邮政编码100011）

印　　装：北京缤索印刷有限公司

710mm×1000mm　1/16　印张$15^1/_2$　字数278千字

2026年1月北京第1版第1次印刷

购书咨询：010-64518888　　售后服务：010-64518899

网　　址：http://www.cip.com.cn

凡购买本书，如有缺损质量问题，本社销售中心负责调换。

定　　价：89.80元

前言

人类如何理解这个世界？人类是否真的理解了这个世界？对于这些延续了几千年的疑惑，今天的我们已经有更详细的回答。本书通过梳理人类认识宇宙的历程，从理性与对理性反思的视角谈论了其中一种回答，即宇宙图像是被我们构建出来的，而且这些构建过程不可避免地存在缺陷和局限、虚构和人为构造。

具体来说，本书按照史前人类理解的世界、神话中的世界、柏拉图和亚里士多德的宇宙图像、牛顿的宇宙图像、爱因斯坦的宇宙图像的迭代过程展示了人类理解宇宙的历程，通过人类认知方式和宇宙图像构建方式的升级过程，采用四次反思的形式，并借助认知语言学将这个曲折历程串联成脉络清晰、系统完整的逻辑链条，从而让读者体会到：人类当初如何一步步相信当时的宇宙理论，这些理论为何包含着人为虚构的成分，这些虚构成分又是如何被人类构造出来的，后来的人们又是如何清除这些人为构建成分，从而完成理论的迭代更新。特别是以牛顿力学为例，详细展示牛顿当初如何通过引入人为构建成分成功构建出万有引力这个对象，进而构建出牛顿力学，后来的爱因斯坦又如何洞察出这些人为构建成分，并在广义相对论中将它们剔除掉。

这些迭代过程也让我们开始反思通过现代科学方法是否真的能够完全认识我们这个世界。在早期，现代科学通常被视为客观真实的，但宇宙理论不断迭代的过程表明，现代科学方法所获取的知识也包含有虚构成分，这些迭代更新的过程就是在不断消除这些虚构成分。也就是说，现代科学方法本身也存在有效性和局限性，这些有效性和局限性导致现代科学方法无法做到镜像地对客观世界进行呈现，从而仍然需要依靠我们人为的构建。更直观地说，现代科学方法并不是完全在发现所谓的客观规律，而是也在“发明”这些客观规律。

尽管这个结论已经引起科学哲学界的广泛讨论，但大多数讨论是从现代科学方法的外部展开的，如果能从内部，比如以现代科学最典型的代表——牛顿三大定律和万有引力定律作为案例来论证，那我们的结论无疑将更具说服力。希望本书的论证可以让读者对现代科学方法产生不一样的认识，对人类如何理解世界、能够理解到什么程度等问题的思考带来启发。

沈贤勇@川山洞主

2024年4月28日于杭州

目录

第4章　牛顿的宇宙——构建方式3.0版本：现代科学

第5章　牛顿如何构建宇宙图像——我们为什么相信太阳系就是这样的

第6章　牛顿的宇宙图像真实存在吗——虚构成分的不可避免

第 7 章 爱因斯坦的宇宙——理性思维的巅峰

第 8 章 微观宇宙图像的构建——量子力学

第 9 章 我们真的能认识世界吗

参考文献

第1章

史前人类如何理解世界——神经网络、思维与语言

爱因斯坦曾经发出过这样的感慨：“宇宙最难以理解之处就在于它居然可以被理解”。

在浩瀚的宇宙中，我们就像尘埃一样，但是，仅有两个拳头那么大的人类大脑竟然只通过几个公式，就能说出几十亿光年之外的地方将会发生什么，就能谈论宇宙诞生时候的场景，更加不可思议的是，在人类大脑中，这个复杂的宇宙似乎变得简单了，一切事物似乎都在按照某种设定的秩序在运行。

我们的大脑如何做到这一点？这就是爱因斯坦感慨的地方，因为这个问题就是在要求大脑去理解它自己。

再简单的事物，通过巨量的组合就能产生难以想象的结果。比如说，今天的我们已经清楚，当原子a靠近原子b时，由于电磁相互作用，原子b会做出反应，从而靠近或离开。这样的反应过程再简单不过了，但是，如果将几百亿或几万亿个原子按照某种方式组合在一起（即形成一颗大脑），这些最简单的反应过程最终却能产生最复杂的反应过程，如图1-1所示。

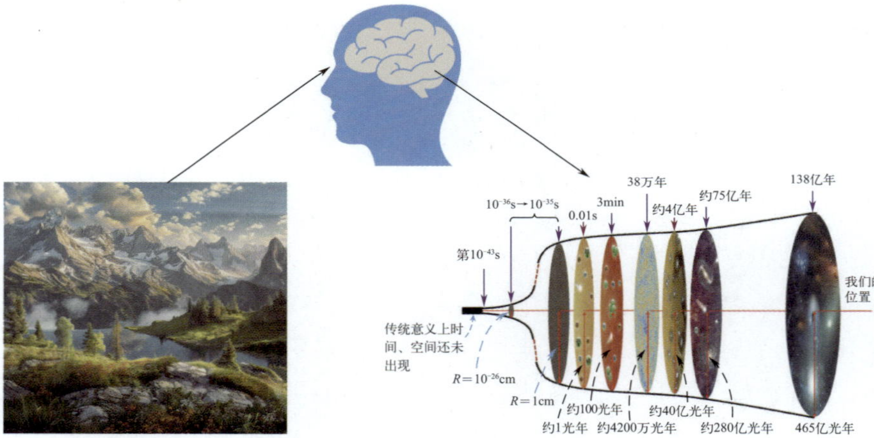

图1-1　由最简单的反应过程却可以组合出最复杂的反应过程

尽管这种组合方式的最底层部件都是简单的，但这种组合方式的诞生过程却是极其复杂的，它需要耗费40多亿年才得以完成。今天的我们很难相信这样极其复杂的组合方式（即大脑的构造）能够被提前设计好，我们更倾向于相信它是通过“走一步看一步”的方式被不断改进得到的。这种诞生方式在今天被称为进化。

所有进化过程似乎都以越来越快的速度进行着，越初级的部分需要耗费越多的时间。从文字的出现到《红楼梦》的诞生，这个进化过程只耗费了几千年，但从一颗光子打到一个原子上，让该原子以能级跃迁的方式做出反应，到一颗光子打在视网膜上的视锥细胞里的一个原子上，从而让该原子引发出一连串化学反应，这个进化过程却耗费了几十亿年。

这几十亿年的进化过程令人叹为观止，至于它是如何做到的，这个问题留给分子生物学家去思考，本书所讲述的故事从光子打在视网膜上开始。

1.1 大脑对外界的最初反应方式

1.1.1 大脑如何接收外界的刺激

很多看似简单的事情实际上却无比复杂、难以理解。比如说，当我们在动物园游览时，我们可以轻松地说出："这是一只老虎，那是一头狮子。"这种区分对于我们来说太容易了，但要想知道大脑是如何做到这一点的，这件事情就立刻变得极其复杂。

在今天，我们已经知道仅仅几毫米厚的大脑皮层（即大脑表面的褶皱层，大脑皮质）就分为六层，拥有上百亿个神经元细胞、数万亿个突触连接，它们组成了一个巨大的神经网络。每个神经元细胞、每个突触连接又是通过数不清的化学和物理反应来运转。那么，一只老虎身上发出的光子（即发出的光线），如何通过大脑这个复杂庞大的系统，最终就能推动空气有规则地振动，而这些振动恰好对应"这是一只老虎"的声波呢？

对于这个极其复杂的反应过程，我们必须承认，直到今天为止，我们的研究只能算刚起步，很多过程对于我们来说仍然是一个"黑盒子"，我们不知道这些过程是如何具体实现的，比如我们仍然不知道神经网络具体通过什么样的信号传递产生出意识。

但是，相比于一百多年前的人们只能做哲学上的思考，今天的我们取得了巨大的进步。比如说，今天的我们已经搞清楚这只老虎身上发出的光波如何被视网膜、丘脑的外侧膝状体（LGN）、大脑皮层上的神经网络分离成各种信息，如图1-2所示。

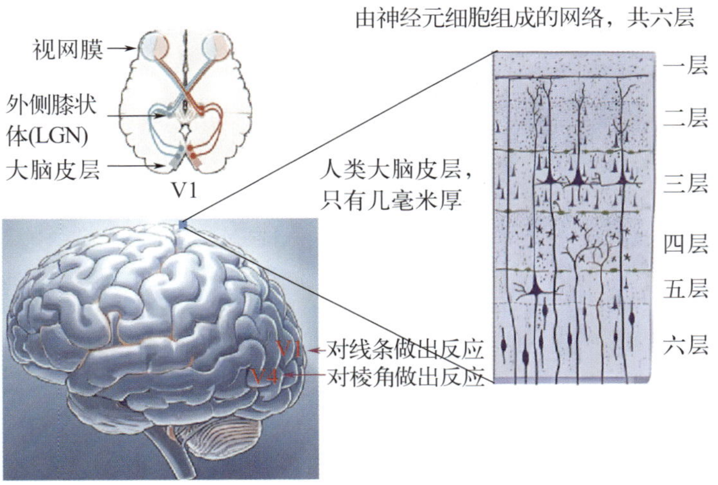

图1-2 大脑通过神经元细胞组成的神经网络对外界信号进行反应

具体来说，这些神经元细胞会排列成多个层次，每层神经元细胞会加强某些信息，也会过滤掉某些信息。比如说，视网膜上有些神经元细胞只对红光做出物理和化学反应，有些神经元细胞只对蓝光做出反应，而老虎身上发出的红外线光波无法让视网膜上的任何神经元细胞上的分子产生能级跃迁，从而引发后续的物理和化学反应。再比如说，大脑皮层上的初级视觉皮层（记为V1层）上有些神经元细胞只会对“垂直线条”做出反应，有些神经元细胞只会对“倾斜线条”做出反应，而有些神经元细胞只会对“水平线条”做出反应。当被V1层分离出来的信号进入纹外皮层（记为V4层）之后，V4层上有些神经元细胞只会对“两根线条组成的角度”做出反应。

就这样，排列成多层的神经元细胞会将老虎反射的光波加工成各种信息，比如颜色、线条、轮廓等。这反过来也表明，经过几十亿年才进化出的神经网络实际上只会从老虎身上提取颜色、线条、轮廓等信息。在大脑还没有进化出更多层次的神经元细胞之前，这一提取结果不会改变。也就是说，这是一种我们无法改变的局限。

将不同的神经元细胞排列成多个层次就能对信息进行加工，这为工程师带来了极大的灵感，比如人工智能中的卷积神经网络算法正是模仿了大脑的神经网络，如图1-3所示。这种模仿所释放的威力已经让我们惊讶不已，比如它已经可以完成复杂的人脸识别。

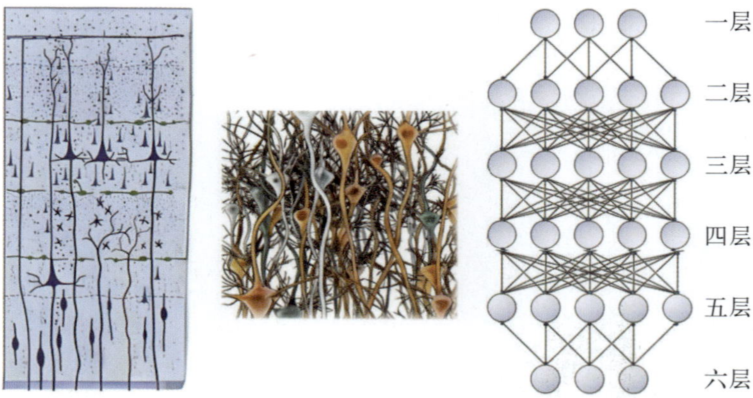

图1-3　人工智能的神经网络算法模仿了大脑的神经网络

但是，接下来的事情又变得扑朔迷离了。比如说，当被视网膜、LGN、大脑视觉皮层分离出来的这些信号传递给大脑其他皮层区域之后，“虎”的这个意识如何就在大脑皮层的神经网络中形成了呢？这些神经网络又如何将一个符号（比如

"虎"这个字所对应的线条形状或声波）与"虎"的这个意识对应起来了呢？对于这些问题，我们至今仍然不清楚。

这个问题的答案就是认知神经学的终极目标，但直到今天，认知神经学实际上还没有真正触及这个问题。对这个问题的大部分研究还是从语言学、心理学、信息学等方面出发的，比如全局工作空间理论、整合信息理论。也就是说，大脑皮层的神经网络产生出意识的过程在现有理论中仍然是一个"黑盒"。

但即使是这样，相比于一百多年前的哲学思考，认知语言学和认知心理学的研究已经让我们可以用全新的角度去看待世界、看待我们自己以及我们与世界的关系。接下来，我们就从人类语言发展的角度来梳理一下，人类最开始是如何理解这个世界、如何为这个世界绘制图像的。

1.1.2 大脑如何对外界做出反应

今天的人类学家一般认为我们人类的祖先是距今约五百万年的南方古猿，他们已经具备通过吼叫对外界做出反应的能力。

比如说，当一只老虎突然出现在一群南方古猿面前，这群南方古猿就会立即发出巨大的吼叫声。这表明南方古猿的眼睛和大脑中的神经网络已经能够对老虎的颜色、线条、轮廓进行识别，但他们的大脑还没有进化出足够多层的神经网络来形成有关"虎"的意识。然而，识别到的这些颜色、线条和轮廓已经可以通过大脑已有的神经网络让他们发出吼叫的声音。也就是说，南方古猿看见老虎就立刻发出吼叫声的过程是无意识的。这就是人类大脑对外界的最初反应方式。

图1-4
大脑很早就对弯曲带花纹的线条状物体反应强烈

这样的反应过程在今天的人类大脑中仍有保留。比如说，当我们在草丛中行走时，一条弯曲的、带花纹的、线条状的物体突然出现在我们面前，我们的身体会立即做出后退几步的反应，甚至发出惊叫。等我们后退之后，这个物体对应的意识才会在我们大脑中形成——"蛇"或者"绳"的认知，如图1-4所示。也就是说，在这个反应过程中，已经被视网膜、LGN、大脑视觉皮层分离出来的信号通过不同的神经网络通路，会让我们产生不同的反应——无意识的后退与有意识的“蛇”。

那么，在南方古猿之后，人类的大脑通过什么样的进化改变，让这个反应过程从最初的无意识后退惊叫变成有意识的“蛇”呢？

视网膜、LGN、大脑视觉皮层上的神经网络可以加工出颜色、线条、轮廓等信息（当然，它们也只能加工出这类信息）。然而，在进化的早期，比如进化到南方古猿的时候，神经元细胞的这些加工过程还比较粗糙，只能加工出大致的轮廓。在这种粗糙的轮廓下，老虎与狮子是没有区别的，它们拥有相同的轮廓。越是低等的动物，这种粗糙性就越明显。或许，一条鱼对外界的加工结果只有两种——可以吃的与不可以吃的。

所以，南方古猿接下来必须要经历一个重要的进化过程才能完成一次升级，那就是视网膜、LGN、大脑视觉皮层需要进化出更多层次的神经元细胞，从而加工出更加精细的信息。比如说，在进化之前，神经元细胞只能对轮廓做出反应，而进化出的新层次神经元细胞却能够对斑纹做出反应。也就是说，在进化之后，老虎和狮子对大脑产生的刺激信号将出现差别。这就好像高度近视患者不戴眼镜只能识别出远处有一个动物，戴上眼镜后他可以识别出这是一只老虎还是狮子一样。当然，这个进化过程极其漫长，需要耗费几百万年，此时人类或许已经从南方古猿进化成“能人”，见图1-5。

图1-5　人类演化的大致历程

视网膜、LGN、大脑视觉皮层上神经网络的这个进化过程将引发大脑其他区域的进化，比如在大脑表面的其他区域进化出新一层的神经元细胞，即大脑的皮层在不断增加。这是因为当一只动物突然出现在一群能人面前时，这群能人需要立即发出不同声音的吼叫。比如当老虎突然出现时，能人会立即发出一种吼叫声；当狮子突然出现时，能人会立即发出另外一种吼叫声。随着识别程度的不断提高，能人需要越来越多的吼叫声与这些识别结果对应。那么，为了处理这些越来越多的对应，大脑表面需要进化出一层新的神经元细胞来完成这些对应。

大脑的这种进化方式与软件程序的升级过程是类似的。比如说，如果一名软件工程师想给一款软件增加新功能，那么，当程序代码量很少的时候，工程师可以通过修改原有代码来实现这项新功能，但如果程序代码已经极其庞大，工程师一般不会通过修改旧代码来实现这项新功能，而是在旧代码基础上重新开发新代码来实现这项新功能。这就是一款软件的升级过程。大脑的进化也是类似的，为了实现新功能，大脑会选择在已有神经网络上进化出一层新的神经元细胞来实现新功能。

1.2 如何应对信息爆炸——记忆、意识与思维

人类活动范围的扩大和深化导致大脑结构进一步进化，使得视网膜、LGN、大脑视觉皮层上神经网络的识别能力进一步提高，比如已经可以识别出上百种不同的动物。当然，在其他领域，人类的识别能力也在同步提高，比如可以识别出几十种不同的树木、河流、高山等。这些众多的识别结果或许就是人类迎来的第一次“信息爆炸”时代，因为相对之前上亿年的进化过程，几百万年是极其短暂的。

这样一来，能人需要越来越多的吼叫声与这些识别结果对应，但他们的喉咙结构只能发出有限种类的吼叫声。尽管能人还可以通过加入不同的手势来与这些识别结果对应，但他们仍然无法完全应对这种“信息爆炸”的局面。这就导致能人喉咙的结构也会随之进化，使他们能够发出更多不同的声音。与此同时，大脑表面进化出更多层次的神经元细胞，形成更加丰富的神经网络，从而完成各种声音或手势与众多识别结果的对应。

为了高效地完成这些对应，在大脑其他部位神经网络（比如海马体）的配合下，大脑表面最新进化出的这些神经网络将涌现出三大功能——记忆、意识与思维。在这三大功能相互配合下，大脑可以高效地将一种声音与一种识别结果对应起来。比如说，正是通过记忆，大脑皮层才只需要尽可能少的神经元细胞就能应对越来越多的识别结果和不同声音。正是通过意识，大脑皮层才能准确找到哪种声音对应哪个识别结果。正是在思维的帮助下，这些声音才能相互关联起来，才能称为语言。

1.2.1 记忆

在没有专门的记忆功能之前，大脑直接采用经过上亿年才能进化出的神经网络通路对某一类识别结果进行反应，比如今天的我们突然看见弯曲的、带花纹的、线条状的物体，仍然会情不自禁地后退几步。这些神经网络通路已经成为先天的大脑结构，它们来自基因的表达。也就是说，这种反应已经植入我们大脑的先天结构，已经成为一种我们天生具有的反应，不需要借助意识的帮助，我们也能完成这个反应过程。然而，这种先天的神经网络通路的数量是有限的，当早期人类在“短期内（只有几百万年）”就需要对越来越多的识别结果进行反应时，采用这种先天的神经网络通路就不再是高效的应对方式，而且大脑在短期内也无法进化出足够多新的神经元细胞去搭建出新的神经网络通路，以应对“爆炸式”增长的识别结果。为了解决这种不匹配，大脑进化出一种新的应对方式，那就是在大脑表面进化出的神经元细胞上，通过突触的连接与断开，将已有的神经元细胞重新组装成新的神经网络通路，见图1-6。

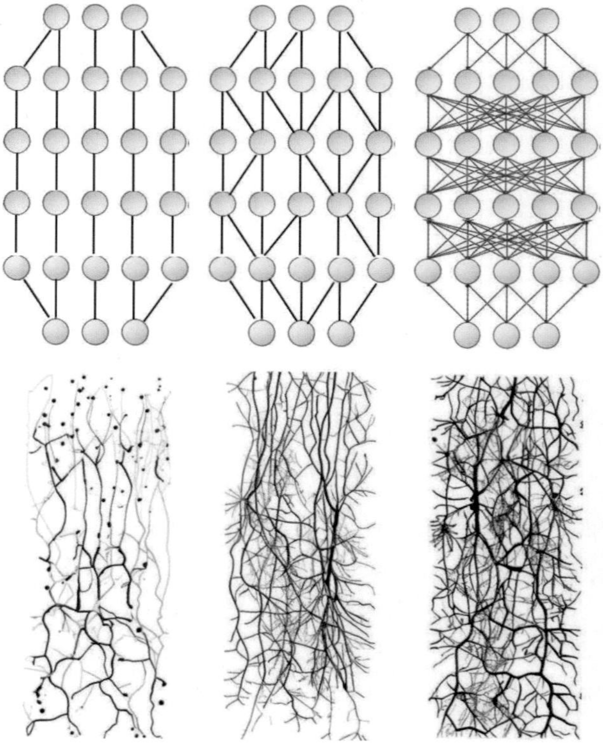

图1-6
通过神经元细胞的突触的连接与断开来形成新的神经网络

这样一来，为了应对越来越多的识别结果和不同声音，大脑不再需要产生新的神经元细胞，只需要通过已有神经元细胞产生新的突触连接就可以了。这些新的突触连接就是记忆。但是，这些新的突触连接不再是天生的，而是需要通过不断的信号刺激（即学习过程）才能形成。这是因为，一方面，让不同声音与不同识别结果不断对应的过程正是让这些新的突触连接形成的过程；另一方面，这些新的突触连接的形成反过来又帮助大脑完成不同声音与不同识别结果的对应。

对于应对方式的这种根本改变，我们可以采用一个形象的类比来理解。在没有专门的记忆功能之前，大脑的应对方式就类似于一台机器直接通过增加硬件来完成新功能，而在已有神经元细胞上通过产生新的突触连接的应对方式就类似于在已有硬件设备上通过开发不同软件来实现新功能，从而大大提高了机器的利用效率。

不过，为了让这些对应过程变得高效且不出现混乱，以及出于将大量识别结果整合在一起的需要，大脑皮层进化出的这些神经元细胞还产生了一种被我们称为意识的功能。

1.2.2 意识

为了避免混乱，意识就像阀门一样，一次只允许一个信息通过。也就是说，意识在同一时刻只能对一个识别结果进行反应[1]。比如说，大脑可以从图1-7中识别出大量结果，但在同一时刻，意识只会选取其中一个识别结果，比如图中右下角的圆形物体。通过之前的学习（即信号的不断刺激），我们的记忆（即神经网络中新的突触连接）中已经有一个声音（比如“轮”的声音，它由神经网络通路代表）与之对应。那么，在这个时刻，通过“轮”这个声音，我们只会对右下角的圆形物体的识别结果进行反应，尽管这张图片上所有部分都已经被视网膜、LGN、大脑视觉皮层上的神经网络识别出来了。

图1-7 意识的排他性

在直观体验上，这个结果给我们的感受就是，在这个时刻，我们意识到了图片中的“车轮”，但这张图片的其余部分并没有进入我们的意识，尽管它们都被视网膜、LGN、大脑视觉皮层上的神经网络识别出来了。

当然，在下一个时刻，意识可以选取另外一个识别结果，比如图1-7中左边的条状物体。同样，通过之前的学习（即信息的不断刺激），我们记忆中也已经有一个声音（比如“树”的声音）与之对应。那么在这个时刻，通过“树”这个声音，我们只会对左边的条状物体的识别结果进行反应。也就是说，在这个时刻，这张图片的左边部分进入了我们的意识，而之前在意识中呈现的“车轮”此刻已经消失，

---

[1] 当然，在无意识层面，大脑可以同时对多条信息进行反应，比如我们可以一边走路一边指着动物园的老虎说出：“这是一只老虎。”走路就是无意识的，而说出这句话就是有意识的。

即图片的右下角部分已经退出我们的意识。

所以，意识的这种排他性能够帮助大脑有条不紊地完成不同声音与不同识别结果的对应过程，或者说将不同声音与不同识别结果整合在一起。

那么，这些与众多不同识别结果对应起来的不同声音可以称为语言了吗？答案是还不行。也就是说，只依靠记忆和意识，这些不同的声音还无法称为语言。这些声音想要成为语言，大脑进化出的新皮层还需要形成另外一种功能，这种功能在今天被我们称为思维。

1.2.3 思维

在今天，思维通常被划分为多种方式，但是，除数学思维之外的所有思维方式最终都可以归结为同一种，那就是分类，或者说大多数思维方式在最底层是通过分类来实现的。比如，我们熟悉的归纳与演绎推理就是基于分类的思维方式，我们常用的比喻、类比等手法也是基于分类的思维方式，后面会详细谈到这一点。

思维的分类功能是在视网膜、LGN、大脑视觉皮层的神经网络基础上衍生出来的一种能力。

具体来说，在进化之前，当面对老虎、狮子和狼的时候，早期人类（如南方古猿）的视网膜、LGN、大脑视觉皮层的神经网络只能从它们身上提取出粗糙的轮廓信息。为了便于理解，我们可以将这个提取过程视为由同一套神经网络通路来实现的。这种粗糙的轮廓信息导致老虎、狮子和狼被识别为同一个对象，从而导致它们只会引起早期人类发出同一个吼叫声（采用a1标记），如图1-8左边所示。今天的很多动物仍然只具有这种粗糙的识别能力，比如将一只真老虎和模型老虎突然放在一只狗面前，那么狗也将无法识别它们的不同，将它们归为同一类[1]。

通过上百万年的进化之后，人类的视网膜、LGN、大脑视觉皮层上的这套神经网络通路已经进化出多条分支通路。通过这些分支通路，老虎、狮子和狼已经可以被提取成不同信号（能人或许已经具有这样的能力）。这将导致它们会引发早期人类发出不同的吼叫声（与老虎、狮子、狼对应的吼叫声分别标记为a1、b2、b3），如图1-8右边所示。但是，神经网络进化之前的主通路仍然保留着，仍然还在发挥作用，就像一棵树干慢慢长出很多分支之后，树的主干依然保留着一样。也就是说，狼依然还能引发大脑发出a1的吼叫声。不过，在进化之后，狼也能引发大脑发出b3的吼叫声。所以，当一只狼突然出现在一群南方古猿面前，大家只能听

[1] 当然，狗随后可以通过气味识别出它们的不同。

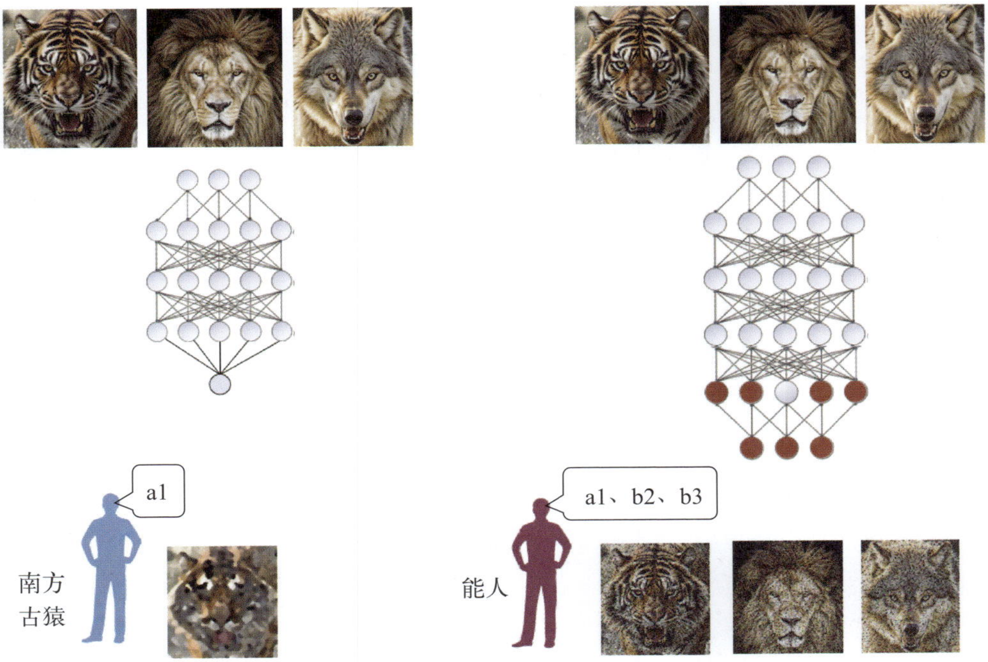

图1-8　大脑的视觉系统的神经网络对外部事物的识别过程

到"a1，a1"的吼叫声；而当一只狼突然出现在一群能人面前，大家或许就能听到"b3，a1，b3，a1"这样的吼叫声。这就是最原始的思维过程。翻译成今天的语言，吼叫声"b3，a1，b3，a1"或许对应着这样的意思：狼，像老虎那样危险。即思维将狼和老虎归为同一类。

所以，大脑将很多不同事物归为同一类的思维能力，即分类的能力，或许是由于视网膜、LGN、大脑视觉皮层为了提高识别能力，从神经网络的一套主通路进化出大量分支通路所导致的。所谓的思维只不过是大脑总是倾向于采用同一套神经网络通路对外界做出反应的表现形式。

当然，这反过来似乎也意味着，如果我们的大脑没有采用其他方式去进化出新的神经网络，那么，我们将无法获得其他方式的思维能力，或者其他更高阶的认知功能。这样一来，大脑只能在分类的基础上演化出更多类型的思维方式，而这些思维方式本质上还是在分类。不过，即使这样，在分类的基础上演化出的每一种新类型的思维方式都会让人类文明迈上一个新台阶，比如理性思维、科学思维，第1.6节以及后面章节将会对此详细讨论。

今天的我们会产生这样一种错觉：既然我们的大脑已经比南方古猿的大脑高

级得多，比如我们可以轻易地分辨出老虎、狮子和狼之间的差别，不会将它们视为同一个对象，那么，我们就不会再重复南方古猿的“错误”了。然而，实际情况并非如此，比如我们仍然会将图1-9左右两边的事物识别为同一个对象。

图1-9　它们是同一个对象吗?

以我们的视网膜、LGN、大脑视觉皮层上的神经网络在今天的识别能力，图1-9左右两边的物体也只能激发出同一套神经网络通路。也就是说，今天的人类大脑也只能采用同一套神经网络通路从它们身上提取出信息，从而导致它们只会引发我们的大脑发出同一个声音（采用“苹果”标记）。所以，无论图1-9中的哪个物体出现在我们面前，它都只会引发我们的大脑发出一个声音，即“苹果”对应的声音。今天的我们将图1-9左右两边的物体视为同一个对象，就像南方古猿将老虎、狮子和狼视为同一个对象一样。或者说，南方古猿无法分辨老虎、狮子和狼，就像今天的我们无法分辨图1-9左右两边的物体一样。

我们的视网膜、LGN、大脑视觉皮层上的神经网络已经很难继续进化，从而继续提高它们的识别能力，但是，借助外部设备（比如电子显微镜），图1-9左右两边物体的差别就呈现出来了（比如它们内部电子的运动过程完全不同）。这样一来，它们就能引发大脑发出不同声音与它们对应，比如与左边物体对应的声音标记为b2，与右边物体对应的声音标记为b3。于是，当左边物体出现在我们面前时，我们可以发出声音“b2，苹果”。采用今天熟悉的语言，这个声音就对应这样的意思：“b2，像苹果那样”。

所以，即使到了今天，在底层的实现方式上，我们大脑的思维与早期人类大脑的思维没有本质的区别。也就是说，今天的大脑的思维底层仍然只是在分类。不同之处在于，今天的大脑可以将多种分类方式和多次分类过程组合在一起，形成更高级的、更灵活的思维过程，第1.5节将对此详细说明。

与记忆和意识类似，大脑皮层进化出的这种思维能力也是为了让不同声音与不同识别结果更容易对应起来。

具体来说，当一个崭新的事物出现时，大脑皮层倾向于采用之前已经识别出的对象去代表它。采用今天熟悉的语言来说，我们的大脑总是倾向于采用已经成熟的语言去描述崭新的事物。比如说，由于各种外界因素的影响，能人不得不迁移到另一块陌生领地，这时一只豹子突然出现在他们面前。假设豹子是能人之前从未见过的新事物，那大家或许能听到“b4，a1，b4，a1”这样的吼叫声，其中吼叫声b4就对应崭新事物——豹子（见图1-10）。翻译成今天的语言，这些吼叫声或许对应着这样的意思：“豹子，也像老虎那样危险”。再比如说，当一百年前的人类首先观测到电子的干涉现象时，他们就采用“波”这个语言去描述它。

就这样，在思维的帮助下，通过将老虎、狮子、狼和豹子归为同一类，很多识别结果和不同吼叫声相互关联起来了。比如说，吼叫声“b4，a1，b4，a1”（对应于：豹子，也像老虎那样危险）就将吼叫声b4（对应豹子）与吼叫声a1（对应老虎）关联起来了。这种关联让大脑采用“最小的成本”就能将不同声音（比如a1、b2、b3、b4）与不同识别结果（老虎、狮子、狼、豹子）对应起来。

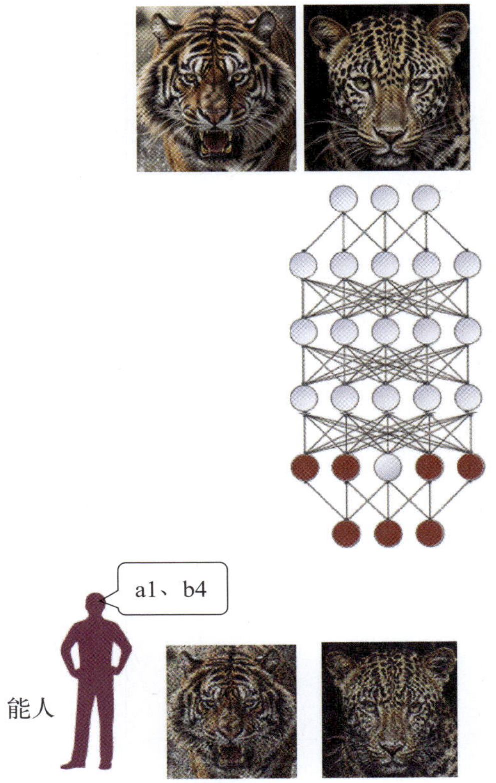

图1-10
大脑倾向于采用已有的神经网络去应对新事物

所以，正是有了这种关联，人类发出的吼叫声与其他动物发出的吼叫声才有了本质区别。这种本质区别让人类对外界的反应方式有了质的飞跃。采用今天的语言来说，这种质的飞跃就是人类大脑在感知的基础上产生了认知。

就这样，人类最早的词语诞生了，比如由a1、b2、b3、b4标记的吼叫声就是最原始的词语。当然，能够说出词语还只是人类大脑进化的第一步，能够说出句子才是更重要的一步，但它需要人类大脑皮层的其他区域完成更多的进化，从而进化出更高级的、更灵活的思维方式（尽管这些思维方式的最底层仍然是在分类）。这时候的人类或许已经进化成“直立人”，后面将会谈到这一点。

1.3 语言的诞生

在记忆、意识和思维的共同作用下，与不同识别结果对应的不同声音可以称为语言了。或者说，语言是与记忆、意识和思维共同进化出来的产物。它们四者相辅相成，缺少其中一个，其他三者都很难发挥巨大作用。

在物质上，语言以符号（可以是声音、图形、手势、面部表情等）为载体。所以，语言是由记忆、意识、思维与符号这四个部件共同参与所形成的整体。语言符号必须与记忆、意识和思维组合在一起才能称为语言。或者说，语言是这四者的综合体，而语言符号只是语言的载体，但多数人却误以为语言符号就是语言本身。

实际上，除了人类语言，其他语言也是这四者的综合体，比如计算机的程序语言。它的短时记忆采用内存来完成，长时记忆采用硬盘来完成，意识的功能对应于CPU每个时刻只处理一条计算，思维的过程对应于计算过程（即1+1=0,1+0=1），而它的符号载体只有两个，即“1”和“0”。

任何一个词或句子在形成的过程中，记忆、意识和思维都已经参与了。所以，每当我们说出一个词、一句话的时候，即使它们是最司空见惯的词或句子，但记忆、意识和思维就已经在发挥作用了，只是大家通常没有觉察到这一点而已。

当一个词或句子在形成过程中所涉及的记忆、意识和思维过程在另外一个人大脑中再次出现的时候，这个迁移过程就称为理解。

如果这个人的大脑缺乏相关的记忆和思维过程，那么，这个迁移过程就无法完成，于是，这个人就会产生“不理解”的感觉。所以，如果缺乏相关的记忆和思维过程，即使我们嘴里发出某个词或句子的声音，那这并不代表我们已经理解了这个词或句子。比如说，一个3岁的小孩子也许能说出很多唐诗宋词中的句子，但他可能并不理解这些句子。3岁的小孩子在教导下也可以轻松发出“等效原理”这个声音，但他们并没有理解“等效原理”这个词语的含义。所以，对这些小孩子来说，“等效原理”这个词和唐诗宋词中的句子不能算作语言，只能算作一堆符号。

如果某个人采用不相关的记忆和思维过程，那么，这个迁移过程就会被扭曲。这种迁移过程就称为误解。比如说，如果一个人连牛顿力学都没有学习过，那他将缺少很多与“等效原理”这个词相关的记忆和思维过程。这样一来，他只能采用在其他领域学习到的记忆来启动思维，而这些记忆和思维过程与“等效原理”可能不相关。于是，“等效原理”这个词在他大脑里被迁移成另外一条神经网络通路。尽管这条神经网络通路也会让这个人体验到“我已经理解了‘等效原理’这个词”，但这个理解却是一种误解。

当然，如果某个人采用与之前记忆不同的记忆来启动思维，或者启动不同的思维过程，那么，这种迁移过程会让这个人体验到：我对某个词或句子有了新的理解。比如说，如果你读过《破解引力——广义相对论的诞生之路》这本书的第1

章，你的很多记忆将会发生一些改变，新的记忆将会在你大脑里形成，当你的大脑采用这些更新之后的记忆去启动思维，那么“等效原理”这个词的含义就改变了。在直观体验上，你会感觉到：我对“等效原理”有了新的理解，见图 1-11。再比如说，准确理解“宇宙大爆炸”这个词需要大量的记忆，动用大量的思维，积累这些记忆和思维的过程被我们称为学习，于是，我们会这样说：“只有通过不断的学习，我们才能真正理解宇宙大爆炸。”

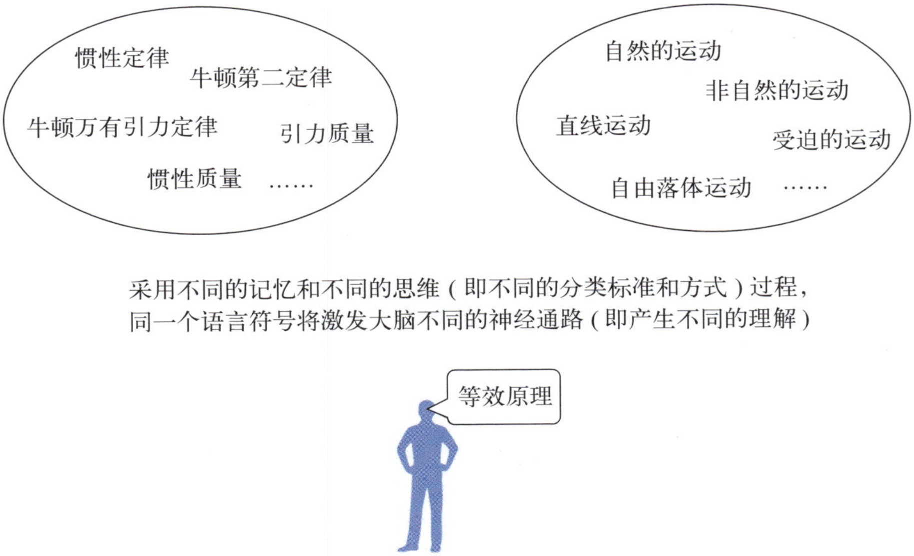

图1-11　语言符号需要在记忆、意识和思维的参与下才能形成理解

总之，如果仅仅只有语言符号，那这些符号无法代表语言，语言符号必须在记忆、意识和思维的共同作用下才能成为语言。符号（比如“时间”这个语言符号）必须与每个人的记忆、意识和思维结合在一起才能获得它所对应的含义。然而，每个人的记忆是不同的，每个人的思维过程也是不同的，因为尽管每个人思维的底层都是在分类，但每个人所采用的分类方式和标准并不完全重合。这些不同将导致同一个符号（比如“时间”）在每个人大脑中呈现出的含义无法做到完全重合。这就是人类语言天生具有的一种缺陷。

在语言的载体上，语言的这种缺陷表现为：一个语言符号对应的含义无法完全由这个符号单独确定，而是依赖于语言系统，即语言系统的其他语言符号都会对该语言符号对应的含义产生影响。但是，整个语言系统在不断更新，每个人已掌握的语言所形成的系统并不相同，而且也在不断更新，另外，族群对语言的共同使用也会让语言系统处在不断变化之中，这些因素都会导致一个语言符号对应的含义总是无法完全且唯一地确定下来，第4.2节还会详细谈到这一点。当然，正是语言的这个缺陷降低了理解语言的难度，从而帮助人类大脑可以轻松地理解语言的含义。这些需要借助于整个语言系统才理解到的含义的总和就称为思想。

计算机语言似乎不存在这样的缺陷。同一段程序代码（相当于同一段语言符号）无论在哪台机器上运行，其结果都是一样的，无论执行多少遍，其结果也都是一样的。

不过，与计算机语言相比，人类语言具有一个巨大不同，那就是人类的意识可以意识到他自己。具体来说，当意识在某一时刻正在处理一条来自外部事物的信号时，这个处理过程同时又可以形成另外一个信号，而这个信号在下一时刻又可以被意识立即处理。在直观体验上，这一连串过程表现为大脑可以意识到自己正在意识到外界事物，比如你马上就能意识到你已经意识到你正在阅读这句话。这种意识过程就称为自我意识。正是有了这个自我意识的功能，类似于“我”这样的语言才诞生了。

语言的诞生意味着人类大脑已经具有记忆、意识和思维的功能。我们现在并不清楚人类大脑进化到什么时候开始具有这些功能，或许距今约一百万年的“直立人”就已经具有这样的能力了。

1.4 认知的第一次飞跃——移位能力

记忆、意识、思维和语言的出现，让人类对外部世界的反应能力产生了一次飞跃，那就是：即使没有外界物体的直接刺激，直立人也可以发出某种吼叫声。

比如说，在进化之前，只有当一只狼突然出现在南方古猿面前时，南方古猿才会发出吼叫声b3，而在夜晚休息的时候，这些南方古猿不会再发出白天发出过的那些吼叫声，就好像白天从未遇到过那只狼一样。但是，在进化之后，由于拥有了记忆、意识和语言的能力，即使在夜深人静的时候，直立人也可以通过发出吼叫声b3来代表白天那只狼，而且，在思维的帮助下，直立人还可以接着发出吼叫声：“b3，a1，b3，a1”，翻译成今天的语言，它们对应这样的意思：“狼，像老虎那样危险”见图1-12。

图1-12　语言让大脑具有对不在场的事物做出反应的能力

也就是说，语言开始让人类具有一种能力，那就是即使某个事物不在场，仅仅凭借语言本身，我们的大脑也能对它做出反应（即产生理解）。在直观体验上，这种能力表现为：即使某个人从来没有见过狼，但是语言“狼，像老虎那样危险”仍然可以让他的大脑对狼做出反应（即产生理解）。在语言符号上，这种能力表现为：一个语言符号所指的内容可以由它所在的语言系统确定，比如语言“狼，像老虎那样危险”就通过“老虎”对语言符号“狼”所指的内容进行了确定。这样一来，当语言系统足够丰富时，即使所有外界事物都不在场，语言系统自身就能确定每个语言符号所指的内容（这是通过思维的分类能力和推理能力来实现的）。比如说，如果整个语言系统只剩下一个语言符号（比如“狼”这个语言符号），当我们面前没有一只狼的时候，我们无法让一个从来没有见过狼的人理解这个语言符号所指的内容；但是，如果语言已经形成一个丰富的符号系统，即使我们面前没有一只狼，我们也可以让这个没有见过狼的人理解“狼”这个语言符号所指的内容（尽管所指内容不能完全清晰地确定，第4.2节会谈到这一点）。

所以，当记忆、意识、思维和语言出现之后，直立人开始具有通过语言符号去代表已经不在现场的物体的能力。这种能力被语言学家称为移位能力。

这种能力或许可以视为人类认知自诞生之后的第一次飞跃。这是因为，既然没有外界的直接刺激，大脑仅仅凭借记忆、通过思维、借助于语言符号就能对世界做出反应，那么，记忆和思维在这种反应过程中就可以发挥越来越大的作用，从而让人类对外界的反应过程跃升到一个全新的赛道、一条其他动物都无法参与的赛道。人类从此获得了一种独特的反应能力，这种独特的反应能力在今天有一个大家熟悉的名字：理解世界。

比如说，在最初，大多数语言基本都是由外部世界直接刺激产生的，比如吼叫声a1、b2、b3、b4（分别对应老虎、狮子、豹子、狼）就是这样的语言。但是，当直立人的大脑具有移位能力之后，即使没有外界事物的直接刺激，仅仅凭借记忆和思维，直立人也能发出类似这样的吼叫声：“狼也在对面山上”，见图1-13。这样的语言就不再是由外部世界直接刺激产生的，而是由思维的推理产生的。具体来说，思维在这里所采用的推理就是将对面的山与身边的山归为同一类，而“狼也在对面山上”就是人类对世界的一个理解。

图1-13　语言让人类具有虚构的能力

然而，对面的山或许很遥远，这些直立人从来都没有去过，对面山上或许并没有狼。所以，移位能力通过思维让语言具有虚构的能力。这样一来，即使直立人所面对的外部环境并没有发生巨大改变，语言的这种虚构能力也能让直立人说出越来越多的语言，而这些语言在外部环境中可能没有直接的对应物。反过来，越来越多的语言又会进一步丰富语言系统，从而加大语言的虚构能力。比如说，后期的直立人或许能够说出类似这样的语言：“狼在天上”或“对面的山，像狼那样危险”。

总之，记忆、意识和思维导致语言的诞生，语言的诞生让人类大脑具有移位能力，而移位能力反过来又让记忆和思维的潜力得到充分发挥，从而让人类可以说出越来越多的语言。就这样，语言开启了自己的生命，语言凭借其自身就能展开它自己的进化，从而进化出越来越丰富的语言。随着语言的不断进化，思维也有了进化出更高级思维方式的条件。当语言进化到一定阶段之后，思维方式（或者说认知方式）将迎来第二次飞跃——虚构的能力，第1.6节将对此详细说明。

1.5　思维的进化——分类范围的扩张

随着人类活动范围和活动方式的进一步扩大，大脑会识别出越来越多的新事物，这导致大脑不得不运用越来越多的思维才能应对这些新事物，从而促使思维不断进化。思维最底层的实现方式只有一种，那就是分类，而思维最初的进化过程就是让分类的范围不断扩张，而分类范围的不断扩张又导致语言的极大丰富，语言的极大丰富反过来又导致思维进一步进化，具体说明如下。

1.5.1 思维最底层的实现方式

正如第1.2.3节谈到过的，思维的分类能力或许是由于大脑为了提高识别能力，从神经网络中一套主通路进化出大量分支通路所导致的。比如说，面对老虎、狮子和狼，南方古猿只能采用同一套神经网络通路从它们身上提取出粗糙的轮廓信息，从而将它们识别为同一个对象。而能人从这套神经网络通路进化出了多套分支通路，这些分支通路能够识别出老虎、狮子和狼的差别，但如果能人仍然采用之前的那套神经网络通路，那么老虎、狮子和狼也被能人识别为同一个对象。所以，进化之后的能人既能将老虎、狮子和狼识别为不同对象，也能将它们识别为同一个对象。在直观体验上，这两种识别结果结合在一起就表现为：老虎、狮子和狼被思维归为同一类。这就是思维的分类能力。除了第1.2.3节谈到的视觉，听觉、嗅觉和触觉上的神经网络也是采用类似方式对外界进行识别的，所以，思维应对外界所有刺激信号的方式在最底层只有一种，那就是分类。

除了来自外界刺激产生的信号，其他信号主要来自记忆。那么，来自记忆的信号会让大脑的神经网络以其他方式来实现思维的运转过程吗？也就是说，除了分类，思维的底层还有其他实现方式吗？答案似乎是否定的，因为我们所记忆的信息都是被思维加工过的信息，也就是被思维分类好的信息。

在日常生活中，我们常说不同的人具有不同的思维，但是，这个不同只是思维所采用分类方式的不同。比如说，有些人将abc归为同一类，而有些人则将ade归为同一类，但这些思维在本质上都只是在分类，并没有根本的不同。当然，分类方式的这种不同并不是无关紧要的，因为正是这种不同造就了不同的文明、不同的文化。

总之，神经网络进化出来的这种结构决定了思维的最终实现方式就是分类。当然，思维的这种分类可以让大脑更加高效地对外界做出反应。比如说，面对老虎、狮子、狼和豹子等众多对象，大脑采用同一种方式（比如发出吼叫声a1）就能全部应对。也就是说，大脑只需要最少的消耗就能完成对外界进行反应的过程。在直观体验上，这种反应过程表现为：我们总是倾向于将所见事物划分为各种不同的种类，然后给每一类贴上标签，比如好人和坏人。在大脑理解世界的过程中，这是最轻松的一种实现方式。

1.5.2 分类范围的扩张

思维的这种分类过程几乎贯穿了人类理解世界的全部历程，当然也就贯穿了语言诞生的全部过程。特别是当大脑需要应对越来越多的新事物的时候，思维将不得不扩大分类的范围。

比如说，有一个山谷时不时会滚下石头，砸中某些直立人，并导致其意外死亡。直立人大脑中之前已有神经网络通路与意外死亡对应，比如一只突然出现的老虎也会导致直立人意外死亡。这样一来，这套神经网络通路就会让直立人将老虎和这个山谷归为一类，见图1-14。每当路过这个山谷时，直立人或许也会发出吼叫声a1，而吼叫声a1在此之前对应于老虎的危险。

图1-14 思维开始具备将差别很大的事物归为一类的能力

当然，直立人的识别能力已经能够识别出山谷与老虎的不同，他们还会发出其他吼叫声（标记为c1）与山谷对应。这样一来，当直立人路过这个山谷时，大家或许会听到“a1，c1，a1，c1”这样的吼叫声，翻译成今天的语言，这些吼叫声或许对应这样的意思：“山谷，像老虎那样危险”或“山老虎”。所以，在这个语言的形成过程中，思维已经将山谷和老虎归为同一类。相比之前只将老虎和狮子归为同一类的分类过程，这里的分类过程明显将分类的适用范围扩张了。

在今天看来，思维所完成的这个分类非常明显，但在某些语言的形成过程中，思维所完成的分类就没有那么明显了。

比如说，随着人类活动范围的不断扩大，一群直立人开始尝试围猎一头野牛。这项活动要求直立人能够更加清晰地识别野牛的位置，比如能够清晰地识别出野牛处于一块石头后面，如图1-15所示。尽管早在直立人之前，人类视网膜、LGN、大脑视觉皮层上的神经网络就已经能够识别野牛与石头之间的这种位置关系，但是现在，出于围猎的需要，直立人会发出吼叫声（标记为d1）与这个识别结果对应。也就是说，当直立人发出吼叫声d1的时候，野牛处于石头后面。

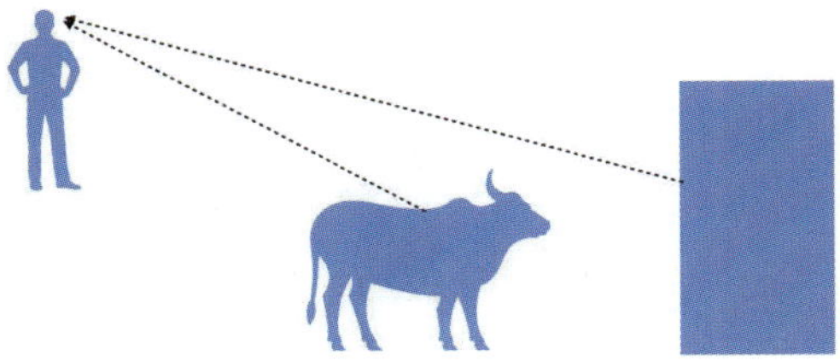

图1-15　与空间有关语言的诞生

除了一头牛处于石头后面之外，一只羊处于石头后面、一只鹿处于树桩后面等场景都会激发视网膜、LGN、大脑视觉皮层上的同一套神经网络通路。这样一来，思维就将把这些场景都归于同一类，从而导致它们都会引发直立人发出同一个吼叫声d1。也就是说，直立人发出吼叫声d1时，它有时代表一只羊处于石头后面，有时代表一只鹿处于树桩后面。就这样，这个吼叫声d1慢慢地演变成语言“后”的雏形。所以，在“后”这个语言的形成过程中，分类的适用范围得到更大的扩张，也就是将大量的场景归为同一类。

吼叫声d1（对应今天的“后”）或许就是与空间直接相关的最早语言。这表明早期人类看待空间的方式与今天大家在日常生活中看待空间的方式并没有本质不同。被这种方式看待的空间在下文称为“人观空间”，因为正是在这种人观空间中，人类视网膜、LGN、大脑视觉皮层上的神经网络才能进化出来，这反过来又导致这些神经网络只能从人观空间中的事物上提取出信息，然后传递给大脑皮层的其他区域。这样一来，思维就只能对这些信息进行分类，得到的语言也只能与人观空间对应，第1.9节还会对此详细说明。

为了提高大脑神经网络的利用效率，思维还会将分类的适用范围扩张到更加极致的程度。比如说，有两个人同时在走路，如图1-16所示。这个场景也能刺激出视网膜、LGN、大脑视觉皮层上的同一套神经网络通路来识别它。也就是说，思维还会将图1-15和图1-16归为同一类，所以，这个场景也会引发直立人发出同一个吼叫声d1。

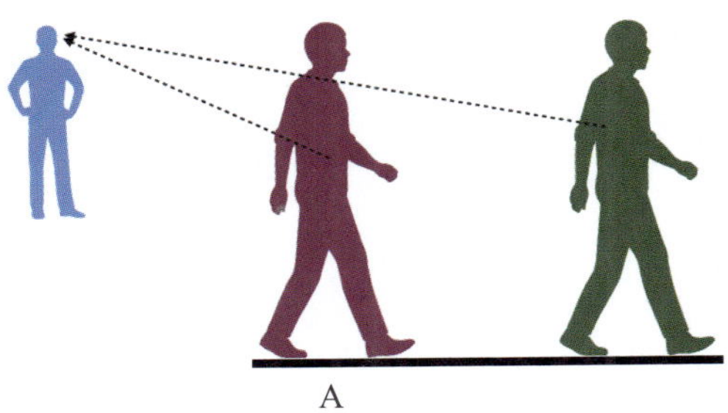

图1-16　与时间有关语言的诞生

但是，图1-15和图1-16却存在巨大不同，那就是图1-16中的两个人在走动，而非像石头那样静止。当然，直立人的大脑已经从这套神经网络通路进化出分支通路来识别这个巨大不同。也就是说，图1-15和图1-16之间的巨大不同已经可以被大脑的神经网络识别出来了。但是，为了提高大脑神经网络的利用效率，直立人有时仍然会发出吼叫声d1来对应图1-16中的场景。

翻译成今天的语言，当大脑采用吼叫声d1对应图1-15中的场景时，这个吼叫声d1（即“后”）代表空间上的前后关系，而当大脑采用吼叫声d1（即“后”）对应图1-16中的场景时，这个吼叫声d1（即“后”）代表时间上的先后关系。

所以，当我们采用“后”这个语言去代表时间上的先后关系时，大脑的思维已经完成一次巨大的分类，那就是将时间上的“后”与空间上的“后”归为同一类。或者说，大脑会采用空间上的“后”去代表时间上的“后”。

思维的这个分类过程让同一套神经网络通路得到了最大程度的重复利用。具体来说，这个分类过程让大脑的神经网络不必为时间上的“后”单独提供额外开销，但这个分类过程也是思维不得已而为之的应对方案。这是因为视网膜、LGN、大脑视觉皮层上的神经网络通路都是在外界事物直接刺激下进化出来的，那么，只有空间上具有前后关系的事物才能直接刺激出这套神经网络通路，然而，并没有一个称为时间上先后关系的“事物”能对这套神经网络通路产生直接刺激。走动的人只能通过空间上“留下的影像”对这套神经网络通路产生直接刺激。在这些直接刺激产生信号的基础上，大脑皮层其他区域的神经网络才能编译出“走动”的信息，第1.9节将会对此详细说明。

也就是说，空间上的前后关系可以被视网膜、LGN、大脑视觉皮层上的神经网络通路直接加工出来。这样加工出来的信息被称为一级信息。时间上的先后关系则是大脑皮层其他区域的神经网络在这些一级信息基础上进一步加工出来的。这样加工出来的信息被称为二级信息。

从一级信息加工出二级信息的过程需要记忆、意识和思维的参与。比如说，当我们说出“绿色人先走，红色人后走”（图1-16）这样语言的时候，大脑已经完成了如图1-17所示的记忆、意识和思维过程。首先，大脑需要记住（采用瞬间记忆）绿色人之前在A处走过。其次，思维需要将绿色人和红色人归为同一类，还需要将绿色人之前在A处走时的A处位置与红色人当前在A处走时的A处位置归为同一个[1]。最后，大脑需要将意识一直聚焦在A处这个位置。

[1] 根据爱因斯坦的时空观，这两个位置并不是同一个对象，因为它们属于不同的时刻，详细说明可以参见《时空是怎样弯曲的——图解广义相对论》。

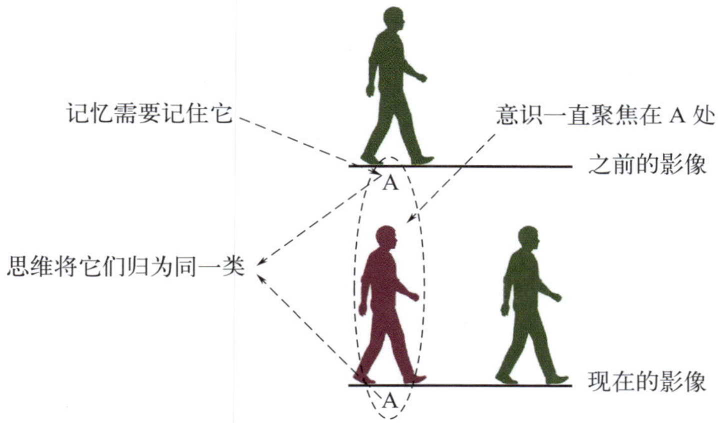

图1-17　与时间有关语言的诞生过程

所以，时间中先后的“后”这个语言对应于二级信息，它是大脑采用记忆、意识和思维利用一级信息（即空间中的位置关系）加工出来的。也就是说，在对图1-16的场景进行反应的过程中，大脑最终只是在对一级信息做出反应。这样一来，思维只能采用基于一级信息得出语言的“后”去对应二级信息，也就是采用空间中先后的“后”去代表时间中先后的“后”，如图1-18所示。

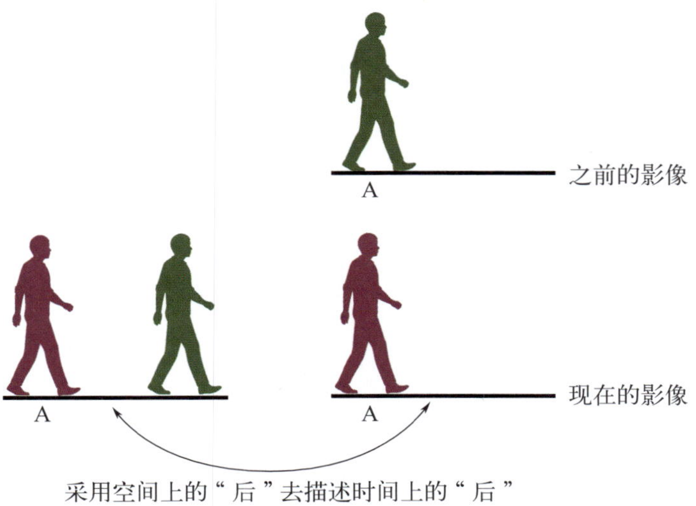

图1-18　与时间有关语言的诞生过程

在今天，类似“两天后”这样的语言已经被视为极其简单的语言，我们似乎不需要任何思考就能说出这样的语言，但实际上，这个“后”需要记忆、意识和思维的大量加工处理才能被我们说出和理解。大多数人在说出“两天后”这句话的时候并没有觉察到思维的这些加工过程。

当然，人类对这个结论的认识过程是反过来的。具体来说，最开始，思维采用基于一级信息得出的“后”去代表二级信息中的“后”。很久之后，思维才从二级信息中得出“时间”这个语言。也就是说，在早期人类意识中，二级信息中的“后”和从一级信息得出的“后”之间的区别还没有呈现出来。正是在人类意识到时间这个对象之后，大家才会觉察到“两天后”中“后”与“石头后”中的“后”是不同的。

所以，在“后”这个语言的形成过程中，思维的分类能力已经得到极大提升，它已经将两个原本存在本质区别的对象（比如空间与时间[1]）归为同一类，从而能够采用空间上的前后去描述时间上的“前后”，让我们可以轻易地说出类似“两天后、200万年前”这样的语言。当然，大多数人也没有觉察“200万年前”中的“前”字实际上也来源于空间的前后关系。

在其他很多语言的形成过程中，思维的分类范围也得到了极大扩张。比如说，当我们说出“时间流逝”这样的语言时，我们的思维已经将时间与一条河流归为同一类，因为“流”字来源于空间中的河流。

1.5.3 语言的分级

正是由于思维的分类能力像这样不断得到充分发挥，人类的语言才不断丰富起来。这是因为大脑能够获取到的一级信息并不多，依靠思维对这些一级信息不断重新分类和组装之后，才出现了大量的二级信息。

具体来说，能够对视网膜、LGN、大脑视觉皮层上的神经网络直接产生刺激的外部事物并不多，而人类最初的语言都只是与这些外部事物直接对应的，比如吼叫声a1、b2、b3对应老虎、狮子和狼。这样的语言是少量的，它们可以称为一级语言。而记忆、意识和思维让人类大脑开始获得二级信息，但大脑只能采用一级语言去代表这些二级信息，比如采用空间中“前后”去代表时间中“前后”，再比如“时”是由一级语言“日”和“脚”组合而成，第1.9节将对此进行详细说明。以这种方式形成的语言可以称为二级语言，它们是大量而丰富的。所以，空间关系中“前后”是一级语言，而时间关系中“前后”却是二级语言，尽管它们的语言符号完全一样，但它们却有着本质的不同。“时”这个字也是二级语言。

---

[1] 严格来讲，正是在思维的这个分类过程的帮助下，时间才开始与空间发生分离，才开始作为一个对象呈现在我们意识之中。

就这样，通过采用一级语言去代表二级信息，人类的语言就像一颗发芽的种子一样，开始疯狂扩充，不断得到丰富。随着思维能力的不断成熟（特别是理性思维被使用之后），大脑通过记忆、意识和思维还可以在二级语言的基础上形成三级、四级语言，见图1-19。比如在今天，我们已经可以说出这样的语言：“这次金融海啸将摧毁人类文明的根基”。同样，今天的我们会觉得这句话很简单，但这句话已经被思维大量加工过了，比如“根”原本来自植物，思维却将它与文明归为同一类，再比如“明”原本与太阳和月亮有关，但思维却将它与人类的活动归为同一类，“金融”“海啸”“摧毁”这些词更是需要依靠思维的大量分类才能形成。如果没有思维的加工，类似这样的语言将不会出现，我们也无法理解。

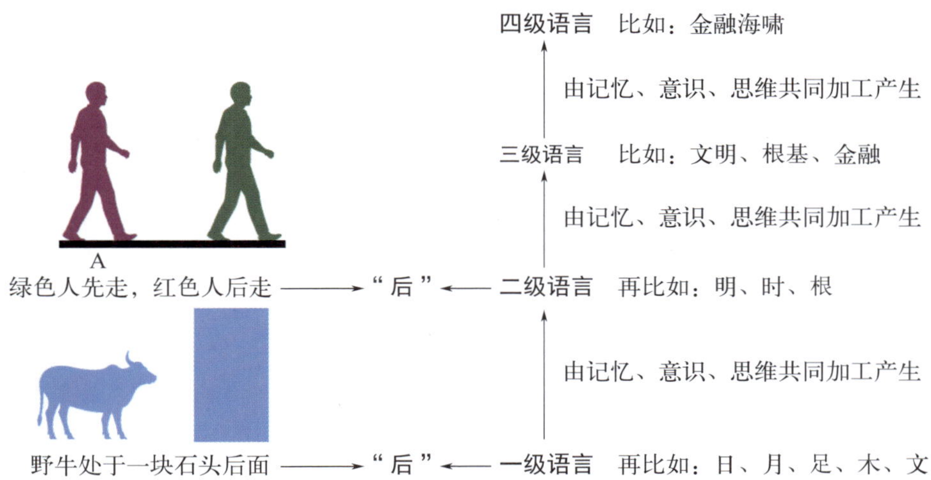

图1-19　随着思维的分类能力和范围的不断提升，语言开始形成不同等级

在中国文字中，大多数象形字属于一级语言。一级语言与身体接收外界刺激的器官密切相关，它们大多对应于能够对视网膜、LGN、大脑视觉皮层上的神经网络直接产生刺激的事物，所以一级语言也可以称为“身观语言”。大多数会意字、假借字、形声字属于二级语言，它们需要借助思维的再次加工才能产生，比如“时”“明”这些字就是二级语言，第1.9节会详细谈到这一点。在思维的加工下，一、二级语言组合在一起还能产生三级语言，比如“金融”“文明”这些词。而四级语言则是由大量的一级、二级、三级语言组合产生，比如“金融海啸”“千里共婵娟”。

一级语言最容易被理解，小孩子最先学会的语言就是一级语言。比如说，小孩子很小就理解“虎”这个字，但需要长时间的学习后才能理解“时”这个字，而“千里共婵娟”则需要大量学习或丰富的人生阅历才能理解。

随着三级、四级语言越来越多、越来越丰富，思维的分类过程所引入的虚构就会越来越多，这导致语言所携带的虚构成分就会越来越多，不同族群演化出来的语言之间的差异就会越来越大，而这种差异最终会演化成不同的文明和文化。所以，文化不同的根源在于不同族群的思维采用了不同的分类方式和分类标准。这也是为什么等级越高的语言越难翻译，比如无论怎么翻译，“千里共婵娟”的意境在英语中也难以完全再现。

另外，二级语言都是记忆、意识和思维在一级语言基础上加工出来的，这导致二级语言存在模糊性和不确定性，因为不同大脑的记忆、意识和思维过程无法做到完全重合。比如说，“时间”这个语言的模糊性和不确定性远远高于“虎”，因为“虎”是一级语言，“时间”是二级语言。还有，语言的等级越高，语言的相互关联性就越大，那么，同一个语言符号所指的内容就越依赖于整个语言系统，就越难以被精确确定，即语言的模糊性和不确定性就越大。这种模糊性和不确定性就是文字语言无法摆脱的一种缺陷，第4.2节还会谈到这一点。

实际上，除了人类语言，其他语言的进化过程也会形成不同等级的语言。比如说，在计算机程序语言中，由“1”和“0”组成的语言就是一级语言，它也被称为机器语言；在一级语言基础上进化出了二级语言，比如汇编语言；在二级语言基础上进化出了三级语言，比如C语言；在二级、三级语言基础上又进化出了四级语言，比如Java语言。

1.6 认知的第二次飞跃——虚构能力

一级语言进化到二级语言的过程中，记忆、意识和思维发挥了巨大作用，使人类语言得到极大丰富，但这也带来巨大的副作用，那就是产生了大量与虚构事物对应的语言。早期人类无法觉察到这一点，于是，这些语言反过来让人类相信这些虚构事物都是真实的。这样一来，语言让人类获得一种独特的能力，那就是虚构的能力。

具体来说，二级信息基本都是由记忆、意识和思维共同加工得到的，而不是直接来自外部事物的刺激，但为了让神经网络得到最大程度的重复利用，思维将分类的适用范围扩张到了极致，将原本不属于同一类的事物归为同一类，从而引入了不真实的成分，或者说虚构的成分。比如说，思维将时间和空间归为同一类，从而构造出“两天后”这样的语言。

另外一方面，这些二级信息只能被一级语言所描述，而早期的人类又没有意识到语言的等级之分，从而将人们对一级语言的信任度赋予二级语言，进而无法觉察到二级语言所引入的虚构成分。比如说，大多数人并没有觉察到“两天后”中的“后”与“石头后”的“后”之间的区别，从而将人们对“石头后”的“后”的信任度赋予“两天后”中的“后”，进而让人们完全相信“两天后”这个语言是真实的，并没有觉察思维所引入的虚构成分。再比如说，今天的大多数人仍然会将时间中的“前”与空间中的“前”视为同样的真实，但时间中的“前”也是大脑通过记忆、意识和思维加工出来的，并不是由外部事物通过光线（或其他信号）直接刺激就得到的。也就是说，空间中的“前”是一级语言，而时间中的“前”是二级语言，但早期的人类还无法觉察出它们的区别（读到此处的你觉察到了吗），于是将它们视为同一个语言。这些混淆导致人们相信“两天前”这样的语言是无比真实的，见图 1-20。

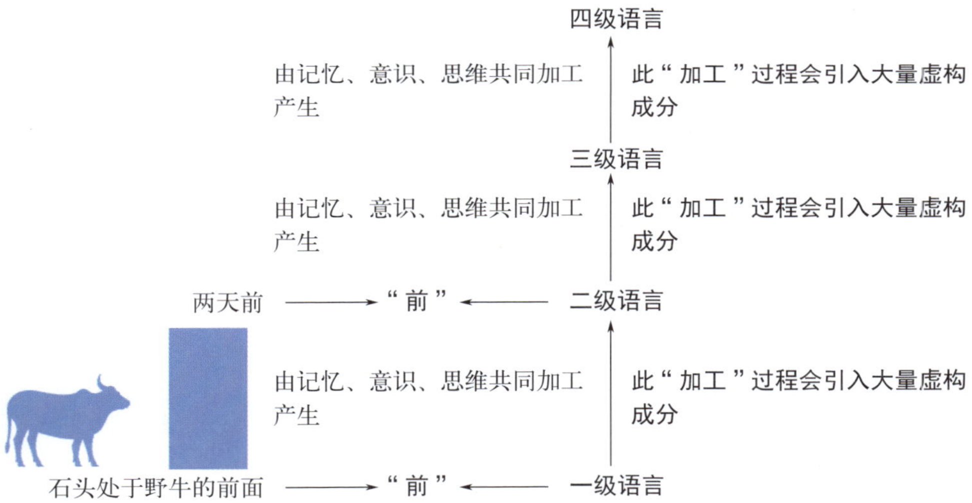

图1-20　语言的等级越高，语言所携带的虚构成分就越多

当然，大家或许觉得这些混淆并不会带来严重问题。比如说，当我们说出“两天前”这句话的时候，这个语言给我们的感觉是如此之真实，以至于即使存在这些混淆，它也不影响我们对这个世界的理解。但是，如果告诉你这些混淆就相当于一百万年前的直立人将“山老虎”与真实老虎混淆在一起，你还觉得这些混淆不会带来严重问题么。也就是说，今天的我们相信“两天前”这样的语言是无比真实的，就像一百万年前的直立人相信“山老虎”是无比真实的一样。觉察到二级语言“山老虎”所包含的虚构成分需要耗费漫长的岁月，甚至就在几千年之前，这些混淆仍然还在继续，比如狮身人面像也许就是这种混淆的一种反映。而让大多数人都能觉察到“两天前”所包含的虚构成分也需要耗费漫长的岁月，或许几百年之后的人们才会普遍意识到这一点。

很多混淆已经可以被今天的我们轻松区分出来，但早期的人类却无法做到这一点。比如说，在记忆和意识的帮助下，思维还会将死人与活人归为同一类，将死亡与睡觉归为同一个类，于是产生“灵魂”这样的二级语言。早期的人类都无比相信“灵魂”是真实存在的，就像今天的我们都无比相信“两天前”中的“前”是真实存在的一样。

总之，记忆、意识和思维从一级语言加工出二级语言的过程会引入大量虚构的对象，而一级语言和二级语言之间的混淆使用让人类相信这些虚构的对象是真实存在的，见图1-21。也就是说，语言上的这种混淆让人类开始具有一种独特的能力，那就是虚构的能力，以及相信这些虚构的能力。

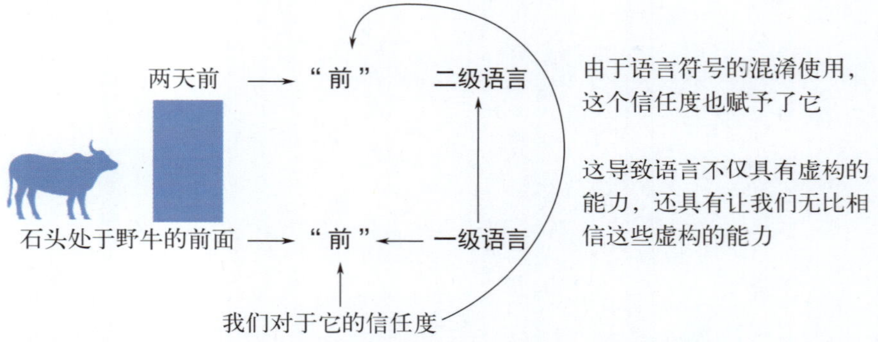

图1-21　不同等级语言的混淆使用，加强了我们相信语言所虚构出的事物的能力

当然，随着人类活动能力的提高，人类会慢慢觉察到一级信息与二级信息之间的区别，慢慢觉察到一级语言和二级语言之间的混淆，并做出区分。比如说，十万年前的“智人”还无法觉察到“山老虎”和真老虎之间的差别，就像今天的大多数人无法觉察到时间的“前后”和空间的“前后”之间存在差别一样，都将它们视为真实的存在，但人类的活动能力经过十万年的不断提高之后，今天的大多数人都已经可以清晰地觉察到“山老虎”和真老虎之间的差别。尽管今天的大多数人仍然无法觉察到时间的“前后”和空间的“前后”之间存在差别，仍然相信时间的“前后”是无比真实的，但或许再经过几百年，那个时候的大多数人就已经可以清晰地觉察时间的“前后”和空间的“前后”之间的不同了，并不再相信时间的“前后”是真实的，就像今天的我们不再相信“山老虎”是真实存在的一样。

当然，在今天，我们的语言中还有大量的虚构成分从来没有被人觉察到过。这正是语言学家、哲学家需要继续探索的领域。比如说，现象学还原实际上就是在试图将我们的认知全部退化到一级信息，从而破除大量虚构成分。但是，一级信息也不是完全不包含虚构的成分，比如视网膜、LGN、大脑视觉皮层上的神经网络在提取信息的时候，就已经对外界事物进行过大量的筛选过滤。

1.7 认知的第三次飞跃——句子的出现

语言的虚构能力大大提高了人类的合作效率，比如可以让更多的人凝聚成一个群体，从而获得更大力量来应对自然环境。《人类简史》的作者就认为正是智人具有虚构的能力，才能聚集起更庞大的族群，产生更强的战斗力，从而将其他人类种族灭绝。

反过来，更庞大的族群让人类的活动方式得到了极大扩充，从而导致人类需要应对大量之前从未接触过的事物和事情。人类大脑所能采取的对应过程仍然在记忆和意识的帮助下依靠思维来完成。在语言上，这个对应过程表现为大脑采用旧语言（比如旧词）去表达新事物。

这反过来又会促使思维进化出更高级、更灵活的形式。在语言上，这个进化过程表现为人类开始将词语组合成句子了。

比如说，“拦住”这个语言或许是从围猎野牛的过程中演变出来的。具体来说，假设在围猎的时候，早期人类会喊出吼叫声“k1，m1，k1，m1”，这些吼叫声对应于语言“拦住野牛”，其中吼叫声k1对应于“拦住”，吼叫声m1对应“野牛”。最初，只有当野牛出现的时候，人们才会喊出吼叫声k1(对应于“拦住”)，可是后来，人类开始在固定地方定居，这时需要固定的水源，他们或许会喊出吼叫声“k1，h1，k1，h1”，这些吼叫声对应于语言“拦住小溪”，如图1-22所示。其中吼叫声k1

图1-22　随着思维分类能力和范围的提升，越来越多的词语开始组合成句子

对应于“拦住”，吼叫声h1对应于“小溪”。所以，在“拦住小溪”这个语言的形成过程中，思维的分类能力再次发挥了巨大作用，那就是将小溪和野牛——这两个完全无关的事物归为同一类。也就是说，思维的分类能力再次得到升级，完成了新的进化。

就这样，依靠思维的分类能力的不断进化，在一个场景（比如围猎）下演化出的吼叫声（比如k1），可以在另外一个完全不相干的场景（比如获取水源）出现。这样一来，吼叫声（比如k1）就得到了重复使用。

这种重复使用大大提高了语言的效率，从而帮助语言完成了一次重要的进化过程。具体来说，这种重复使用可以让很多原本不相关的吼叫声组合在一起，慢慢地，越来越多的吼叫声组合在一起了，于是，一种新的语言形式诞生了，那就是句子，比如吼叫声“k1，h1，k1，h1”就对应于句子“拦住小溪”。

所以，每当我们说出一句话的时候，即使这句话看上去极其简单，但思维也已经完成过大量的分类过程，只是我们没有觉察到而已。如果没有思维的帮助，一连串的声音就只是连串的声音，无法成为语句。

当然，随着人们活动能力的不断加强，人类将面对更多复杂的新事物，比如制定更复杂的捕猎方法、让更庞大的族群相互合作。那么，即使人类的语言形式已经从词语进化出句子，但句子也开始难以应对这样复杂的局面。于是，思维开始将更多次的分类过程组合在一起使用，从而提高语言的效率。就这样，慢慢地，思维开始进化出更高级、更灵活的形式。

具体来说，思维可以将多个句子组合在一起，比如“进山谷，捕羊”。首先，与“拦住小溪”类似，“进山谷”已经让思维完成过一次分类，那就是将山谷与盒子（或其他有框的事物）归为同一类，从而可以将“进”与“山谷”组合在一起。“捕羊”又让思维完成了一次分类，那就是将羊和鱼（或其他动物）归为同一类，从而可以将“捕”与“羊”组合在一起。将“进山谷”与“捕羊”组合在一起更加明显需要依靠思维的分类能力，也就是将“山谷”和“羊”归为同一类。

就这样，借助于句子，思维可以将多次分类过程组合在一起使用，完成更复杂、更多的分类，从而让思维获得更大的能力，进而让人类可以说出更丰富的语言，也就是对世界产生更多的理解。所以，越来越多的思维过程开始借助于句子来实现，从而让思维的能力得到不断提升，这反过来又促使大脑其他功能得到进一步进化，比如记忆力的提升。这些提升反过来又让人类可以将越来越多的句子组合在一起。于是，一种更高级的语言形式诞生了，那就是故事，如图1-23所示。

图1-23　随着思维分类能力和范围的继续提升，越来越多的句子开始组合在一起使用

当大脑进化到能够说出大量故事的时候，即使大脑的神经网络不再发生进化，语言凭借其自身就已经可以完成进化。比如说，故事自身开始变得越来越长，越来越丰富。这些故事就是人类为世界绘制的最初图像。大约在几万年前，人类就已经获得了讲述故事的能力。在今天，这些最初的故事被称为传说。

当然，正如第1.6节谈到过的，思维为语言引入了虚构的成分。那么，随着思维能力的不断提升，思维所引入的虚构成分也在不断增加，特别是随着故事的诞生，思维所引入的虚构成分得到了空前提高。

1.8　认知的第四次飞跃——神话故事与占星术

前面谈到，当人类面对新事物时，思维通过充分发挥分类能力来应对。比如说，第1.5节谈到过，早期人类的思维将山谷和老虎归为同一类，从而形成类似这样的语言："山谷，像老虎那样危险"或"山老虎"。在其他领域，思维的这种分类过程还会不断出现，比如将河流和某种动物归为一类、将太阳和某种动物归为一类、将月亮和某种动物归为一类、将闪电和某种动物归为一类。另外，正如前面谈到过的，早期人类还觉察不到思维已经完成过这样的分类，从而将它们视为完全等同的。比如说，早期人类会将"山老虎"视为真老虎那样真实，就像今天的我们将"两天前"的"前"视为无比真实一样。

所以，经过思维的分类，在早期人类眼里，整个世界被视为由各种动物组成的，比如山川河流、日月星辰都被视为某种动物。在今天，思维的这种分类方式被我们称为类比推理，或者叫作拟人化手法。

思维的这种分类又会使语言发生进一步的演化，从而对人类产生更大的影响，主要包括以下两方面。

第一方面，人类发现老虎如果已经吃过一个羊，那么老虎就不再攻击人类。由于思维将“山老虎”和真老虎归为同一类，于是，早期人类也认为“山老虎”如果已经吃过一个羊，那么它也不再攻击人类。这样一来，在进山谷之前，早期人类会先给“山老虎”献上一只羊，当他们经过山谷的时候，山谷就不再攻击他们（比如石头掉下来）。就这样，人类开启了一项影响深远的重大活动，那就是给各种“山老虎”“河狮子”“太阳蛇”献上各种动物，从而希望避免受到他们的攻击。慢慢地，这种活动成为人类族群中最重要的活动，而负责献上各种动物的人开始成为族群中最重要的人。

这个结果给人类族群的统治方式带来了巨大影响，因为从此开始，人类不再像几百万年前的南方古猿那样，通过强劲的身体或者某项突出的捕猎能力成为族群中最重要的人。

对于早期人类来说，这种活动是一种新事物。于是，它需要一个语言与之对应，假如早期人类采用声音g1与之对应。后来，人类开始将这些重要活动画下来，这些绘画慢慢地演化成非常简单的图像，如图1-24所示。这个图像就代表人类向“山老虎”献上动物的活动，而这项活动就对应于声音g1。所以，这个图像也对应于声音g1。

图1-24　早期对祭祀活动的绘画

思维的分类能力还会将这项活动与“山老虎”归为同一类，这导致人们慢慢地将这项活动与“山老虎”等同起来。于是，声音g1也开始与“山老虎”对应起来。采用今天成熟的语言来说，这个声音g1就是“神”这个字对应的语音，而“山老虎”有了一个新语言与之对应，它就是“神”。当然，“神”这个字是在声音g1诞生之后很久才演化出来的，它在几千年前才出现，而声音g1或许在几万年前就已经演化出来了。

由于献上动物的那个人成为族群中最重要的人，所以整个族群的安危似乎都与他有关。为了让更多人知道这一点，关于“山老虎”的句子越来越多。随着思维的不断进化，同时也为了让这些句子更容易被记住，慢慢地，这些句子开始组成故事。比如说，思维的分类能力开始将“神”之间的关系与人类族群中的关系归为同一类，也就是开始按照人类社会的关系给这些“神”安排关系。由于大家相信人类族群中的关系是真实的，于是大家也相信故事中的这些关系是无比真实的，就像今天我们相信“两天前”的“前”是无比真实存在的一样。这样一来，思维的这个分类过程提高了这些故事的真实性，同时也让这些故事更容易被记住。

图1-25　人类开始利用语言作为族群统治的工具

这些故事让大家相信献上动物的那个人就是族群中最重要的人。于是，献上动物的那个人开始成为族群的领袖。就这样，人类族群开始成为依靠语言来凝聚的群体，这种全新的凝聚方式可以让一个领袖统治几十公里范围的领地，见图1-25。于是，语言开始与族群的统治联系起来。这种维护统治的方式在其他动物群体中从未出现过。当然，这反过来让这些故事获得了持久的生命力和传播力。除非这个族群整体消亡，不然，这些故事将不会消亡，只会得到不断扩充、变得更加丰富。另外，其他族群为了获得这种统治力，也会借用这些故事，或者说出类似的故事。

总之，当语言的内容与人类群体的统治关联起来之后，语言就会获得持久的生命力，后面章节还会反复谈到这一点。

当然，当人类发展出更加成熟的语言之后，故事中的这些主角（比如“山老虎”）就有了新语言与之对应，那就是“神”，而对这些故事的称呼也随之有了新语言与之对应，那就是“神话”。也就是说，我们今天所熟悉的称呼“神”“神话”只是后人（几千年前的人）对更古老的人（几万前的人）的语言内容的称呼，就像今天的我们将巴门尼德说出的语言内容称为“形而上学”，而当时并没有这样的称呼一样。在古希腊，这些神话演化成了荷马史诗和赫西奥德的《神谱》。

第二个方面，思维的分类能力还会将日月星辰与人类社会归为同一类，于是，日月星辰的变化就对应人类社会的变化。也就是说，根据日月星辰的变化就能知道人类社会的变化。这样一来，人类族群中开始出现另一项影响深远的重大活动，那就是根据日月星的变化去说出人类社会的变化，如图1-26所示。

对于早期人类来说，这种活动也是一种新事物。于是，它也需要一个语言来与之对应，假如早期人类采用声音g2与之对应。后来，人类开始将这些重要活动画下来，这些绘画慢慢地演化为非常简单的图像，这个图像就是“占星”。声音g2也开始与这个图像对应起来。采用今天成熟的语言来说，这个声音g2就是“占星”这个词对应的语音。也就是说，这项活动有了一个新语言与之对应，它就是“占星”。

图1-26　将日月星辰与人类社会归为同一类

当然，除了日月星辰，有些族群还会将人类社会与自然界的其他事物归为一类，比如将人类社会中的事务与烧烤之后的龟壳上呈现的裂纹归为一类。类似这样的活动后来被统称为“占卜”。

从事这类活动的人也开始成为人类族群中重要的人，这项活动也开始与族群的统治联系起来。这反过来也让占卜活动获得了持久的生命力和传播力。除非这个族群整体消亡，不然，占卜活动不会消亡。另外，其他族群为了获得这种统治力，也会模仿这项活动。同样，为了更好地维护族群的统治，与占卜活动有关的语言和绘画越来越多，它们成为了整个族群最重要的传承，得到最完全的保护。比如说，在中国，这些语言和绘画最终演化出《周易》。

这些神话、占卜、占星就像新物种一样开启了自己的进化历程，更为重要的是，它们的进化速度远远快于通过改变大脑结构产生的进化，因为它们的进化过程是在已有神经元结构上通过增加新突触连接来实现的。在短短几万年的时间内，这个进化过程就让语言自身和语言的内容（即知识）“爆炸式”增长。比如说，大约从四万年前开始，人类就在岩壁上雕刻出精细的图案，这些图案后来简化成各种符号，这些符号为文字的诞生做好了准备。

当然，相对于人类之前几百万年的进化过程，这几万年是短暂的，但相对于当今只需几十年就让人类知识产生巨大飞跃而言，几万年又是漫长的。也就是说，神话、占卜、占星开启的进化过程依然很慢。其瓶颈就是它们最初只能依靠大脑的记忆来保存，而大脑的记忆量存在极限。这样一来，与神话、占卜、占星相关的知识的增长过程也存在极限。

为了突破这个极限，人类进化出另外一种能力，那就是采用文字作为语言的符号。文字符号为大量知识的保存和传播提供了条件，从而加速了知识的进化。实际上，知识的保存和传播方式的每一次革新都会带来知识进化的加速。文字之后的下一次革新是印刷术的发明，再下一次的革新就是电子文档的发明。

1.9 认知的第五次飞跃——文字的出现

大约从几万年前开始，保存并传承神话故事、占卜术、占星术成为人类族群最重要的事务，但人的记忆力是有限的，为了更好地流传，人类开始通过绘画将它们保存下来。这些绘画图像在不断简化之后就诞生了最初的文字，如图1-27所示。所以，最早的文字几乎都是象形文字，比如五千年前的古埃及文字和古巴比伦文字、三千五百年前的甲骨文。

图1-27 人类开始借助外部事物来进行记忆

对于今天的我们来说，最初的这些象形文字极其重要，因为它们能直接告诉我们，在人类语言形成过程中，思维是如何具体工作的。下面主要以与空间和时间相关的语言为例对此展示说明。

1.9.1 与空间有关的语言

科学技术发展到今天，尽管我们已经可以通过望远镜看到几十亿光年之外的星系，也可以通过电子显微镜看到一块硅片上的原子排列，但是，与空间有关的语言仍然是基于肉眼可见事物的直接刺激被思维加工出来的。比如说，电子显微镜只是将观测结果转化成屏幕上的图像，而我们肉眼所看到的原子排列只是屏幕上那些肉眼可见的图像，而非硅片上的原子。

这种基于肉眼可见事物的直接刺激、被思维加工出来的语言所对应的对象可以被称为“人观空间”。在人观空间中进化出来的视网膜、LGN、大脑视觉皮层上的神经网络，反过来也只能从人观空间中的事物上提取出信息。这些信息就是第1.5节谈到过的一级信息。与这些信息对应的语言就是一级语言，比如“前”“后”“上”“下”“左”“右”等。

这样一来，这些语言就只能与人观空间对应，更准确来说，只能与人观空间中事物的某种组合对应。比如说，“上”这个语言符号就直接对应于人观空间中事物对视网膜、LGN、大脑视觉皮层的某种直接刺激，如图1-28所示。

图1-28左侧图像的下半部分代表地平面，上半部分代表某个事物。在这个语言的形成过程中，思维已经完成如下分类：将地平面与所有在下面的事物归为同一类，将上半部分与所有在上面的事物归为同一类。

图1-28 “上”字的早期图像

从“前”“后”“上”“下”“左”“右”演化出“空间”这个语言的过程，需要将思维的分类过程发挥到更加极致的程度（即升级成理性思维）才能完成，这是一个漫长的过程，第3.2和6.2节将会详细谈到这一过程。当然，与“空间”直接对应的文字在人类意识到空间这个概念之前就已经出现了。比如说，在中国古代，与“空间”直接对应的语言符号是“宇”，如图1-29所示。

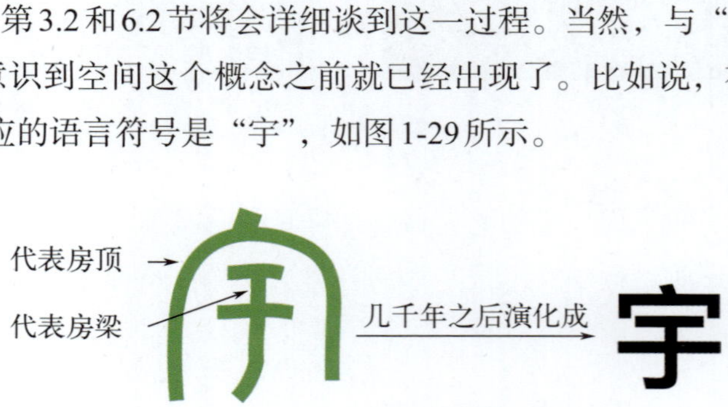

图1-29 “宇”字在西周时候的图像

这个图像的上半部分代表屋顶，下半部分代表支撑的柱子。整个图像最初只是代表地面上的屋檐。很久之后，它才开始代表天地之间，即开始与“空间”对应起来。在这个语言形成的过程中，思维已经完成如下分类：将屋顶与所有遮挡物归为同一类，甚至与天归为同一类，将所有支撑的柱子与所有支撑物归为同一类，甚至与大地归为同一类。

但是，这个分类过程始终无法摆脱一种约束，那就是必须存在与屋顶类似的事物，因为如果摆脱了这种约束，那就意味着思维需要将屋顶与“无”归为同一类，可这种分类方式无法被神经网络实现。所以，在“宇”这个语言的形成过程中，思维不得不在一种约束条件下进行，那就是事先假设空间是有边界的（它由屋顶或遮挡物代表）。或者说，只有在这个约束条件下，思维才能完成这样的分类，从而形成“宇”这个语言，也就是形成“空间”这个语言，如图1-30所示。

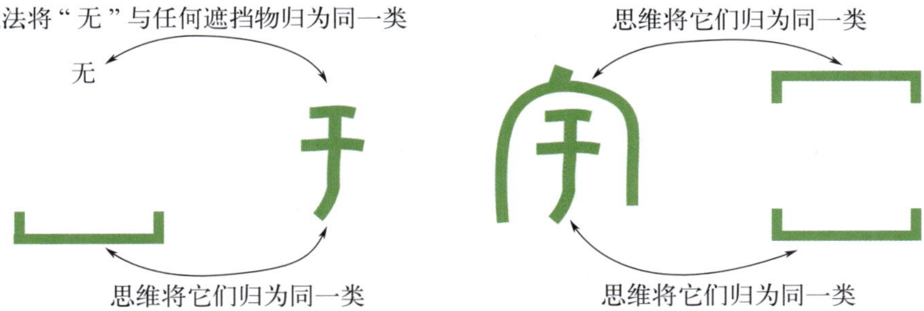

图1-30　在与“空间”有关语言的形成过程中，思维存在一个无法摆脱的约束

正是由于思维已经事先采用了这样的假设条件，当我们说出“空间的边界”这句话时，我们才会觉得这样的语言是完全有效的，却又没有觉察到我们实际上已经被我们的语言欺骗了。也就是说，当我们说出“空间的边界”这样语言的时候，我们的思维已经限制了我们只能说出这样的语言。或者说，我们的思维限制了我们对外部世界的理解，它让我们只能按照它能够完成的分类方式去对外部世界做出反应，即对外部世界产生理解。比如说，我们的思维无法理解“既不是有边界，也不是无边界”是什么样的，也就无法形成一个语言与它对应，就像一只永远只能生活在水里的鱼是无法理解和描述没有水的世界是什么样的。

所以，在形成与空间有关的语言时，思维已经事先假设空间是有边界的。与空间有关的其他语言也是这样形成的，比如还有“长”“短”“高”“低”“大”“小”“内”“外”等。

正如第1.3节所谈到过的，我们的思维和语言是共同进化出来的，这导致我们对人观空间的理解与语言几乎是同时形成的。我们无法区分到底是先有对人观空间的理解，然后在此基础上才形成了语言，还是先有语言，然后再采用这些语言去理解人观空间。或者说，正是基于我们对人观空间的理解，语言才能形成，反过来，正是借助于这些语言，我们才能理解人观空间。

由于所有肉眼可见的事物都处于人观空间之中，那么，与这些事物有关的其他语言的形成过程也不得不基于人观空间。也就是说，如果不采用人观空间的观念，人类的整个语言将无法形成，或者说人类的语言将全部失效。

语言的这种形成过程导致我们的思维存在一个天然的局限，那就是采用基于人观空间形成的语言反过来去思考人观空间的本质是徒劳的，这就好像试图通过左脚踩右脚、右脚再踩左脚就能飞上天空永远是徒劳的一样。

总之，正是基于人观空间，我们的语言才能形成，这些语言反过来让我们对外部世界有了一套理解方式，而这套理解方式又让我们形成了空间的观念。这种观念在本书中被称为人观空间观念，或者世俗的空间观念。

1.9.2 与时间有关的语言

视网膜、LGN、大脑视觉皮层上的神经网络从肉眼可见事物上提取出来的一级信息，可以被大脑皮层其他神经网络加工成二级信息。也就是说，通过思维的重新分类与组合，这些一级语言就能形成二级语言。与时间有关的语言就是这样形成的。

比如说，在中国古代，代表时间的语言符号是“时”，如图1-31所示。这个图像的上半部分代表脚，下半部分代表太阳，整个图像就代表太阳在走动。

图1-31 “时”字的最早图像

在这个语言的形成过程中，思维已经完成如下分类过程：

第一，思维采用只有人类才具有的“走”去代表太阳的运动，这实际上就是将太阳与人归为同一类；

第二，在采用脚趾去代表“走”过程中，思维已经完成多个分类，如图1-32所示。具体来说，思维将脚趾或脚印与人归为同一类，这样就能采用脚印去代表人；思维将不同时刻的位置A归为同一类，即将它们视为完全相同的对象，也将不同时刻的位置B视为完全相同的对象；思维将不同时刻且处于不同位置的人归为同一类，即将他们视为完全相同的对象。

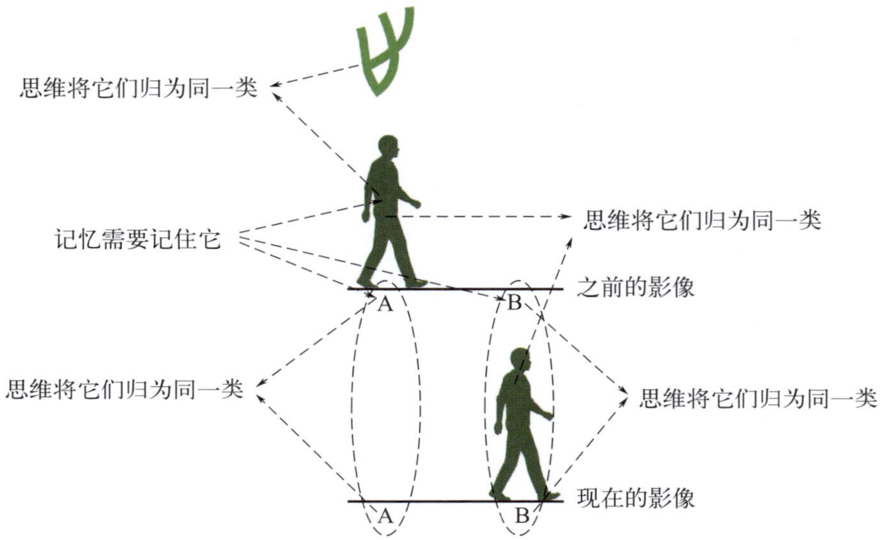

图1-32　采用脚趾代表“走动”，思维需要完成多次分类

从这些分类过程中，我们可以清晰地看到两点。第一，脚印、人、位置A、位置B都是神经网络基于人观空间所提取的一级信息，它们已经被思维进行过一次分类。第二，在记忆的帮助下，思维将不同时刻的这些一级信息又归为同一类，这个分类过程可以称为思维第二次分类。

很明显，第二次分类已经遵循了时间所制定的顺序，比如将不同时刻（即以前与现在）的位置A视为完全相同的对象，将不同时刻（即以前与现在）的人视为完全相同的对象。具体来说，在记忆的帮助下，大脑根据神经网络自身运行的节律来完成了这个分类过程。也就是说，在大脑神经网络这个层面上，被我们称为“时间”的对象会展现出某种顺序，而大脑神经网络的运行过程正是依照这个顺序开展的。因此，这种顺序可以称为人观时间的顺序。

所以，在记忆的帮助下，人观时间已经贯穿思维的第二次分类过程，这反过来导致思维只能得出与人观时间相关的语言。也就是说，我们大脑的神经网络是在人观时间下运行的，那么，在这些神经网络上形成的语言也就只能与人观时间相关，比如“走”这个语言，以及在“走”的基础上形成的“时”这个语言。

就正如基于人观空间形成的语言反过来又让我们形成空间的观念一样，这些基于人观空间的信息被思维重新分类之后才形成的、与时间有关的语言反过来让我们形成了时间的观念。这种观念在本书中称为人观时间观念，或者世俗的时间观念。

另外，在“时”这个语言的形成过程中，我们还可以清晰地看到，我们对时间的理解是大脑在对空间理解（即第一次思维）的基础上进行二次思维得到的。比如说，脚印、人、位置A、位置B都是神经网络基于人观空间所提取到的一级信息，它们通过第一次思维得到。在此基础上，通过第二次思维，“走”这个语言才能形成，然后才能形成“时”这个语言。

但是，在很多情况下，由于无法觉察到从第一次思维到第二次思维的这个递进过程，我们常常采用第一次思维所得到的语言去代表第二次思维所得到的结果，也就是常常采用与空间相关的语言去描述时间。比如说，第1.5节谈到过，我们采用空间中的“前后”去描述时间，从而形成“两天前、两天后”这样的语言。另外，我们还采用空间中的“上下”去描述时间，从而形成“上一秒”“下一秒”这样的语言。所以，与时间有关的语言只能是二级语言。

当然，我们的大脑是迫不得已才采用这种策略的，因为时间与空间存在一个本质区别，那就是这个世界上并没有一个可以代表“时间”的对象能够对我们的视网膜、LGN、大脑视觉皮层上的神经网络产生直接刺激。也就是说，时间无法像一块石头代表“空间”那样对我们的感知系统产生直接刺激。

这个本质区别导致大脑对时间的理解（即思维的分类过程）必须借助人观空间中的事物才能得以实施。在与时间相关的其他语言中，这一点得到了更加充分的体现。比如说，当人类最早说出类似于“逝者如斯夫”这样的语言时，我们的思维已经意识到时间的另一种属性，即时间的流逝性。可是“流逝”一词中的“流”字原本是对河流的表述，那么，当采用“流逝”这个词去表述时间的时候，思维已经实施过这样的分类：将时间与河流归为同一类，即将时间等同于一条河流，或者说，采用一条河流去代替时间这个对象，如图1-33所示。但很显然，一条河流与时间不可能完全等同。这种将两个原本不完全相同的对象等同起来的思维过程，就不可避免地将虚构成分引入到时间这个概念之中。

当说出“时间流逝”这样的语言的时候，我们常常会觉得这个语言无比真实地描述了这个世界。然而，我们又一次被我们的语言欺骗了，比如大多数人并没有觉察到思维在构造这个语言的过程中所完成的分类，而这些分类又已经将一些虚构成分引入我们的语言中，进而引入我们对世界的理解中。

思维的这个分类过程还会引出一系列后续的虚构成分。比如说，当人类后来采

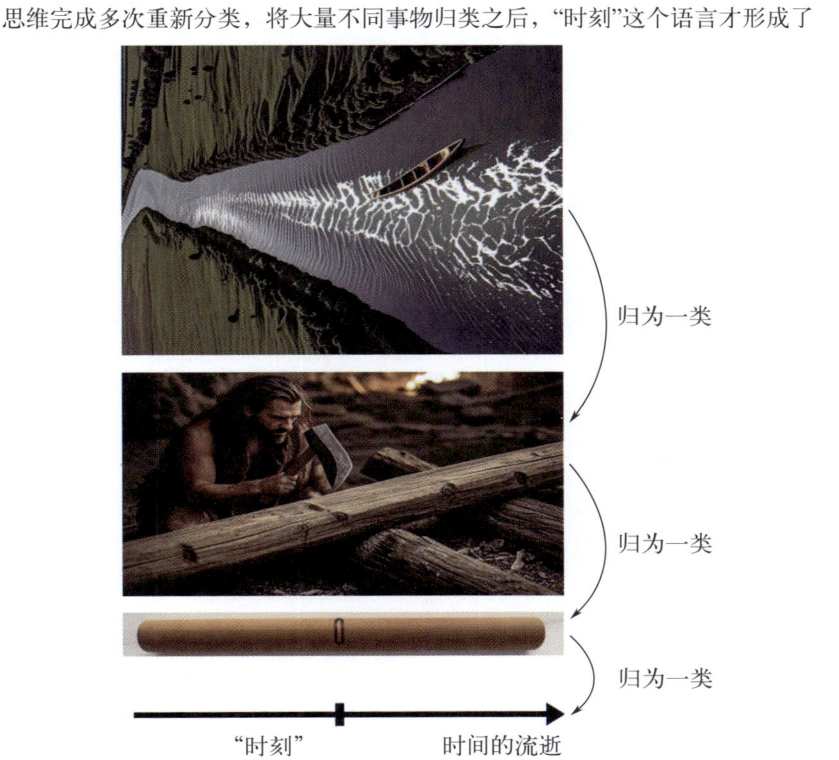

图1-33　在形成与"时间"有关语言的过程中，思维已经完成了大量的分类过程

用一条"直线"去描述一条河流时，那么，"直线"这个词也就可以描述时间了。这就导致很多原本只属于直线而不属于时间的性质被引入到时间这个概念之中，比如直线中的"点"被引入时间之后就导致时间具有"时刻"这个性质，直线的连续性引入时间之后就导致时间也是连续的，没有间断。于是，经过这一系列语言的构建（即被思维重新分类组合），类似"时刻"这样的语言就诞生了，时间也被一条直线代替了，见图1-34。但是，直线原本只是对空间的描述，这样一来，我们的

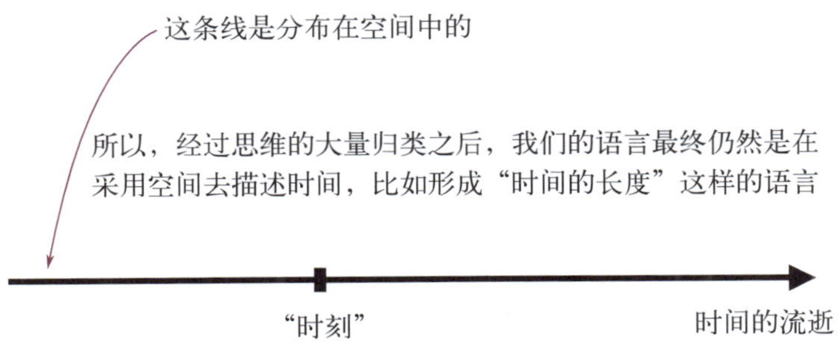

图1-34　由于思维能力的限制，我们的语言最终只能采用空间去描述时间

语言实际上还是在采用空间去描述时间。在此基础上，与时间有关的其他语言形成了，比如“时间流逝的快慢”“时间的长度”“时间好慢”“时间好长”等。

在今天，当说出这些语言的时候，大多数人并没有觉察到我们的思维已经对这个世界进行过多次重新分类，思维已经将很多无法完全等同的对象归为了同一类，即将它们完全等同起来了，从而也就没有觉察到思维的这些分类过程所引入的虚构成分。比如说，直到今天为止，尽管我们还没有一个实验能够严格地直接测量到“时刻”这个对象，但与此同时，我们又无比坚信“时刻”这个对象是真实存在的。这是因为经过这一系列语言的构建，在我们大脑中，一个时刻已经无比清晰地被直线上的一个点描述清楚了。在直观感受上，这个结果表现为“时刻”这个对象可以被我们无比清晰地理解到，而我们却没有觉察到它其实只是思维（即这些分类过程）引入的一种虚构。而“时刻”这个对象又进一步让我们产生“时间可以暂停、可以凝固”的认知（这当然也是一种虚构），这种认知又支撑着类似“在”“存在”这样的语言。所以，当我们说出“他在吃饭”“那颗苹果仍然存在”这样的语言时，我们的思维已经完成了以上这一系列的分类过程，只不过大家都没有觉察到而已。

只要我们还在采用人类的这些语言去表述这个世界，类似这样的虚构成分在我们所理解的世界中就会无处不在，而且无法避免。而且，由于我们很难觉察到与时间相关语言中所包含的这些虚构成分，这会使我们产生一种“错觉”，那就是误以为时间和空间处于并列的位置，将它们视为同等的重要。比如说，我们会认为所有肉眼可见的事物都处于时间之中，就像所有事物都处于空间之中那样。

这样一来，与所有事物相关的语言的形成过程都是基于人观时间观念的，特别是像“存在”“是”“诞生”“起源”等这样的基础性语言。比如说，“存在”或“是”这样的语言有效的前提条件是假定事物“一直在场”，而这个假定成立的基础又需要先假设时间就像直线那样是一个连续体。如果时间不是连续的，而是离散和间断的，那么在间断处，你还能理解“山谷存在危险”或“老虎是危险的”这样的语言所指什么吗？如图1-35所示。

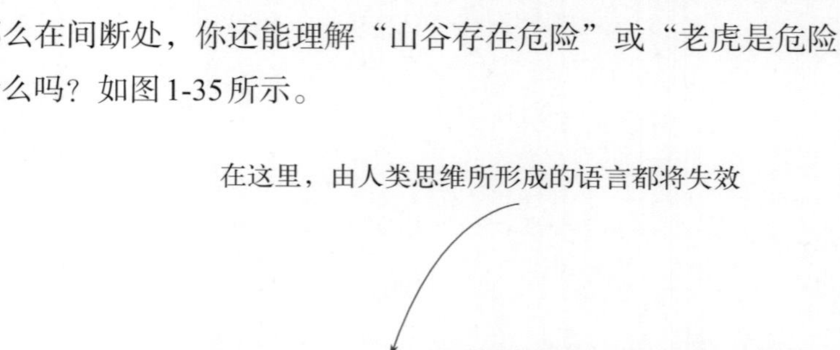

图1-35　人类的语言和时间观念是同时形成的

总之，我们的语言本身就是基于人观空间和时间观念才有效的，那么采用这样的语言反过来去思考时间的本质也是徒劳的。当然，离开了这些语言，人观空间和时间观念也无法在我们思维中呈现。只要还在使用人类语言，我们就无法逃避人观的视角。所以，我们的语言与人观空间和时间观念实际上是一个统一体，无法分离。如果我们完全抛弃掉人观空间和时间观念，那么我们的语言就将失去根基，不再有效，从而变成一堆无效的图形和空气振动。

1.9.3 文字符号对认知带来的飞跃

尽管从早期文字的形成过程中，我们可以清晰地看到思维在语言形成中如何发挥决定性的作用，也让我们看到虚构的成分如何被思维引入我们的语言，但是，文字的出现却给人类语言的进化过程带来了新的飞跃，当然也就给语言所对应的对象，即知识的进化过程带来了新的飞跃。

具体来说，在文字出现之前，人类的语言都记录在大脑的神经网络之中，比如那些神话故事和占星术只能保留在大脑的记忆之中，但文字却可以将它们记录在大脑之外的地方。这样一来，即便一个人去世了，被他的思维重新加工过的神话故事和占星术也能完整地保留下来，从而导致后人的思维可以在此基础上进一步加工。于是，思维的加工过程可以得到不断累积，也就是思维的分类次数和分类方式得到不断积累，从而将更多的分类过程组合在一起使用。这会让大脑进化出更高效、更灵活的思维过程，从而创造出更丰富的语言，形成更庞大的知识体系。

所以，文字的诞生标志着人类的认知能力进入一个新阶段。今天的我们为了表明这个新阶段与之前阶段的本质不同，将这个新阶段称为“文明阶段”。在文明阶段，人类对这个世界的理解将迎来一次新的爆炸式增长。一方面，更加高效、灵活的思维过程可以创造出更加丰富的语言，另一方面，这些思维过程也将更多的虚构成分引入我们的语言之中。

比如说，就在上面这段语言中，思维就将文字出现之后的人类社会和光明归为同一类，于是才有了“文明”这样的语言，而且还将文明阶段与一个房间或某种容器归为同一类，于是才有了“进入文明阶段”这样的语言。然而，人类社会与日月是两种完全不同的事物，文明阶段与任何容器也是完全不同的事物。

今天的我们从来没有怀疑过“文字让人类进入文明阶段”这句话的虚构性，早期的人类更是欣然接受思维的分类过程给语言引入的虚构性，并且还给思维的这些分类过程起了专门的名字，比如类比、比喻、隐喻、借喻、联想、顿悟（即突然将两个无关的事物归为同一类）等。早在古希腊，人们就已经觉察到思维的很多分类过程，并将它们称为修辞手法。而古希腊独特的政治环境开始让大家钻研如何能更加善于修辞，因为采用类比、比喻等手段，可以让语言更加容易被理解，从而更好地说服（准确地说是欺骗）别人。自古希腊以来，修辞学一直是西方精英教育的一门必修课。

所以，思维给语言带来的虚构成分中的大部分很难被察觉，而对于少部分已经被人类觉察到的虚构成分，古人却采取了欣然接受的态度。正是这种欣然接受让人类的语言得到不断扩充，从而形成了一个语言中的世界。但是，虚构始终是虚构，随着人类活动能力的不断提升，人们觉察到语言中越来越多的虚构成分，而且开始选择性地抛弃一些虚构成分。人类文明史就是一部不断发现语言中虚构成分，并抛弃它们的历史。本书后面章节将梳理人类完成这一过程的历史。

人类的大脑之所以能觉察到语言中越来越多的虚构成分，文字符号是最大的功臣。具体来说，有了文字符号之后，思维的分类过程开始进化出更高级的形式。这是因为文字可以让人类记录下更多的事物，从而让思维可以将越来越多的事物归为同一类。这种将大量事物归为同一类的过程在今天有一个专门的称呼——归纳推理。当思维将归纳的范围推广到极致的时候，思维就产生了质的飞跃，这种思维在今天也有专门的称呼——概念思维。在概念思维的基础上又形成了判断、推理等思维过程。这些思维过程在今天统称为理性思维。

理性思维的诞生让我们的大脑获得了空前巨大的能力，巨大到已经将人类送上月球，巨大到能够让人类灭绝，同时也让我们可以给世界绘制出更宏大、更精细的图像。后面章节将对此详细说明。

1.10 语言的局限

1.10.1 第一种局限

从前面章节可以看到，人类的语言必须基于思维大量的分类过程才能形成，而这些分类过程将不可避免地引入大量的虚构成分。比如说，在形成“时”这个语言的过程中，思维完成了图1-32所示的大量分类。但是，这些归为同一类的对象真的完全等同吗？比如图1-36所示的这些对象真的完全等同吗？如果答案是否定的，这就意味着：思维构造“时”这个语言的过程引入了虚构成分。比如说，根据爱因斯坦的广义相对论，图1-36所示的这些对象都是完全不同的对象，所以在广义相对论中，“时间”的含义需要被修改，即需要将之前引入的这些虚构成分去掉，详细说明参见《时空是怎样弯曲的——图解广义相对论》。

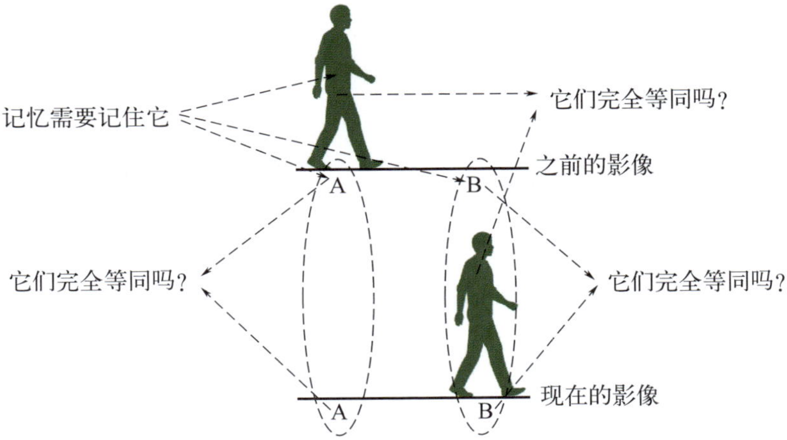

图1-36 思维所采用的分类是完全可靠的吗？

总之，在形成语言的过程中，思维不可避免地需要将很多无法完全等同的对象归为同一类，这样一来，思维将不可避免地把大量虚构成分引入我们的语言。这种不可避免是由大脑神经网络导致的，无法被我们人为地改变。

一方面，我们必须借助于语言才能去表述这个世界，或者说去理解这个世界。但另一方面，我们采用的语言必须借助这些虚构成分才能有效。如果将所有虚构成分都排除干净，那么语言也就是失效了，因为这相当于将组成语言的四大部件（即记忆、意识、思维和语言符号）中的记忆、意识和思维都去掉，只剩下一堆图形和声音（即语言符号）。

所以，我们无法做到让语言所描述的世界，即我们所理解的世界是绝对真实的。这就是语言自身无法避免的局限。比如说，当我们采用“前、后、时间、时刻、时间的快慢、时间的长度”这些语言去描述世界时，不管我们的描述看上去多么地合理、多么地符合逻辑，我们在最底层已经接受了思维在形成这些语言时所引入的虚构成分。

当然，对于语言所携带的虚构成分，人类也不是毫无察觉。这是因为等级越高的语言所携带的虚构成分就越多，从而也就越容易被我们觉察到。具体来说，一级语言携带的虚构成分最少，当然也最难被觉察到，比如你能觉察到“上”“下”这两个语言所携带的虚构成分吗？二级语言所携带的虚构成分普遍高于一级语言，相对而言更容易被觉察到，比如今天的我们已经能觉察到“时刻”这个语言所携带的虚构成分。不过，古人还无法觉察到二级语言所携带的虚构成分。但是，随着三级、四级语言越来越多，这些语言所携带的虚构成分也就越来越多，越来越明显，即便古人也能觉察到它们了。

所以，当人类的三级、四级语言越来越丰富的时候，人类终于开始觉察到语言携带的虚构成分，也就是开始觉察到思维当初所完成的很多分类过程是错误的。比如说，人类慢慢开始觉察到当初将山和老虎归为一类是错误的，将河流与狮子归为一类也是错误的，也就开始觉察到神话故事中的虚构成分。

于是，人类终于开启了清除或修复语言所携带的虚构成分的历程，也就是开始将思维曾经采用过的错误分类去掉，或者采用新的分类去代替曾经错误的分类。就这样，人类慢慢开始清除或修复神话故事中的虚构成分，从而演化出新的语言和知识，如图1-37所示。这些新语言和知识是基于新的分类方式而形成的，它们后来被称为科学。

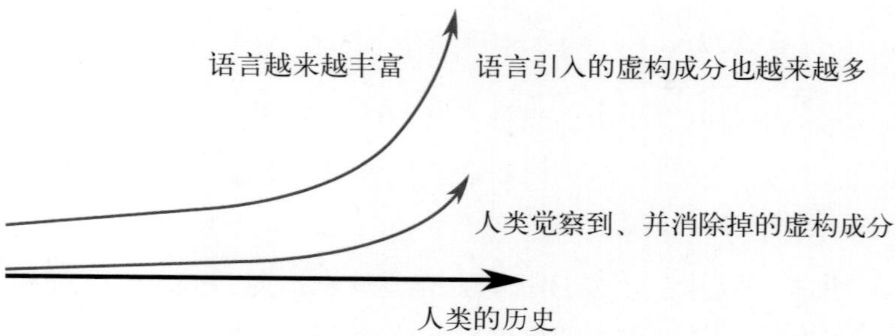

图1-37　人类语言的演化过程

这项清除或修复的事业一直在不断进行，这反过来又让我们能够觉察到语言所携带的更多虚构成分。这项事业一直延续到今天，也演化出一种独特的清除或者修复方式，它被我们称为现代科学方法。本书后面章节将会详细介绍这些清除或者修复的过程，也就是详细介绍现代科学方法的诞生过程。

在清除或者修复之后，同一个文字符号的含义必定会发生改变。比如说，两千年前的符号“宇宙”与今天的符号“宇宙”对应于不同的对象。

对等级越低的语言所携带的虚构成分进行清除或修复，我们对整个世界理解的改变就越大。比如说，每当人类对“空间”“时间”等语言所携带的虚构成分进行清除或修复时，整个人类的世界观都会随之发生巨变。当牛顿清除了亚里士多德给“空间”引入的虚构成分之后，整个人类的世界观发生了一次巨变，今天的大多数人仍然遵循着这样的世界观❶。当爱因斯坦清除了“空间”“时间”所携带的更多虚构成分之后，我们的世界观又发生了一次巨变❷。当然，如果未来有一天，我们

❶ 详细说明参见《破解引力——广义相对论的诞生之路》。
❷ 详细说明参见《时空是怎样弯曲的——图解广义相对论》。

能够将“前”“后”“上”“下”“左”“右”等一级语言所携带的虚构成分进行清除或修复，那么，我们对世界的所有理解都将随之改变。

所以，人类对世界的理解的每一次升级过程都是清除或修复语言所携带的虚构成分的过程，后面章节将对此详细说明。

1.10.2 第二种局限

随着人类活动能力的不断提升，语言的另外一种局限也逐渐暴露出来了。具体来说，我们身体的感知系统所能获取到的一级信息总是有限的，那么一级语言也总是有限的。但是，随着人类生产力的提高，人类会不断触及新鲜的事物，那么为了表述这些新事物，大脑只能依靠思维的分类能力，利用一级语言构建出二级、三级、四级语言。然而，正如前面谈到过的，等级越高的语言所携带的虚构成分就越多，即语言的失真性就越大。也就是说，我们的语言越来越难以准确地描述这些新事物，这反过来又会引发更多的争论和疑惑。这种场景在今天已经越来越普遍。

这就是语言的另外一种局限，即人类的语言无法描述所有事物。直到最近一百年，我们才开始觉察语言的这种局限。比如说，当人类开始触及之前从未触及过的崭新世界——微观世界时，语言的这种局限开始以明显的方式暴露出来。

具体来说，在人类语言形成的时候，人类还只能感知到肉眼可见的物体，而人类语言又必须借助于思维的分类才能形成。这样一来，在语言诞生的过程中，思维所采用的分类方式都是基于肉眼可见物体进行的。当采用人类语言去描述微观世界时，思维当初所采用过的这些分类方式就被推广到微观世界了。这样一来，这些分类方式就会将微观世界中的事物与肉眼可见物体归为同一类。但是，微观世界与肉眼可见物体已经存在本质的不同，这就导致思维当初所采用过的分类方式完全失效了，从而导致很多语言无法描述微观世界。在直观感受上，这个结果表现为微观世界的行为常常让我们无法理解。

比如说，在“上”这个语言的形成过程中，即在图1-28中，思维将地平面与所有在下面的事物归为同一类，将上半部分与所有在上面的事物归为同一类。这些被归为同一类的事物都是肉眼可见的事物，正是它们对视网膜、LGN、大脑视觉皮层上的神经网络的直接刺激才触发思维进行了这样的分类。但是，微观世界无法对视网膜、LGN、大脑视觉皮层上的神经网络产生直接刺激，也就无法触发思维进行这样的分类。所以，对于微观世界，“上”“下”这样的语言也许已经失效，或部分失效。

也就是说，在微观世界，人观时间和空间观念或许已经部分失效。在今天的量子力学中，这一点已经得到充分体现。比如说，在微观世界中[1]，“事物的位置”这个语言已经开始失效，因为量子力学表明：我们无法严格获得这个语言所对应的对象。实际上，当前的物理学已经取得一些共识，那就是时间和空间有可能也存在量子化，并不是像直线那样是连续的，即在足够微观的世界，时间和空间有可能是离散和间断的。

除了与时间和空间相关的语言，其他语言在微观世界的失效更加明显。比如说，“波”这个语言在大脑中对应的形象类似于水波，“粒子”这个语言在大脑中对应的形象类似于小石子，它们都是从肉眼可见的物体上得出的语言，但量子力学采用这些语言去描述微观世界的行为，从而说出“它们既是波也是粒子，即具有波粒二象性”这样的语言。那么，“波粒二象性”这个语言能在我们大脑中对应出新的形象吗？答案是否定的，因为我们大脑的神经网络，或者说我们的思维无法做到这一点。也就是说，当我们将“波”和“粒子”这两个语言推广到微观世界时，它们在大脑中对应的形象仍然只是水波和小石子的样子，即“波粒二象性”这个语言在我们大脑中对应的形象仍然由水波和小石子的形象组成，如图 1-38 所示。

图1-38　文字语言在大脑中的呈现方式

这就是人类语言的第二种局限。这个局限导致微观世界的行为让我们无法理解。所以，当我们告诉一个没有学习过物理学的人“微观世界的行为具有波粒二象性”这句话时，那他只能根据水波和小石子的形象去理解这句话。然而，这样的理解会导致他根本无法正确理解这句话试图所指的内容，或者说无法真正理解微观世界的行为。

那么，当我们把这句话告诉一位研究了微观世界几十年的物理学家，结果会好一些吗？很遗憾，结果仍然是一样的，“波粒二象性”这个语言中“波”和“粒子”在这位物理学家大脑中对应的形象仍然是水波和小石子的样子。这位物理学家也无法真正理解微观世界的行为。

---

[1] 实际上，这句话里的语言“在……中”也是来自肉眼可见的物体，所以，严格来讲，“在微观世界中”这个语言还有效吗？当然，“微观”“世界”这些语言实际上也存在同样的疑问。

1.10.3 如何突破局限

人类的文字语言虽然存在无法逾越的局限，但这并不意味着人类对此无能为力、毫无办法。因为在文字语言的基础上，另外一种语言进化出来了，它就是数学语言。

文字语言是依靠思维的分类能力形成的，那么，仅仅依靠思维的分类能力，数学语言也能形成吗？在20世纪，以罗素和希尔伯特为代表的哲学家和数学家试图证明这一点，即他们试图将数学还原成纯粹的逻辑推理，但并没有完全取得成功。这意味着：除了依靠思维的分类能力，数学语言还需要借助其他力量才能形成。第4.2节将会谈到，这种力量就来自数学自身的结构。

正是依靠数学自身的结构所赋予的力量，数学语言能够描述很多文字语言无法准确描述的事物。比如说，仅仅采用文字语言，我们无法准确理解“无限”这个词，但是采用数学语言却可以准确地理解“无限”所指的含义，第4.2节将对此详细说明。所以，一个没有学习过数学的人很难准确地表达出“无限”所指的含义。

相比于文字语言，数学语言的这种威力在过去几百年已经崭露头角，特别是在量子力学领域，很多无法采用文字语言理解的对象却可以在数学语言中得到精细的刻画。

比如说，尽管与没有学过物理的人一样，研究了微观世界几十年的物理学家根据“波粒二象性”这个语言依然无法理解微观世界的行为，但是，这位物理学家对微观世界的行为却可以进行精确描述，因为他掌握了另外一种语言，那就是数学。数学语言依靠自身的结构可以推理出一些肉眼不可见的事物，比如无限维的希尔伯特空间。一个没有学习过数学的人，仅仅采用文字语言永远都无法理解这个采用数学语言推理出的对象。但是，无限维的希尔伯特空间——这个数学对象正是精准描述微观世界的语言，如图1-39所示。

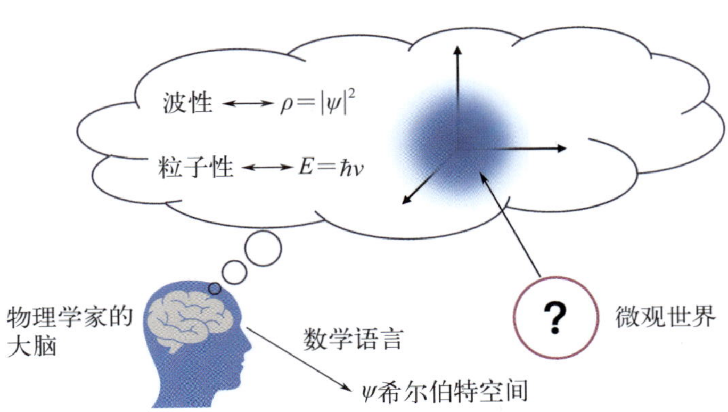

图1-39 采用数学语言之后，微观世界在思维中的呈现方式

具体来说，尽管我们无法理解“波粒二象性”这个词，但我们可以采用数学语言对这个词所指的含义进行计算，而且计算结果与实验结果严格吻合。也就是说，在数学语言中，“波粒二象性”这个词所指的含义被数学语言精确表达了。所以，数学语言可以帮助我们理解那些无法采用文字语言准确描述的事物。采用文字语言，我们永远都无法真正理解“波粒二象性”这个词，就好像我们永远无法理解“圆的正方形”一样。

当然，这种精确表达会让这位物理学家自认为已经真正理解“波粒二象性”这个词了。可是，我们必须清楚和承认，这位物理学家对“波粒二象性”这个词的准确理解是依靠数学语言来完成的，而不是依靠文字语言来完成的。也就是说，如果只采用文字语言，也就是只依靠思维的分类能力，这位物理学家与没有学习过物理学的人一样，仍然无法真正理解“波粒二象性”这个词所指含义。物理学家费曼的一句话“没有人真正理解量子力学”或许就是从这个角度来说的。学习过量子力学多年的人都有这样的体会：我们已经可以对微观世界进行准确的计算，但微观世界所呈现出的行为在我们脑海中的形象仍然是模糊的，始终无法像牛顿的太阳系那样在我们脑海中清晰呈现。

总之，依靠数学语言自己所具有的独特能力，我们可以在某些方面突破文字语言的局限。然而，数学语言的应用范围毕竟是有限的，那么，在无法应用数学语言的领域，我们又该如何突破文字语言的局限呢？

比如说，人类大脑的思维能否在四级语言的基础上，构建出更高等级的语言去描述之前从未触及过的新事物呢？这种可能性似乎已经不大了，因为我们语言的升级过程似乎已经达到了它的极限[1]。

实际上，任何一种设计架构（大脑神经网络的设计也不例外）进化到最后都将到达它的极限、遇到瓶颈。比如说，芯片目前的制造工艺就已经很难继续升级了。要想打破这个瓶颈，我们只能抛弃旧的设计架构，采用新的设计架构（如量子计算）。

同样，由于人类大脑所能形成的语言（当然也是人类的思维能力）已经到达极限，所以，如果想要打破语言的瓶颈，我们应该放弃人类大脑对外界的反应方式，改用其他的“设计框架”来对外界进行反应，比如人工智能或许就是其中一种方式。它们对外部世界的反应方式在未来将会迎来高速进化，进化速度将远远快于人类语言的进化速度，从而开始取代人类的语言去对这个世界做出反应。

---

[1] 当然，基于语言所形成的内容可以不断进化出更高级的内容，比如从神话到神学。另外，以其他媒介做载体的语言开始进化出来，比如图片、视频。

第 2 章

神话中的世界
——构建方式 1.0 版本：类比

2.1 我们理解的世界如何被构建出来

语言的诞生让人类获得了一种独特的能力，那就是我们会对我们所处的世界产生理解。一个词或一个句子就代表我们对世界某部分的理解，大量句子的组合就能构成我们对整个世界的理解。而大量句子组合在一起的最早案例就是神话故事。所以，神话故事就代表人类对世界的最初理解。

然而，正如第1章谈到过的，语言是在四个部件（即记忆、意识、思维与符号）共同作用下形成的产物。思维在其中的主要作用是分类，即将各种不同事物归为同一类，或者说采用一种事物去代表另外一种事物。这就导致语言的描述能力本质上只是在采用一种事物去代表另外一种事物。比如说，第1.5节谈到的“山老虎”就在采用老虎去代表一座山，“两天后”中“后”就是采用空间去代表时间。再比如说，第1.9节谈到的“时间的流逝”就是采用一条河流去代表时间，那么，当我们采用“时间的流逝”这样的语言去描述行星的运动时，这种描述本质上只不过是在采用一种物质（即河流）的运动去代表另外一种物质（即行星）的运动。

所以，语言让我们对世界产生了理解，而这个理解本质上只是在采用世界的一部分去代表世界的其余部分。也就是说，我们对世界的理解过程本质上就是采用世界的一部分（而且是肉眼可见部分）作为原材料去构建世界的其余部分。比如说，在人类对世界的最初理解中，即在神话故事中，人类通常采用各种动物或人去代表世界的其余部分，即将自然界视为一种与“人”类似的存在，古埃及的“九柱神”就是采用人的形象去代表风、雨、雷、电、天、地等事物，中国古代也有“雷公电母”的传说。

这些代表过程就是通过思维将它们归为同一类来实现的，比如“山老虎”就是将山和老虎归为同一类，“电母”就是将闪电和母亲归为同一类。思维的这种分类方式在今天被称为类比。而“两天后”和“时间的流逝”所包含的分类方式在今天被称为隐喻。

所以，采用今天的语言来说，神话故事就是采用类比的方式去理解世界。也就是说，神话故事构建世界图像的方式就是类比。我们将这种方式称为世界图像构建方式的1.0版本。

站在今天的视角，一般观点认为早期人类是由于力量弱小，出于对大自然的敬畏或崇拜才会采用动物或人的形象去代表大自然，比如产生“雷公电母”的观念。但实际上，对于早期人类而言，世界本来就没有“人”与“自然”之分。那时候的他们对思维所完成的这些分类过程毫无察觉，从而将“山老虎”“太阳神”视为真实的存在，就像今天的我们将“时间的流逝”“两天后”视为真实的存在一样。在古人看来，如果“太阳神”不是真实的，那么，很多现象将无法理解，就像在今天，如果认为“时间在流逝”“两天后”“上一秒”不是真实的，那么，整个世界都将无法理解一样。

这种毫无察觉导致古人还没有意识到，大自然是一种与人完全不同的存在，就像今天的我们还没有意识到，时间的“流动”是一种与河流的流动完全不同的存在。所以，在古人看来，整个世界都是由人或与人类似的对象构成的。也就是说，在他们的意识中，人与自然之间还没有区分的边界，还是一个整体，甚至连“自然”——这个概念都还要等很久才会在他们大脑中形成。

2.2 古希腊人的“宇宙大爆炸理论”——构建方式1.0版本的成就

在1.0版本的构建方式下，也就是通过类比的手法，大自然被各种与人类似的形象所代替，比如风、雨、雷、电、天、地都被与人类似的形象所代替。在文字还没有成为主要传播手段之前，这些与人类似的形象都是以口述传播的方式一代又一代地流传下来的。这种流传方式称为传说。

这些神话传说就是当时的人类为整个世界绘制的图像，它直接反映了当时的人类是如何理解这个世界的。在这个世界图像的基础上，即通过这些神话传说，人类的思维和语言就有条件完成更高级的进化。比如写于公元前八世纪的《神谱》就反映了当时的古希腊人已经开始在思考这样两个核心问题：世界从何而来？世界如何运转？正是对这两个问题的不断思考让人类思想迈入了一个新台阶。

赫西奥德的《神谱》采用了双层讲述的方式。第一层讲述者是一位诗人和赫西奥德（他们代表凡人）。他们在途中遇见了九位缪斯神，并要求她们详细讲述世界从哪里来。他们向九位缪斯神这样问道：

> 缪斯神们，请告诉我，奥林匹斯山上的诸神和大地是如何诞生的，河流和海洋为何能卷起巨浪，夜空为什么会有繁星闪耀，这些众神各自的权力都是什么。

可以清晰地看到，这位诗人与赫西奥德非常渴望知道世界是从哪里来的，世界最初的源头是什么。这种渴望的迫切性，从他们在提问之后还特意加上一个强烈要求而鲜明地体现出来了，因为他们这样强烈要求道：“一定要从最初开始讲起，最初诞生的是什么？”直到今天，这种渴望的迫切性仍然没有丝毫减弱，因为今天的人们仍然在不停地追问：“宇宙大爆炸是怎么来的，大爆炸之前又是什么？”

《神谱》的第二层讲述者就是这九位缪斯神，她们详细回答了凡人所关心的这两个问题。

这九位缪斯神回答的第一句话就是：“最初，卡俄斯神（Χάος）生成了。”英文单词chaos正是来自卡俄斯（Χάος）这个古希腊词的读音，它在今天被翻译成“混沌”。也就是说，世界的最初是一片混沌生成了，如图2-1所示。

这九位缪斯神接着回答道：“当混沌之神卡俄斯生成之后，卡俄斯生成大地之

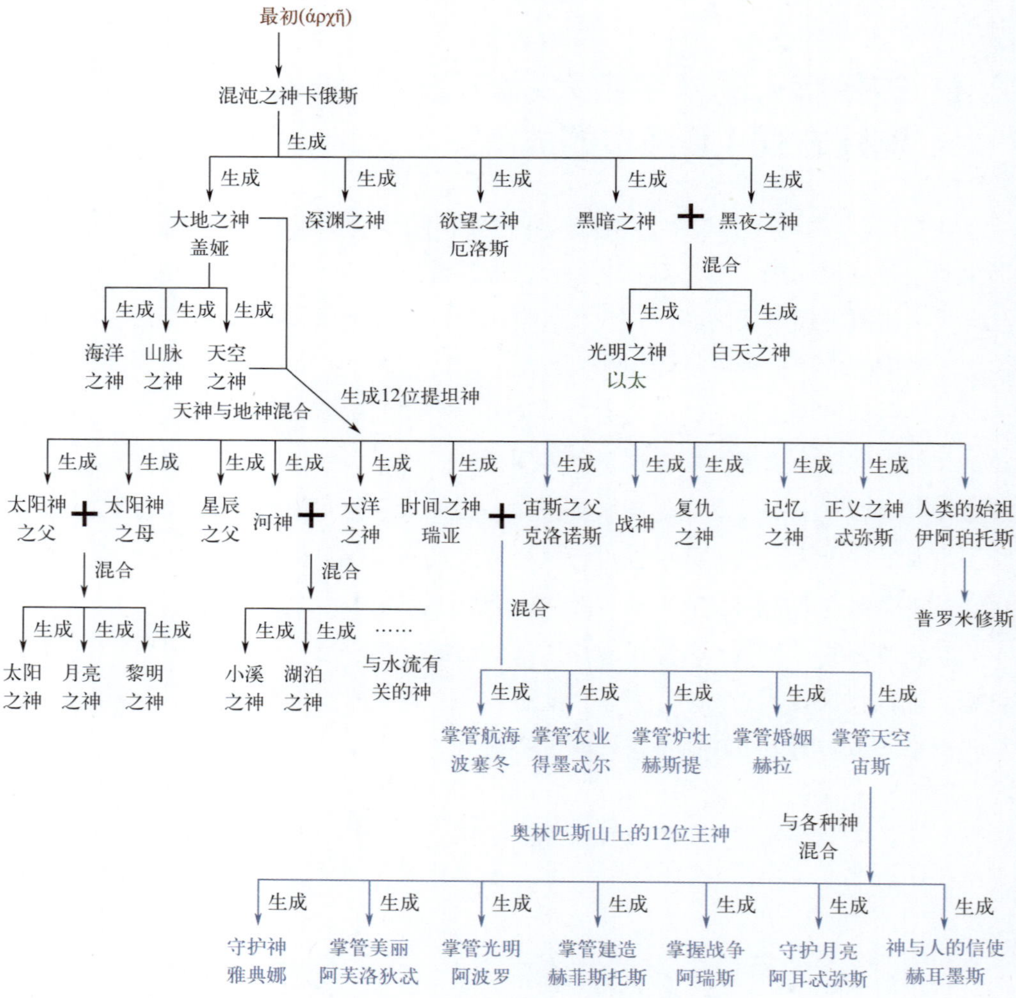

图2-1 赫西奥德《神谱》描述的世界创生过程

神盖娅。”即大地在混沌之中生成了。除大地之外，卡俄斯神还生成了深渊之神、欲望之神、黑暗之神、黑夜之神。在此之后，黑暗之神和黑夜之神混合在一起，又生成了白天之神和光明之神，而光明之神的名字叫作以太。

在此之后，盖娅又生成了天空之神（天神）、山脉之神（山神）、海洋之神（海神）。再然后，大地之神盖娅与天空之神生成了十二位提坦神，其中就包含山川河流、日月星辰等各路众神。这实际上就是生成了世间万物。

到此，这九位缪斯神实际上已经回答了凡人所关心的第一个核心问题，即世界从何而来。而缪斯神接下来的回答实际上解释了凡人所关心的第二个核心问题，即世界如何运转。缪斯神的问答可总结如下：

这十二位提坦神中的时间之神和克洛诺斯生成了以宙斯为代表的十二位主神。之前生成的那些代表世间万物的各路众神赋予了这十二位主神相应的神力，所以这十二位主神就主要负责掌管之前生成的那些世间万物。也就是说，世界主要是通过这十二位主神的掌管来运转的。这十二位主神都住在奥林匹斯山上，他们就是古希腊人非常熟悉的奥林匹斯山诸神。

以上就是赫西奥德《神谱》所讲述的世界创生过程。《神谱》中的世界都是由与人类相似的对象（即各种长得像人的神）构成的，而且可以明显看出，古人是完全仿照人类社会的秩序去构建世界图像的。所以，无论从这张世界图像的部件（即代表日月山川的各种神），还是从这张世界图像的整体结构，我们都能看到类比手法的大量使用。也就是说，神话所代表的世界图像完全是依靠构建方式1.0版本来完成的。

这些创世神话就代表着古希腊人在公元前八世纪对世界的理解。如果穿越回到那个时代，当我们听到古希腊人交谈时，从谈话中肯定会发现大量与这些神话有关的内容。当被问到这个世界如何而来的时候，那时候的古希腊人对这套创世故事的谈论热情，就像今天的我们对宇宙大爆炸理论的谈论热情一样高。

实际上，这些神话对古希腊人的影响力远大于宇宙大爆炸理论对我们的影响力，因为宇宙大爆炸理论只会影响今天的我们对自然界的理解，但神话对古希腊人的影响却是全方位的，这些神话完全占据了他们的思想意识形态。当讨论城邦政策、公平正义、善恶美丑时，他们会谈到这些神。在生病需要救治的时候，他们也会谈到这些神。他们的诗歌、戏剧等文学作品也会围绕这些神话故事展开，比如这些神也出现在对古希腊影响更大的荷马史诗之中。

与神话传说几乎同时出现的占卜术、占星术也是采用构建方式1.0版本，即采用类比手法去绘制世界图像的，比如中国古代的《周易》也对世间万物的运转过程进行了描述。不过，《周易》没有采用人或动物的形象，而是采用“阴阳八卦”去类比世界的其余部分，如图2-2所示。

图2-2　阴阳八卦描述的世界

2.3　中西文明的思想源头

世界从何而来？这是每个文明在发源时期都会回答的问题。赫西奥德《神谱》的回答就是：整个世界从一个起点（ἀρχῆ）出发一步步生成而来，如图2-1所示。这种“从一个起点出发，通过一步步的递进生成就能得到整个世界”的观念成为西方文明的一个思想源头[1]。后面章节将会详细谈到，这个思想源头如何慢慢流淌出西方科学（也称为现代科学）。

与此形成鲜明对比的是，中国古代采用“阴阳八卦”来回答这个问题。具体来说，整个世界不是从一个起点一步步生成而来，而是作为一个相互关联的整体一次性给定的。这个整体的各个部分相互包含、相互制衡、相互转化，没有一个部分可以始终以压倒性优势统领其他部分。这种“阴阳八卦”的观念正是中华文明的一个思想源头。后面章节将会详细谈到，这种“相互包含、相互制衡、相互转化”的思想与西方科学方法的核心精神正好相反。

所以，在最开始，西方和中国就采用了完全不同的分类标准去构建世界图像，最初的这些分类标准又成为了各自思想的源头，从而导致中西方演化成两种完全不同的文化。

[1] 荷马史诗是另外一个思想源头，比如说，它孕育出西方的个人英雄主义。

第3章

柏拉图与亚里士多德的宇宙——构建方式2.0版本：理性思考

3.1　理性的诞生——自然界与人的分离

第1.10节谈到过，等级越高的语言所携带的虚构成分越容易被觉察到。比如说，神话故事通过类比将自然界和神（即与人或动物类似的对象）归为同一类，从而导致早期人类将自然界视为一种与“人”类似的存在。这就是神话故事所携带的最明显的虚构成分。但早期人类并没有觉察到这一点，在他们看来，世界本来就没有“人”与“自然”之分。那时候的他们还没有意识到，大自然是一种与人完全不同的存在，在他们看来，整个世界都是由与“人”类似的对象构成的。也就是说，大自然作为一种独立于人而存在的客体还没有在他们意识中呈现出来，在他们的意识中，人与自然之间还没有区分的边界，还是一个整体。

进化之中的思维会最先觉察到神话故事中的这些虚构成分。在消除或修补这些虚构成分的过程中，思维又将得到进一步进化。经过漫长的积累之后，这样的进化过程终于来到一个临界点，那就是人类中的极少数人开始觉察到：大自然居然是一种与人完全不一样的存在，这个世界应该划分为人与自然界两个独立的部分。

这个觉醒过程也是理性思维诞生的过程。实际上，这两个过程是相辅相成的。正是在理性思维诞生的过程中，“自然”这个概念才逐渐形成，从而让人们开始意识到这个世界有“人”与“自然”之分，如3-1所示。反过来，当人类模糊地意识到自然界的存在，然后再去理解自然界的时候，理性思考的能力就不断得到了挖掘和提升。

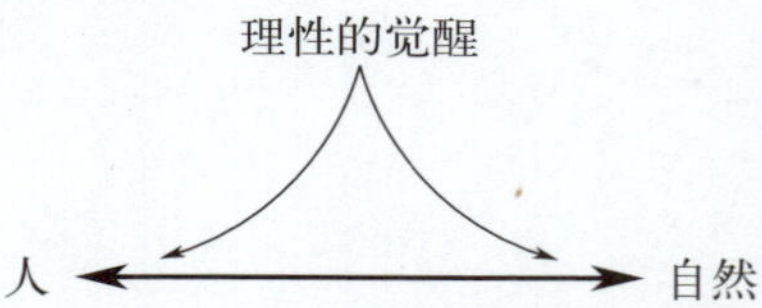

图3-1　理性的觉醒过程与意识到“自然”存在的过程

在人类思想演化的整个进程中，这个觉醒过程具有标志性意义，因为这标志着自然界作为一种独立的存在从人类意识中脱离出来了。从此开始，整个世界被我们划分为两大部分——从人类意识中脱离出来的自然界与在人类意识中呈现的世界。在今天，这两个世界被我们称为客观世界与主观世界。而在此之前，人类所理解的世界只有在人类意识中呈现的世界。

这种巨大的分离当然引发出一系列多米诺骨牌效应。比如说，既然自然界是与人完全不一样的存在，那么就不能继续将它们类比成“人”，即不能继续采用构建方式1.0版本去绘制世界图像了。于是，采用什么新方式去理解大自然就成为巨大的思想空白，成为一块正待开发的思想新大陆[1]。这个思想空白的巨大性在整个人

[1] 除了自然界与人发生了分离，社会、政治领域在这一时期也发生了类似的分离。

类历史中都是罕见的[1]，罕见到需要耗费几百年、诞生无数伟大思想家才能填补。这几百年在今天被称为轴心时代。

具体来说，既然不能继续采用与“人”类似的对象去代表自然界，那就需要大脑创造出新的对象去代表自然界。比如说，人类大脑开始创造出一个叫“直线”的对象去代表一根细棒。然而，创造出类似“直线”这样的对象需要大脑思维进化出新的功能才行。这种功能在今天被称为概念思维，它就是人类思维能力的一次飞跃式进化，而类似“直线”这样的对象在今天被称为概念对象。当人类拥有概念思维之后，整个世界就不再单单是由各种神编织起来的，而是由理性思维所创造出的概念对象编织起来的。

所以，理性思维让人类的认知方式又产生一次飞跃式的升级。这个升级不仅将世界分离成客观世界与主观世界两部分，从而开拓出巨大的思想空白，而且还初步填补了这些思想空白，让人类的思想以及构建世界图像的方式发生了根本的转变。

在今天，这些概念对象只是被大家视为一个个普普通通的概念而已，但是，在理性思维刚诞生的时候，这些概念对象的地位无比崇高，已经高到和“神”相提并论的程度，因为通过理性思维可以让人类认识到世界之前从未展现过的一面。

3.2 认知的第六次飞跃——概念思维的出现

3.2.1 将分类过程推广到极致

第1.9节谈到过，文字让思维进化出更高级的形式——理性思维。具体来说，文字可以记录下更多事物，从而让思维有机会将越来越多的事物归为同一类，比如思维开始将大量方形物体归为同一类。当这种分类过程被推广到极致之后，思维的分类能力就完成了一次新飞跃。比如说，当思维不仅将空间上所有方形物体都归为同一类，而且还将流淌在时间上的所有方形物体归为同一类，“正方体”这个语言

[1] 对于今天的我们而言，一个新的思想空白地带或许马上就要暴露在我们面前，那就是类似人工智能的硅基文明很有可能将会从人类控制中分离出来，也成为一个独立存在。这样一来，就会有一大堆我们之前从未面对过的问题暴露出来。对这些全新问题进行思考并提出解决方案的人就将成为下一代伟大的思想家。

就形成了，而“正方体”这个符号就对应这个分类，如图3-2所示。

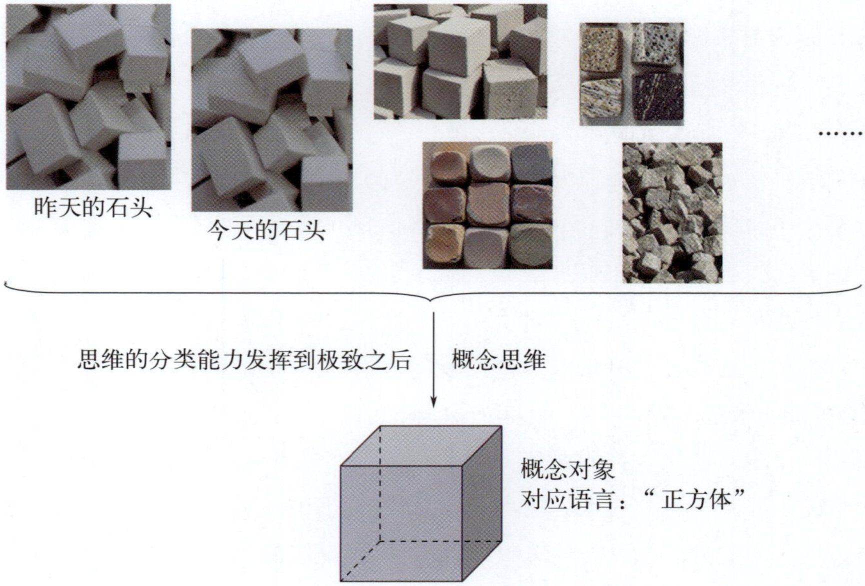

图3-2　概念思维的形成

这种飞跃之后的思维在今天被称为概念思维，被归为同一类的这个分类就对应一个概念。这个分类所包含的范围称为这个概念的外延，这个分类所包含成员的交集称为这个概念的内涵或含义[1]。

思维的这次飞跃给语言也带来了巨大的飞跃，因为“正方体”这个语言符号对应思维的一个分类，不再对应某个具体对象，而一个分类与该类中具体对象之间存在根本不同。为了体现这种根本不同，我们将“正方体”（它对应一个分类）称为概念对象。所以，思维的这次飞跃让语言符号所指的内容从具体对象飞跃成概念对象。

比如说，在概念思维进化出来之前，第1.9节谈到的语言符号“宇”对应屋檐这个具体事物，语言符号“时”对应太阳的走动，而在概念思维进化出来之后，语言符号“宇”开始对应概念对象——空间，语言符号“时”开始对应概念对象——时间。

再比如说，在概念思维进化出来之前，语言符号“线”对应某个具体事物（记为A）。在概念思维进化出来之后，语言符号“线”就不再对应某个具体事物，而

---

❶ 维特根斯坦发现有些概念对应分类的成员之间很难找到交集的部分，于是采用“家族相似性”代替交集去说明概念的含义。

是对应一个分类，即对应一个概念对象。如果还想对应某个具体事物（记为A），我们需要采用这样的语言："线A"或"A是线"。所以，为了对应某个类中的具体对象，我们需要依靠"是"这个语言。也就是说，正是在概念思维诞生之后，"是"这个语言符号开始承担起极其重要的功能，开始成为人类语言系统中最核心最关键的语言。第3.6节还会谈到，正是"是"这个语言让思维产生出另外一个重要工具——判断。

不过，思维的这种飞跃将会引发一个新问题，那就是如果概念对象不再与某个具体事物对应，那我们还能采用具体事物去验证概念对象的真实性吗？比如说，既然无法找到具体事物去对应"直线"，因为直线是无限细的，那么，"直线"的无限细还是真实可靠的吗？再比如说，我们也无法找到具体事物去对应"灵魂"，那么，"灵魂"就不是真实可靠的吗？这些问题都难以回答，后面章节将会详细介绍人类是如何回答这些难题的。

当然，思维的这次飞跃给我们对世界的理解带来的积极影响更多。具体来说，由于概念对象是由思维将分类过程推广到极致得到的，比如将分类范围从部分推广到所有，从有限推广到无限，这导致概念对象具有两种能力——普遍性和永恒性，如图3-3所示。

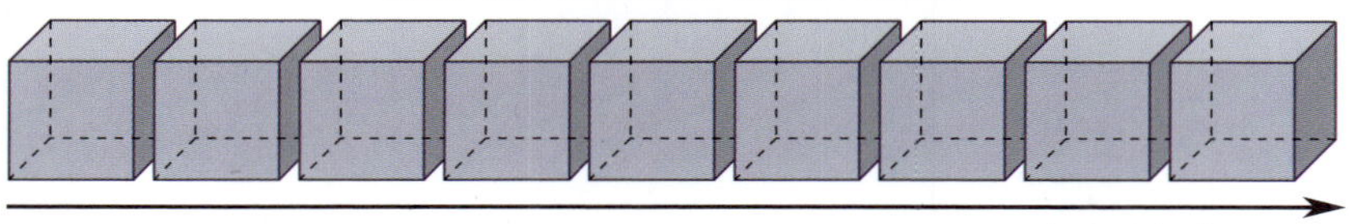

图3-3　概念思维让我们对世界产生了全新的理解

比如说，概念思维将空间上所有方形物体归为同一类，那么，所有方形物体都属于"正方体"这个语言符号对应的分类，即所有方形物体都"是"正方体。这就使得我们只需要采用"正方体"这一个对象就可以去代表无数方形物体，即概念对象具有了普遍性。不仅如此，概念思维还将流淌在时间上的所有方形物体归为同一类，即将分类结果铺满所有时间，从而让这个分类（它由"正方体"这个语言对应）在时间上是"一直在场"的，或者说是永恒的。也就是说，即使某一块具体的方形物体被打碎了，这个分类仍然包含无数其他方形物体，那这个分类将不受任何影响，仍然是存在的，即"正方体"这个概念对象依然完好地存在。这种时间上的

“一直在场”让我们相信，“正方体”这个对象在一百亿年之前就存在了，而且与今天的“正方体”没有任何不同，这让我们从来不去区分一个几何定理中的正方体到底是昨天的还是前天的。

3.2.2 对真实世界的修剪——世界图像的巨变

由概念思维得出的这些具有普遍性、永恒性的概念对象给人类对世界的理解带来了巨大的改变，具体说明如下。

由于概念对象是思维将归为同一类的所有成员取交集得到的，而取交集就是删除成员之间差异性的过程，那么这个取交集的过程必将丢弃、添加、篡改大量信息，即对真实世界进行大量“修剪”。所以，当采用概念对象代表真实世界时，我们在获得巨大便利的同时也付出了巨大代价。便利就是我们只需一个概念对象（比如“正方体”）就能代表无数个具体的方形物体，从而让世界图像得到极大简化。代价就是这个代表过程将不可避免地对真实世界进行大量修剪，从而导致世界图像“失真”。

不仅如此，概念对象的永恒性还将彻底改变人类理解世界的方式。比如说，正是由于类似于“正方体”这样永恒不变对象的衬托，时间才能以独立于这些永恒不变对象的方式呈现出来。也就是说，正是这些永恒不变的对象才衬托出时间的独立性，这就好像是海面上不变的小岛衬托出海面的独立性一样，而面对满是落叶的湖面，我们就很难识别出湖面的独立性，或者说不需要识别出湖面的独立性。

所以，概念思维的这次飞跃让世界以一种崭新的图像呈现出来了。在这幅崭新图像中，世界开始被划分成截然不同的两部分——普遍的、永恒的概念对象+独自流淌的时间，如图3-4所示。这种划分在不断加深之后就导致世界开始分离成两部分——物质+时间。

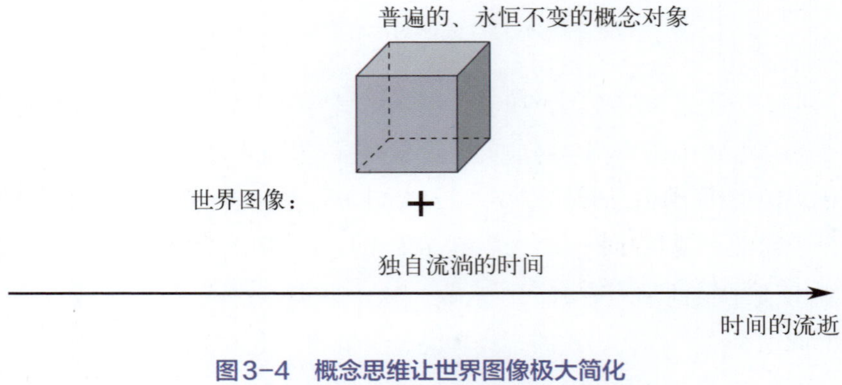

图3-4 概念思维让世界图像极大简化

正是这种分离让世界图像得到极大简化。比如说，每个方形物体（比如一块石头）无时无刻不在发生改变（比如石头在慢慢风化），即这块石头在每个时刻都是不同的。那么，严格来讲，为了体现这种不同，也就是为了与真实世界做到完全严格的对应，每个时刻的石头都应该有一个语言符号与之对应。但是，这样一来，为了精确地、严格地刻画真实世界，我们需要对巨量的信息进行处理，这会导致我们对世界的描述变得极其复杂烦琐。然而，概念对象却可以将描述变得极其简单，比如我们只需一个对象（即“正方体”）+时间就能描述这块石头。

再比如说，一颗行星在不同时刻将处于不同位置，即行星所处的每个位置都属于不同时刻，那么，为了精确地刻画这颗行星的运动，属于不同时刻的位置都应该有一个语言符号与之对应。同样，这会导致我们对世界的描述变得复杂[1]。但是，如果采用一些永恒不变的对象（比如“点”和“圆”）+时间来刻画这颗行星的运动，那么刻画出来的图像就变得极其简单了，即一个点在一个圆上移动。

所以，当我们采用永恒不变的对象+时间去替换无时无刻不在发生改变的真实世界之后，我们的世界图像就变得极其简单了。

正是在这个极大简化之后的世界图像之中，概念对象的普遍性才让世界图像（注意：不是真实世界）呈现出秩序，而概念对象的永恒不变性让这些秩序呈现出新的特征，这种特征被我们称为规律。在简化之前，我们需要面对巨量且庞杂的信息，但在简化之后，我们只需要处理一个在时间中流淌的永恒不变对象就够了，混乱庞杂的世界图像一下子就变得清晰有序了。这就是概念思维所带来的巨大改变。

所以，在思维产生这次飞跃之后，即在概念思维进化出来之后，人类构建世界图像的方式也发生了飞跃，那就是在这幅简化之后的世界图像中不断地去寻找：在时间长河中流淌着的永恒不变对象到底是些什么。直到今天，大多数物理学家仍然还在进行这样的寻找，第3.3节将会谈到古希腊人找到的各种答案。

3.2.3 对修剪过程的辩护

前面谈到，世界图像的这个简化过程需要付出巨大代价，那就是概念思维在得出概念对象的过程中将不可避免对真实世界进行大量修剪。比如说，“正方体”将石头内部原子的运动信息都删除了，将石头周围的物体都删除了。“圆”将原本属于不同时刻的位置归为同一类，即将原本属于不同时刻的位置视为属于同一个时刻，从而才使行星的运动满足“圆”这个对象。甚至连最常见的语言（比如“苹果”）都对真实世界进行过修剪，比如苹果所处位置、周围物体等信息都被删除了。

---

[1] 当然，爱因斯坦恢复了这种刻画方式。

这种修剪当然会带来巨大困惑，那就是我们到底能否采用永恒不变的对象+时间去替换无时无刻不在改变的真实世界，如图3-5所示。

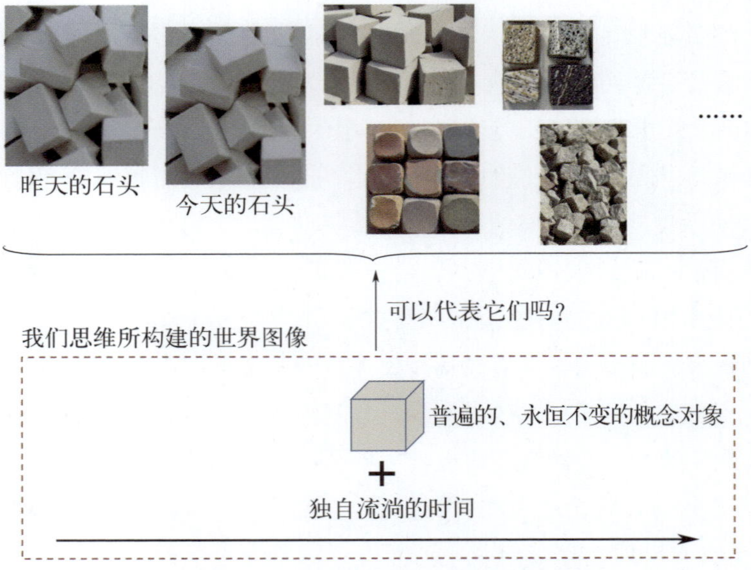

图3-5　概念思维理解世界的方式受到的质疑

早在概念思维诞生的初期，人类就感受到了这种困惑，比如人们开始发出这样的疑问：一颗苹果到底是变化的，还是不变的。如果是不变的，那么这颗苹果为什么会慢慢变质腐烂。如果是变化的，那么我们为什么仍然可以采用同一个语言“苹果”称呼它，即我们为什么仍然认为它还是一颗苹果。

这样的问题开始将人类的思想划分成两大阵营。其中一大阵营认为世间万物都处于流变之中，没有不变的。此阵营在古希腊的开创者就是赫拉克利特，其名言“人不能两次踏入同一条河流”就是这种思想的代表。另外一大阵营认为不变才是最根本的，变化只是来自感官的幻象。此阵营在古希腊的开创者就是巴门尼德，如图3-6所示。

赫拉克利特　　巴门尼德

图3-6　在概念思维诞生的过程中，人类就已经开始对概念思维进行反思

对这个问题的思考必将我们引向另外一个更难的问题：什么才算“存在”。比如说，如果苹果始终处于流变之中，这意味着下一时刻的苹果即将发生改变，那么当前时刻的苹果算存在还是不存在呢？如果当前时刻的苹果算存在，但由于下一时刻与当前时刻无限接近，那么苹果将处于既存在又不存在的状态之中。如果当前时刻的苹果不算存在，那它在当前又如何会呈现在我们面前呢？

这个难题将两大思想阵营区分得更加清晰了。以赫拉克利特为代表的思想阵营认为，始终处于流变之中的物体既存在又不存在；但巴门尼德却认为人类的思维（在那时被称为心灵）只能思考存在，无法思考非存在，更无法思考既存在又不存在。

第1章谈到过，思维在底层的实现方式就是分类。然而，一个分类又可以被思维划分到另外一个更大的分类之中，这个更大的分类还可以被思维划分到下一个更大的分类之中。尽管思维有能力将这个划分过程不断扩张下去，但这种扩张最终会面临一个极限，即思维最终只能暂时得到一个最大的分类。这个最大的分类就对应“存在”本身，因为几乎所有物体都属于这个最大的分类，而当我们不断去追问“某某物体是什么”，最后的回答只能到“某某物体是一种存在”这一步，无法再继续回答“存在是什么”的问题。

由于这个最大的分类包含了所有物体，那它将铺满整个时间和空间，即“存在”本身将铺满整个时间和空间。这样一来，“存在”本身就是永恒的、完满的。或者说，类似于“变化”“改变”“运动”这些语言对于“存在”本身来说已经失效，因为既然铺满整个时间，那就无法谈论“变化”“改变”，既然铺满整个空间，那就无法谈论“运动”。

当人类首次感知到自己的大脑能够思考到“存在”本身的时候，“存在”本身的这种永恒和完满就开始让整个世界以一种全新的方式呈现在人类面前，因为这种思考将导致人类开始将世界划分两部分——永恒的、完满的部分和可生可灭的、残缺的部分。

这种永恒和完满还要求时间和空间必须是连续的，因为如果是间断的，那么在时间和空间的间断处，我们如何才能思考到“存在”本身呢？或者说，人类的思维无法思考到“非存在”本身。

具体来说，“非存在”本身就对应这个最大分类的补集，但这个补集无法包含任何成员，因为只要它包含一个成员，思维就可以将这个成员划分到“存在”本身对应的那个最大分类。所以，我们只能思考到“存在”本身，无法思考到“非存在”本身，或者说，只要能被我们思考到的对象就必定是一种存在。最先觉察到这一点的人就是巴门尼德，其名言“思维与存在是同一的”清楚地表达了这一点。当然，正是巴门尼德的这种思想让后来的人们可以去论证“灵魂”“鬼”“神”都是存在的，因为它们可以被我们清晰地思考到。

一颗具体的苹果当然属于这个最大的分类，即属于这个最大分类的一个成员，那么，这颗苹果就是“存在”本身的一个代表或实现者，即苹果只是一个存在者，而不是存在本身，因为这颗苹果无法完全代表这个最大的分类。当这颗苹果变质腐烂了，那它就不再属于这个最大的分类，也就不再是“存在”本身的一个实现者，即这颗苹果不再是一个存在者，但这个最大的分类没有受到任何影响，即“存在”本身不受任何影响。

所以，存在者与“存在”本身是不同的，“存在”本身对应这个最大的分类，而存在者只是这个分类中的成员。第一个觉察到这种不同的人也是巴门尼德。具体来说，巴门尼德认为，通过眼睛、耳朵等感官只能认识到存在者（比如这颗苹果），这种认识方式被巴门尼德称为意见（或俗见）之路，而“存在”本身只有通过心灵（即理性思维）才能认识到，这种认识方式被巴门尼德称为真理之路。

不仅如此，巴门尼德还对这两条认识途径进行了价值划分，即认为真理之路的价值高于意见（或俗见）之路。具体来说，巴门尼德认为通过意见之路（即感官）获得的认识常常受到感官的欺骗，是不可靠的，而且是变幻莫测的。通过真理之路（即理性思维）获得的认识才是可靠的，而且是永恒不变的。比如说，我们通过眼睛无法感知到“存在”本身，只有通过心灵（即理性思维）才能感知到“存在”本身。所以，真理之路的优先级和重要性高于意见之路。

巴门尼德的这种价值划分对后世产生了深远影响，直到今天，这种价值划分依然主导着我们的思想。比如说，通过真理之路（即理性思维）获得的认识后来被称为“本质”，而通过意见之路（即感官）获得的认识后来被称为“表象”，见图3-7。

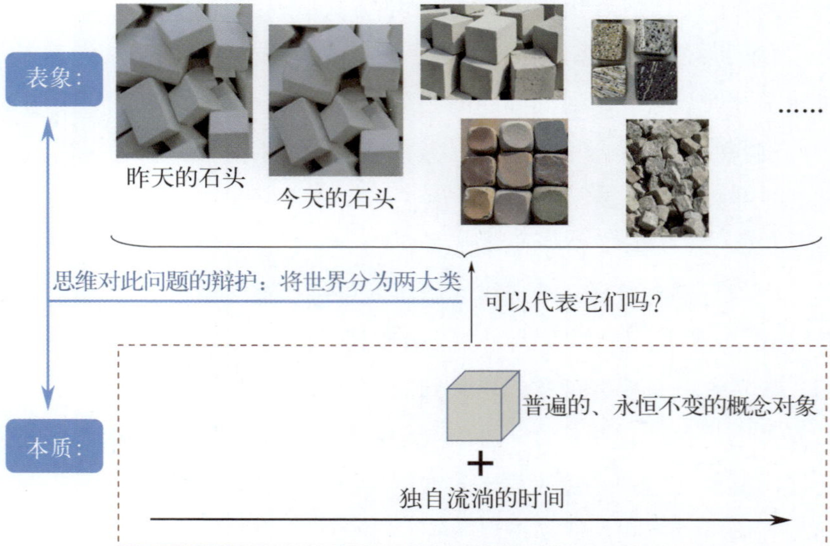

图3-7　对概念思维反思之后得到的解决方案

真理之路高于意见之路的思想就是本质比表象重要，我们应该通过表象去寻找本质，因为本质才是这个世界的真理。

也就是说，巴门尼德的这种价值划分将世界划分成两部分——永恒不变的本质+变幻莫测的表象。这种划分就为概念思维对真实世界的修剪过程给出一个强有力的辩护。比如说，一颗苹果的不断变化只是其表象，而这颗苹果的本质却是永恒不变的。所以，采用永恒不变的对象+时间去替换无时无刻不在改变的真实世界的过程是完全成立的，因为这是在对世界的本质进行描述，而世界的本质才是最重要的，表象是“虚幻”的，不值得关注。

就这样，通过将世界划分成两部分（即本质与表象），我们对采用概念对象去替代真实世界的可行性进行了有效的辩护。这个辩护让我们深信：采用永恒不变的对象（比如概念对象）+时间完全可以替换无时无刻不在改变的真实世界。慢慢地，“通过表象看本质”成为人类的一种信念，直到20世纪，这种信念才开始被动摇。比如说，现象学让我们意识到表象也有很高的价值。语言学让我们意识到，人类的语言根本无法准确地表述出所谓的本质。而后现代主义则认为，我们根本无法将真实世界划分成本质与表象两部分，或者认为表象比本质包含更丰富的内容，表象才是我们应该关注的重点。

3.2.4 我们的辩护稳固吗？

尽管将世界划分成本质与表象两部分，然后只对世界的本质进行刻画，也就是采用永恒不变的对象（比如概念对象）+时间去替代真实世界就可以让世界图像大大简化，但是，世界图像的这种构建方式始终无法摆脱一个致命的追问，那就是：世界真的存在所谓的本质吗？即这些永恒不变的对象真的存在吗？如图3-8所示。比如说，“直线”到底存在于真实世界呢，还是只存在于思维之中呢？毕竟“直线”是无限细、无限直的，我们在真实世界中找不到这样的对象。

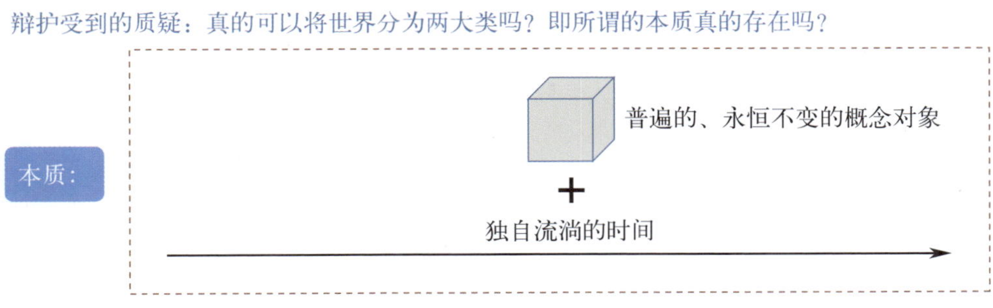

图3-8 对概念思维的反思并没有结束

这无疑是概念思维所引发的最难以回答的问题了，而且，仅仅依靠概念思维自身，它已经无法回答它自身所引发的这个问题，具体说明如下。

前面谈到，概念对象是由思维将分类过程推广到极致得到的，比如将分类范围从部分推广到所有，从有限推广到无限。这样一来，概念对象的形成过程就涉及“无限、所有”。这导致概念对象必然与“无限”有关。比如说，“点”是无限小的，“直线”是无限细、无限直、无限长的，直线上的点无限接近，“因果关系”需要在无限次重复中、在所有场景中都必须再现。另外，“存在”本身也涉及“无限、所有”，因为前面谈到过，“存在”本身对应于思维能够划分出的最大分类，但是，划分到什么程度才算最大呢？这个问题也涉及“无限、所有”。

可是，“无限、所有”在真实世界中无法实现，只能在思维中实现。而且，即使在思维中，“无限、所有”这些语言也无法依靠以分类作为实现机制的概念思维来得到，因为它们是通过“有限、部分”的反义词来得到的，即通过取“有限、部分”对应的分类结果的补集来得到的。至于这些补集（它们就对应“无限、所有”）到底包含什么成员，概念思维无法直接通过分类得出。也就是说，仅仅依靠文字语言，我们根本无法说清楚什么叫“无限、所有”。

第1.10节提到过，通过数学语言，我们才对“无限、所有”有了确切的理解。但是，这个理解需要更多地借助思维才能完成，如图3-9所示。具体来说，思维将“n加1得到n+1”与“1加1得到2，2加1得到3，3加1得到4，……”归为同一类。在我们可感知的世界中，这个归类过程是可以与现实物体对应起来的，比如采用苹果来对应这里的1、2、3、…、n。思维有能力将这个归类过程不断重复下去，但在我们可感知的世界中，这个归类过程也可以不断重复下去吗？可感知世界似乎没有

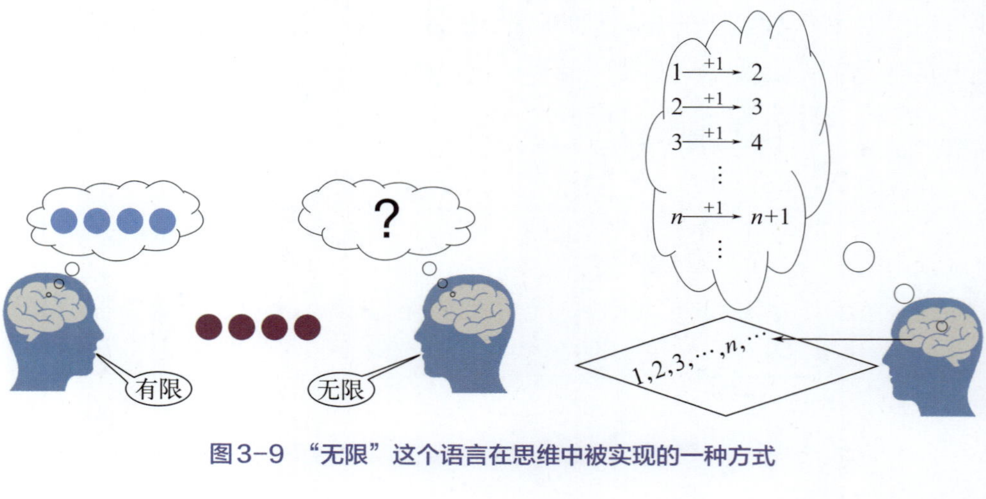

图3-9 “无限”这个语言在思维中被实现的一种方式

足够多的物体来完成这种不断的重复。那么，这种不断重复的过程就只有在我们的思维中才能实现。

所以，“无限、所有”这些语言只有通过数学语言才能被确切理解，仅仅依靠概念思维，我们无法确切地理解它们。但是，概念思维得出概念对象的过程又涉及“无限、所有”，这样一来，概念对象是否真的存在——这个问题就陷入无解的循环之中，仅仅依靠概念思维无法回答。

即使这些概念对象都是真实存在的，它们本身也携带有大量的虚构成分，即我们找到的本质将不可避免地携带虚构成分，因为正如前面谈到过的，概念对象是思维将归为同一类的所有成员取交集得到的，这个取交集的过程必将对真实世界的大量信息进行丢弃、添加、篡改处理。比如说，第6章将会详细谈到，牛顿找到的本质（比如绝对时间、绝对空间）携带的虚构成分是如何被概念思维引入的。

另外，正是在将世界划分成本质与表象两部分之后，时间才开始以独立的姿态呈现出来，因为正如前面谈到过的，概念对象的不变性衬托出时间的独立性，从而让我们将世界划分为物质和时间两部分，让我们相信太阳运动（即表象）背后有一个独立的本质对象（即时间）在流逝。如果不采用概念思维，也就是不采用这些永恒的概念对象去描述世界，时间或许不会以独立的姿态呈现出来。也就是说，真实世界真的可以分离成物质+时间吗?

广义相对论对这种划分已经发起了强有力的挑战，因为在广义相对论中，物质、时间和空间这三者是相互影响、相互交织在一起的，无法在它们之间划分出清晰的边界。比如说，时间和空间可以改变物质的数量（即质量），而物质反过来也可以改变时间的快慢和空间的长度，相关详细说明可以参看《破解引力——广义相对论的诞生之路》和《时空是怎样弯曲的——图解广义相对论》。另外，在微观世界，采用物质+空间的图像也无法清晰地刻画微观世界的真实模样了，我们无法清晰地将物质与空间分离开来，比如无法指出微观物质的具体位置。

即使我们可以将世界划分成物质+时间和空间，回答“概念对象是否真的存在？”这个问题之前还需要先回答另外一个更难的问题：什么才叫“真正的存在”？

第1章谈到过，人类大脑是在人观空间和时间中进化出来的，这导致思维的分类过程最终也是基于人观空间和时间进行的。那么，“存在”本身对应的最大分类最终也是基于人观空间和时间得到的。也就是说，离开了人观空间和时间，我们的思维将无法思考到“存在”本身。但另一方面，也如第1章谈到过的，如果只采用文字语言，思维也是基于分类去理解人观空间和时间的，那么，这个理解过程最终又会涉及这个最大分类。也就是说，思维最终也会将时间和空间归为一种存在来理解的，如图3-10所示。这样一来，“什么才叫‘真正的存在’？”——这个难题也将陷入无解的循环之中。

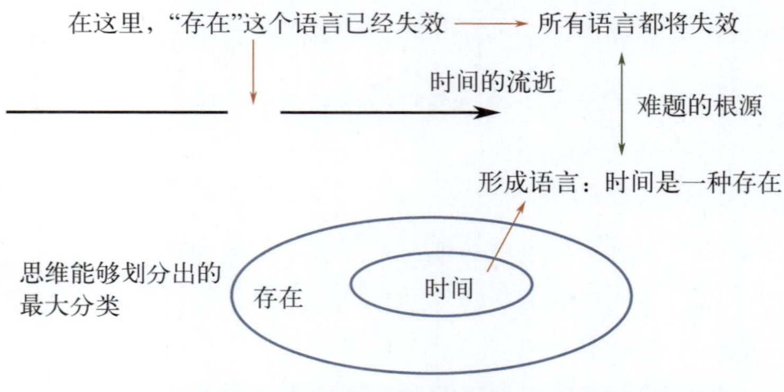

图3-10 采用概念思维无法解决概念思维自身携带的困境

总之，以上这些难题是由思维采用分类作为实现机制所引发的，而继续依靠以分类作为实现机制的思维过程将无法回答这些难题。即使在未来某一天，认知神经学将大脑如何产生出意识和思维的物理化学过程彻底搞清楚了，这些难题依然无法得到确切的回答，因为这些难题的根源在于思维所采用的实现方式。对于那些不是基于分类来进行思维的智能物种，这些难题将不会出现。也就是说，对于这些智能物种来说，这些难题不是得到了解决，而是根本不会出现，或者说自动消亡了。

所以，只要我们还在采用以分类作为实现机制的思维过程去思考这些难题，那它们将一直无法得到最终解决。这就是为什么自从这些难题出现之后，人们就开始对此争论不休，却始终无法得到一致答案。当然，尽管无法得到一致的答案，这些争论过程也并不是徒劳无益的，因为正是这些争论反过来让人类觉察到大脑开始具有概念思维的能力了。也就是说，正是这些争论标志着人类的理性思维诞生了。

不仅如此，这些争论还慢慢演变成一门单独的学问。对“什么才叫‘真正的存在’？”的回答后来被称为形而上学。对“哪些对象才叫‘真正的存在’？”的回答后来被称为本体论。人类的思维能力能否找到，以及如何找到这种“真正的存在”，这个问题的相关回答后来被称为认识论，而这些回答统称为哲学。所以，只要这个世界还需要人类的思考，哲学将永远不会消亡，因为这些难题仅仅依靠人类大脑的思维方式无法得到一致答案。

3.2.5 世界图像的全新构建方式——寻找本质与拯救现象

总之，将真实世界划分为物质和时间两部分，然后采用永恒不变的对象+时间去替代无时无刻不在变化的真实世界，也就是将世界划分为本质与表象两部分，然后对本质进行刻画，即采用概念对象代表真实世界之后，人类构建世界图像的方式就完成了一次升级，即升级到2.0版本——纯粹理性思考，如图3-11所示。这种构建方式让人类对世界的理解越来越深刻，并且演化出了现代科学。

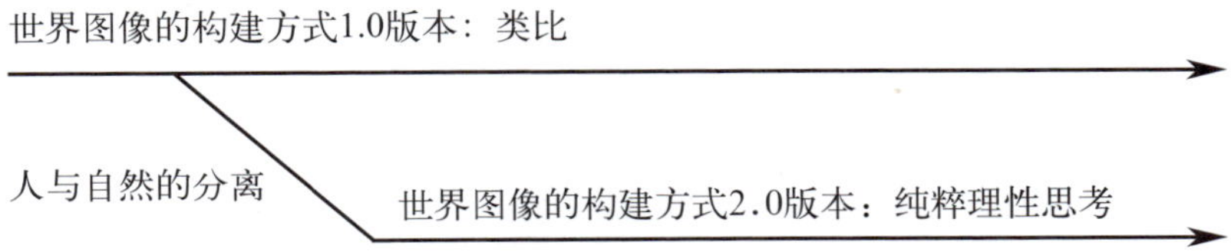

图3-11　人类构建世界图像的方式的升级过程

但是，正如前面谈到的，人类大脑思维的实现方式对这种构建方式形成了巨大制约，从而导致这种构建方式存在天然的缺陷，那就是我们需要对真实世界进行修剪才能找到所谓的本质，而这种修剪又会导致我们找到的本质与真实世界无法完全重合。

这种缺陷在这种构建方式诞生之初就已经暴露出来了。它主要通过两个问题展现出来：

（1）永恒不变的本质是真正的存在吗？

（2）眼睛等感官所感受到的世界与这些本质到底是什么关系？

在西方长达两千多年的历史长河中，人们对于这些问题的回答主要分为两个派别，一个派别以柏拉图为代表，另一个派别以亚里士多德为代表。

什么才算“真正的存在”？柏拉图的答案就是概念对象。具体来说，柏拉图认为世界的本质（比如概念对象）就是真实存在的，并且存在于一个独立的世界。这些真正存在的概念对象被柏拉图称为ιδεα，它被翻译成理型[1]。所以，理型就是柏拉图的形而上学。而无时无刻不在变化的真实世界只是这些本质的“复制品”，即它们的存在并不是真正的存在，只是本质的表象。作为本质的理型是永恒不变的，而“复制品”（即表象）则是变幻莫测的。这就是柏拉图调节变与不变的解决方案。

可是，这些“复制品”（即表象）与本质并不完全重合。为了修复这种“裂痕”，柏拉图认为我们只能对表象进行“拯救”，从而让表象与本质重合。就这样，

[1] 它也翻译为“理念”，但理念这个词在今天已经有了很多其他含义，而这些含义与柏拉图所说的ιδεα已经相去甚远，所以为了避免误解，本书采用“理型”这种翻译。

为了缝合永恒不变对象与无时无刻变化的世界之间的“裂痕”，柏拉图开启了一种长达两千多年的传统——不断寻找本质与拯救表象（也叫拯救现象）。

与柏拉图不同，亚里士多德认为概念对象无法独立存在，只能存在于无时无刻不在变化的表象世界中。具体来说，永恒不变的本质（比如概念对象）只是物体的形式，而无时无刻不在变化的部分则是这些物体的质料。也就是说，真实世界中的物体是由形式+质料构成的。一个变质腐烂的苹果之所以仍然被认为是苹果，就是因为它的形式没有改变，而变质腐烂的部分只是它的质料。这就是亚里士多德调节变与不变的解决方案，而这种由形式+质料构成的对象被亚里士多德称为实体。

实体就是亚里士多德的形而上学，即亚里士多德认为实体就是“真正的存在”。就这样，亚里士多德也开启了一种长达两千多年的传统，那就是认为实体就是物质真正的存在方式。比如说，在今天，我们还在采用实体来理解电子的存在方式，即认为电子也是一个实体。

所以，柏拉图的理型世界与表象世界、亚里士多德的实体代表了两种调和概念对象与真实世界之间冲突的方案。这两种调和方案影响人类两千多年，直到今天仍然深深地影响着我们看待世界的方式。人类开始不断寻找这个世界的本质。比如说，柏拉图之前的哲学家找到的“水”“土”“火”“气”“原子”“数”等，柏拉图之后神学家找到的“太一”“上帝”“灵魂”，文艺复兴之后的哲学家笛卡儿找到的“心灵（即理性思维）”、康德找到的“物自体”、黑格尔找到的“绝对精神”。直到20世纪，哲学家们才开始觉察到这个世界或许并没有所谓的本质。即使有，人类的思维和语言也无法准确地思考和表述它，第4.2节将会谈到这一点。我们无法说出真实世界在进入我们思维之前到底是什么样的，因为一旦要说出来，就必须先要让它们进入我们的思维。

3.3 最初的理性思考——世界的本原是什么

在古希腊，从神话到理性思考的这个转变过程是从回答“世界的起点(ἀρχῆ)是什么”开始的。当理性思维成熟之后，即当理性思维将世界划分为本质和表象两部分之后，这个起点(ἀρχῆ)被大家称为本质或本原。

今天的书籍大都将第一个正式回答这个问题的荣誉授予泰勒斯，一位在赫西奥德之后，历史又模糊了一百多年才出现的米利都人。而泰勒斯给出的答案居然是：世界由水生成，如图3-12所示。如果把中间这一百多年的历史割裂出去，直接从赫西奥德跳跃到泰勒斯，这个答案的突飞猛进的确可以让泰勒斯享受这个荣誉。不过，泰勒斯如何得出此答案的过程没有被记载下来，我们无法得知他的理性思考过程是什么样子的。

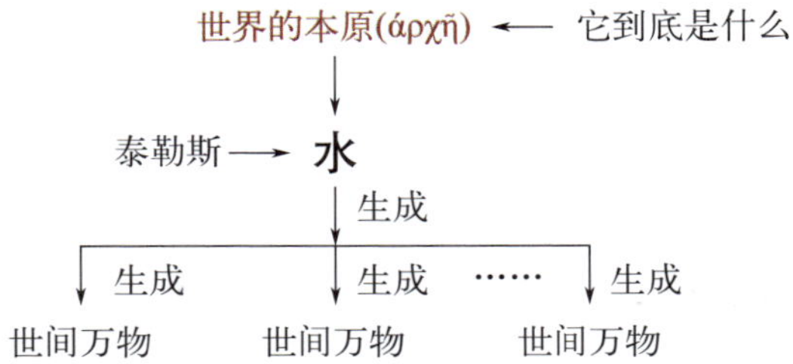

图3-12　泰勒斯的答案

在泰勒斯之后，同样来自米利都的阿那克西米尼给出的答案是：世界由气生成。来自爱菲斯的赫拉克利特给出的答案是：世界由火生成。后来，恩培多克勒综合了这些结论，认为世界万物由火、气、水、土通过混合与分离生成，并将它们称为四根。柏拉图继承了恩培多克勒的观点，并将火、气、水、土称为四元素，如图3-13所示。

最初的理性思考所得出的这些结论大多只留下残言片语，而且还保留着大量神秘色彩，仍然充满着“神”和“灵魂”的思想。也就是说，类比的思维方式仍然占据着这些思想家的大脑，世界图像构建方式的1.0版本和2.0版本在他们的大脑中相互交织在一起。

除此之外，还有两个代表理性思考的典型例子：留基伯和德谟克里特认为世界由原子生成，毕达哥拉斯学派认为世界由数生成。原子（原意指无法分割的对象）和数——这两个对象与人或者神不再具有任何相似之处，它们只有通过人类的理性思考才能被把握到，所以，这两个对象来自构建方式2.0版本。

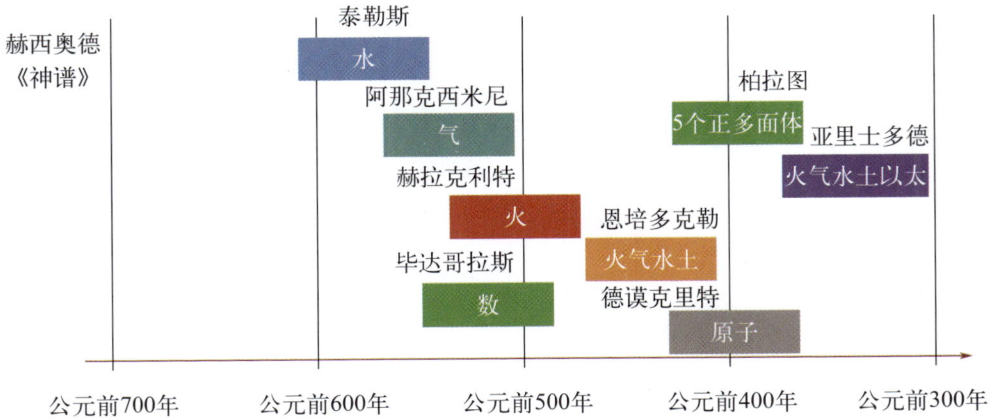

图3-13　理性诞生过程中的思想家们

不仅如此，就在毕达哥拉斯学派得出世界由数生成的过程中，理性思维还需要开始处理另外一种更重要的现象——大量的“巧合关系”。

3.4 当理性最初遇见大量“巧合关系”时——毕达哥拉斯的Cosmos（宇宙）

仿照赫西奥德《神谱》所描述的世界创生过程（如图2-1所示），毕达哥拉斯提出了另外一套世界创生理论，比如其中一种生成过程如图3-14所示。

毕达哥拉斯首先将一堆小石头分别摆放成折形、正方形和三角形，然后将它们所代表的数字分别称为折形数、正方形数和三角形数。这些图形拼装组合之后得到新图形正好等于采用加法计算出的数字。比如说，代表3的三角形数与代表6的三角形数拼装在一起得到代表9的正方形数，而3+6正好等于9。再比如说，代表4的正方形数与代表5的折形数拼装在一起也得到代表9的正方形数，而4+5正好等于9。

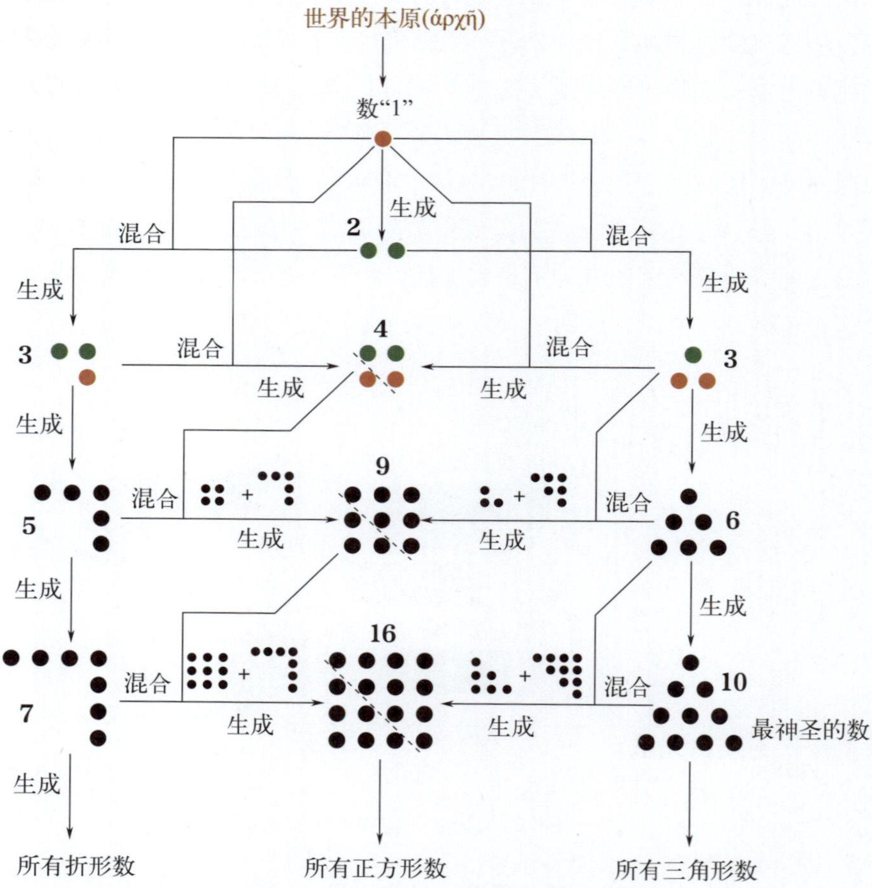

图3-14　如何由最初的数“1”生成其他数

这些“正好等于”所代表的“巧合关系”对毕达哥拉斯他们来说无比神秘。而这种神秘性让这些巧合关系有机会与当时的巫术、宗教相结合。具体来说，根据世界图像构建方式1.0版本即类比的手法，人们采用这些“巧合关系”去构建人类社会或自然界的关系。

在今天看来，这样的结合是愚昧的表现，然而正是与巫术、宗教的结合才让这些“巧合关系”得到了持续的关注和研究[1]，也正是这种持续关注和研究给人类理性思维的诞生带来了巨大影响。具体来说就是让古希腊人的认知方式演化出两个分岔口，从而开启了两条全新的思想河流：一条是几何定理的证明之路，另一条是仿照数学中的秩序去为世界构建秩序。

后面章节将会详细谈到，正是这两条思想河流在经过各种曲折迂回之后，慢慢扩张成两条奔腾的大江，最后汇集成现代科学这片大海。下面先来看看毕达哥拉斯学派如何开启这两个思想传统。

在此之前需要强调的是，在毕达哥拉斯的年代，思维的认知能力还无法采用抽象符号（如1、2、3）去表示这些数字，他们仍然还在采用具体的物体（如小石头、细棒）去表示数，比如图3-14中的一块石头就代表数字1，两块石头就代表数字2。这就好像幼儿园的孩子们只会通过掰手指头来理解数一样。再比如图3-15就是利用红、绿、黑三种细棒去代表数字3/2的例子。也就是说，到了毕达哥拉斯这里，人类的理性思维还没有完全成熟，理性还只能采用可感知的物体（比如细棒）去代替数字这种绝对抽象的概念对象。

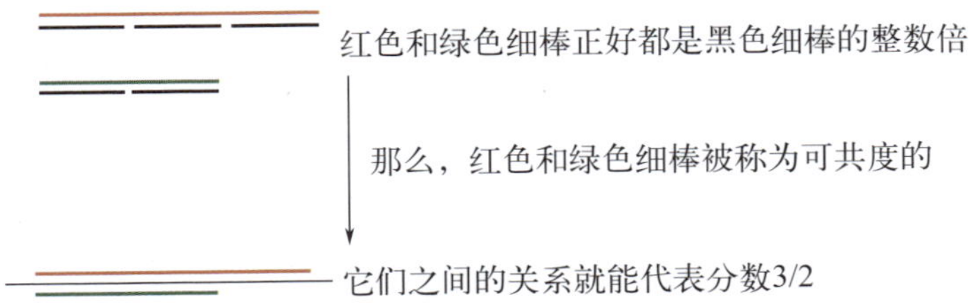

图3-15　毕达哥拉斯采用线段去代表数字

3.4.1　神秘的巧合关系——宗教团体的一种凝聚力

在毕达哥拉斯的年代，世界图像构建方式的1.0版本仍然占据主导，而这些巧

---

[1] 在中国古代，类似情形也出现了，比如“易有太极，是生两仪，两仪生四象，四象生八卦”，而这些思想最初也是在与占卜相结合的过程中慢慢形成的。

合关系对于毕达哥拉斯他们来说又是无法理解的。这样一来，数与数之间的这些巧合关系就被视为来自“神”的创造，而这种“神”正是毕达哥拉斯学派所崇拜的对象。实际上，所谓的毕达哥拉斯学派其实是一个秘密的宗教团体，比如他们认为图3-14中代表10的三角形数最具有“神性”，他们还认为某个数字就能代表正义。当然，这些思想并不都是毕达哥拉斯的原创，因为当时的巫术早就具有类似的观点，而这些巫术中的一部分并不是起源于古希腊，而是来自古埃及和古巴比伦。

正是吸收并利用了这些起源于巫术的观点和其他学说（比如灵魂转世学说），毕达哥拉斯才慢慢创立出一个团体[1]。比如说，利用这些巧合关系的神秘性所产生的极大吸引力，毕达哥拉斯提高了宗教团体的凝聚力。即使在今天，数学没学好的人对数学中所包含的巧合关系仍然感到很神秘，比如今天仍然有人相信扑克牌可以“算命”，就像毕达哥拉斯他们当年相信这些巧合关系背后有“神灵”一样。这种“算命”方式后来也演化成为了一门学问，今天被称为数字命理学，而毕达哥拉斯常常被视为他们的“祖师爷”，而后面谈到的托勒密常常被视为占星术的“祖师爷”。

关于毕达哥拉斯的传说远多于真实可靠的史料。在这些传说中，毕达哥拉斯更像一位得道高僧，具有类似于佛陀或达摩祖师那样的形象，或者被描述成上天派来的先知，具有巫师一样的神秘性，但很少有传说讲他是数学家。这些传说才代表毕达哥拉斯在当时人们心目中的形象，而数学家的形象要很久之后才会在历史学家的笔下呈现出来。实际上，毕达哥拉斯学派的主要目标和活动是政治方面的。只是在当时的人们看来，探索数学关系中的神秘性可以用来论证政治、伦理中的问题。这就好像研究阴阳八卦的主要目的是用来处理人与自然、人与社会的关系，是为伦理和政治服务一样。

在毕达哥拉斯学派（或者说毕达哥拉斯宗教团体）看来，数与数之间的这些巧合关系都是由神灵掌管的，那么，人类也就无法去创造这些巧合关系，只能通过“虔诚的修行”去领悟和寻找这些巧合关系。于是，毕达哥拉斯学派的弟子们纷纷开始去寻找更多的巧合关系。与之形成鲜明对比的是，中国古代一直都被周易八卦中所蕴藏的神秘性所吸引，数学中的其他巧合关系的神秘性并没有得到同等的重视。正是这种区别导致数学在中西方演化出两种不同的命运。

---

[1] 实际上，在早期，这个团体更像是一个政治团体或政治帮派，只是在几次政治斗争中遭遇失败之后，这个团体在政治方面的活动才慢慢减少。

据说，每找到一个巧合关系，毕达哥拉斯学派都会举行庆祝仪式来祝贺他们在修行路上又精进了一步，离“神灵”又近了一步（类似于佛教徒通过修行离“成佛”又近了一步）。当然，所发现的这些巧合关系自然也就成为了他们宗教团体的教义[1]，是需要严格保密的。这导致今天的我们很难区分哪些发现归功于毕达哥拉斯本人，哪些发现来自他的门徒。

毕达哥拉斯学派的确找到了大量的巧合关系。比如说，他们发现两根弦的长度之比正好等于两个整数之比时，声音就变得和谐动听，如图3-16所示。

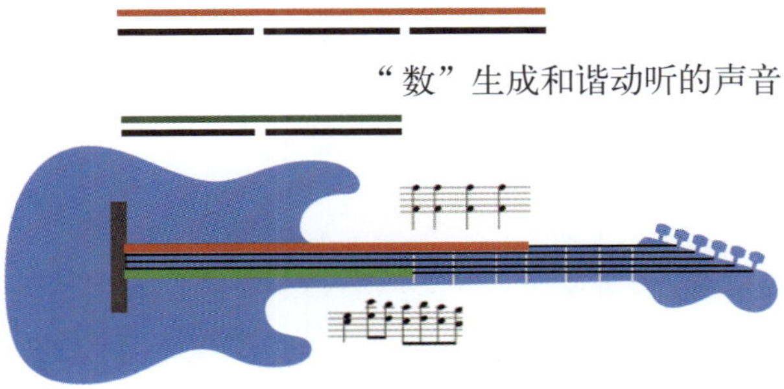

图3-16　毕达哥拉斯学派发现的音乐中的巧合关系

再比如说，毕达哥拉斯学派发现数还能生成美，就像图3-17中黑、红、绿三条线段的长度正好满足图中所示的比例关系时，美就产生了。

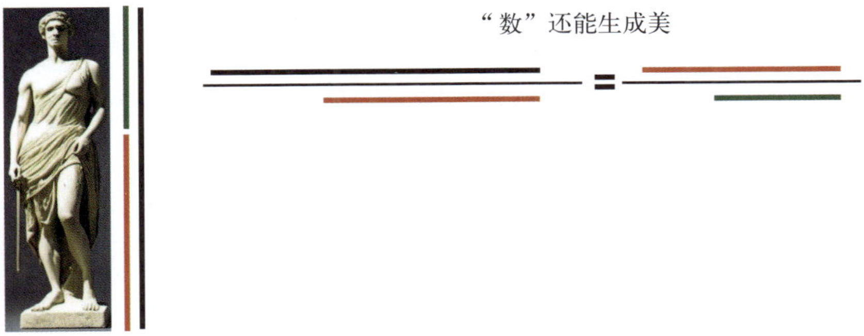

图3-17　毕达哥拉斯学派发现美中的巧合关系

再比如说，毕达哥拉斯学派还发现：点可以生成线，线可以生成面，面还可以

❶ 不过，毕达哥拉斯的宗教团体的教义主要与“灵魂转世”有关，数学关系中的神秘性只是其中一方面。

生成正多面体，而正多面体就可以生成万物，如图3-18（a）所示。图3-18（b）展示了4个完全相同的正三角形如何生成一个正四面体。

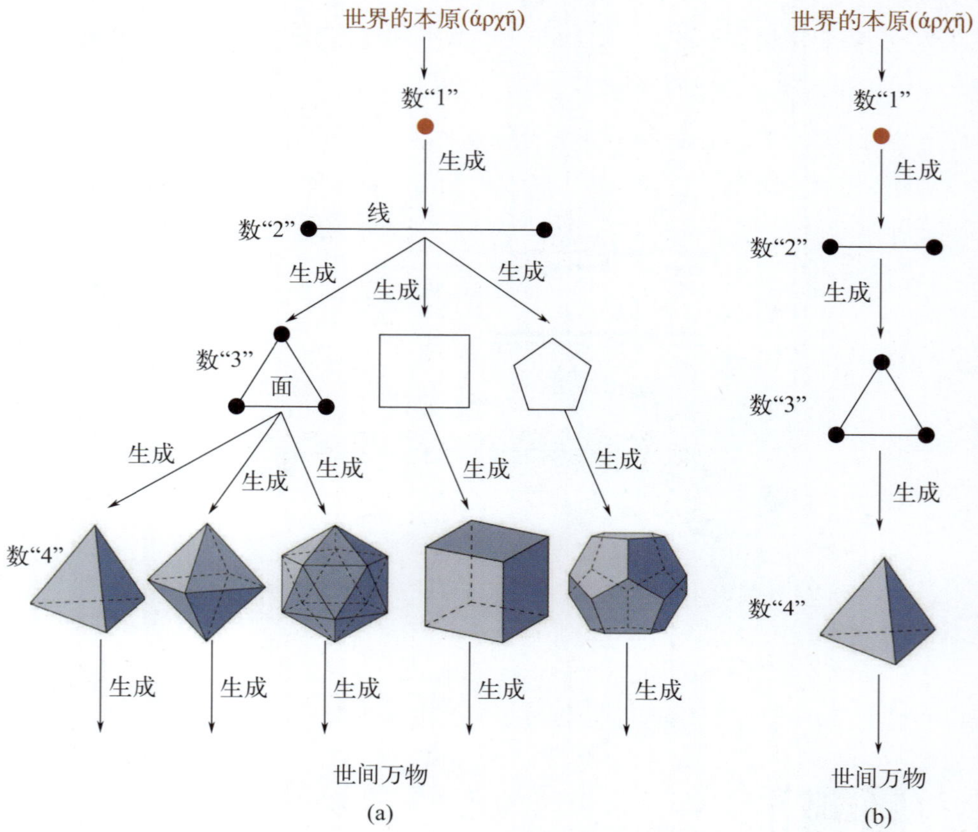

图3-18　毕达哥拉斯学派发现几何对象中的巧合关系

除此之外，毕达哥拉斯学派还发现了其他很多巧合关系，比如任何一个三角形的内角之和正好等于两个直角之和，如图3-19所示。

当然，毕达哥拉斯学派找到的最著名的巧合关系就是所谓的毕达哥拉斯定理（即勾股定理），即直角三角形两直角边的平方之和正好等于斜边的平方。这个巧合关系应该是让毕达哥拉斯学派感到最神秘的，据说，他们杀了一头牛来庆祝这个重要发现。

3.4.2　开启第一条思想河流——几何定理的证明之路

不过，让毕达哥拉斯学派感到棘手的麻烦还是出现了，那就是有些巧合关系并不是总成立的。比如说，毕达哥拉斯学派的一位门徒发现：始终无法找到一条线

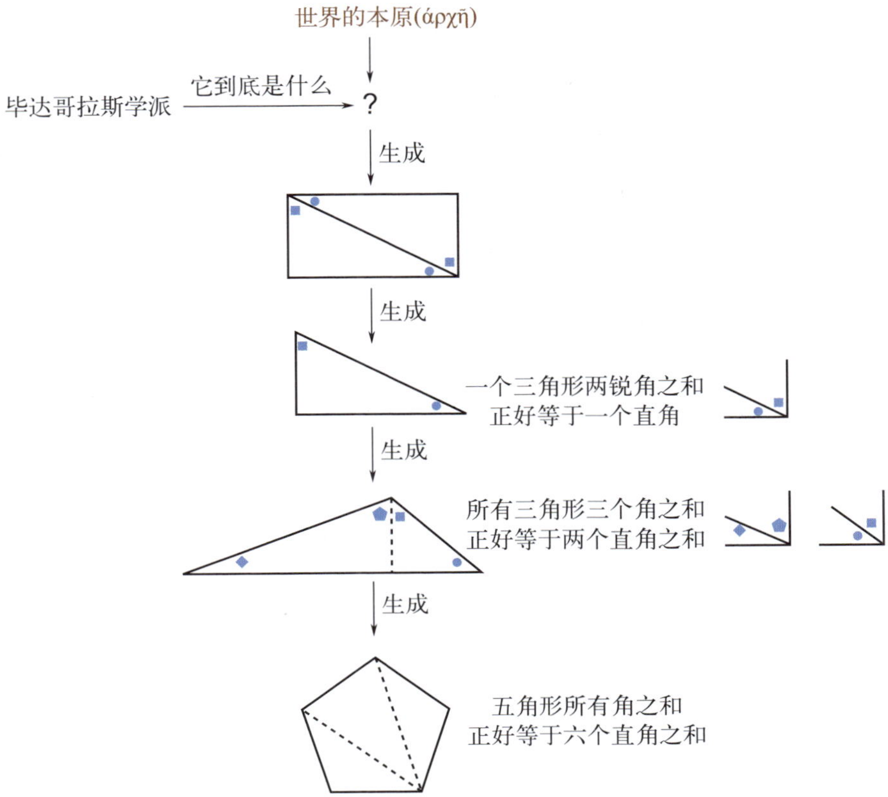

图3-19　毕达哥拉斯学派发现角度中的巧合关系

段，让等腰直角三角形的斜边和直角边正好都是这条线段的整数倍，如图3-20所示。这意味着图3-15和图3-16所谈到过的那种巧合关系被破坏了，它们在这里不再成立。采用今天的术语来说，这位门徒发现了$\sqrt{2}$这个数字。

图3-20　某些巧合关系并不是总成立的

这个结果让毕达哥拉斯学派——这个宗教团体难以接受，因为这已经破坏了他们的教义。在刚开始，毕达哥拉斯学派选择掩盖这种“破坏”来解决问题，据说，发现这个结果的门徒被放逐或杀害了。不过在后来，这个宗教团体的弟子们发现了越来越多这样的“破坏”，即发现了$\sqrt{3}$、$\sqrt{5}$、$\sqrt{7}$、$\sqrt{15}$等。这么多的破坏已经无法再采用掩盖的方式来解决了。于是，毕达哥拉斯学派开启了一个对后世产生了深远且巨大影响的思想传统，那就是去证明这些巧合关系中“正好等于”是严格成立的。

也就是说，对于毕达哥拉斯学派来说，这些巧合关系中的“正好等于”是否严格成立显得无比重要，因为只有严格成立，这些巧合关系才能成为他们宗教教义的一部分。于是，在宗教力量的驱使下，毕达哥拉斯学派开始去证明这些“正好等于”都是严格成立的。

另外，在他们寻找更多巧合关系的过程中，严格证明某个结论也成为了一种需要。比如说，图3-18中四个正三角形正好可以生成一个正四面体。这种巧合也被毕达哥拉斯宗教团体视为神的重要安排，这导致他们不断去寻找更多类似这样的正多面体。但这个寻找非常不容易，经过很久的寻找之后，他们也只找到五种这样的正多面体，之后再也没有找到其他类似对象了。这导致大家开始疑惑是否还能找到更多的正多面体。这样的疑惑就催生出这样的需求：是否能够证明正多面体最多只有五种。比如说，很久之后，与柏拉图同时代的泰阿泰德终于证明了正多面体最多只有五种，如图3-18（a）所示。这些结果深深影响了柏拉图和亚里士多德，比如柏拉图就将这五个正多面体纳入他的理论，亚里士多德将基本元素也定为五种。

就这样，这些宗教驱动力和需求让毕达哥拉斯学派开启了一个新的思想传统，那就是几何定理的证明之路。而这个思想传统的形成过程又受到更古老思想传统的影响，具体说明如下。

毕达哥拉斯他们找到的证明方法主要是通过“生成与消亡”来完成的。这种方法也不是毕达哥拉斯学派的原创，而是继承了更古老的思想传统，即认为“世界万物一定是从某个起点一步步生成出来的”。前面谈到过，这个思想传统早在赫西奥德《神谱》中就已经体现出来了[1]。比如说，图3-14中各个数字的生成过程、图3-19中“三角形内角和等于180°”的生成过程很显然就在模仿图2-1中的生成过程。

这种模仿一次又一次的成功让他们开始相信，所有巧合关系都可以采用这种生成方式生成出来。于是，为所有巧合关系找到各自的“生成之路”逐渐演变成一种传统。经过漫长的积累之后，大量巧合关系居然通过这种生成方式串联在一起，形成了一个层层递进的生成关系网。

同时，就像3.3节谈到过的，古希腊人一直都在寻找“世界的起点(άρχῆ)是什

---

❶ 继续往前追溯，这些思想传统的源头可以追溯到腓尼基、古巴比伦、古埃及、苏美尔等文明，比如古埃及的九柱神的生成关系。

么”。这个起点后来被称为στοιχεῖον，其原意与“本原、根源”非常接近（很久之后，这个词被翻译为Element，而在今天，Element的含义又演变成了“元素”）。也就是说，古希腊人一直都在探索世界从哪些本原（Elements）生成而来。比如柏拉图就认为世界的本原就是水、气、火、土。亚里士多德则认为世界的本原应该有5个，分别是水、气、火、土和以太。在当时，很多领域都在采用相同的做法，比如古希腊的医学也找到了四种本原。正是在这个思想传统的影响下，毕达哥拉斯学派的继承者们也在一直寻找他们所发现的那些巧合关系的本原（Elements）是什么。

在寻找了几百年之后，也就是到了公元前三世纪，人们仿照亚里士多德那样，也认为这些巧合关系的本原只有5个❶，并且将这5个本原（Elements）如何生成出所有巧合关系的详细过程汇集成了一部著作。这部著作后来就被大家称为*Elements*，翻译成中文叫作《原本》。一直到近代，书名*Elements*才被改为*Elements of Geometry*，即为《几何原本》。它的编著者就是大名鼎鼎的欧几里得❷，如图3-21所示。尽管欧几里得的《原本》被改称为《几何原本》，但书中有一半内容在讲算术、代数和数论，另外一半才在讲几何学。

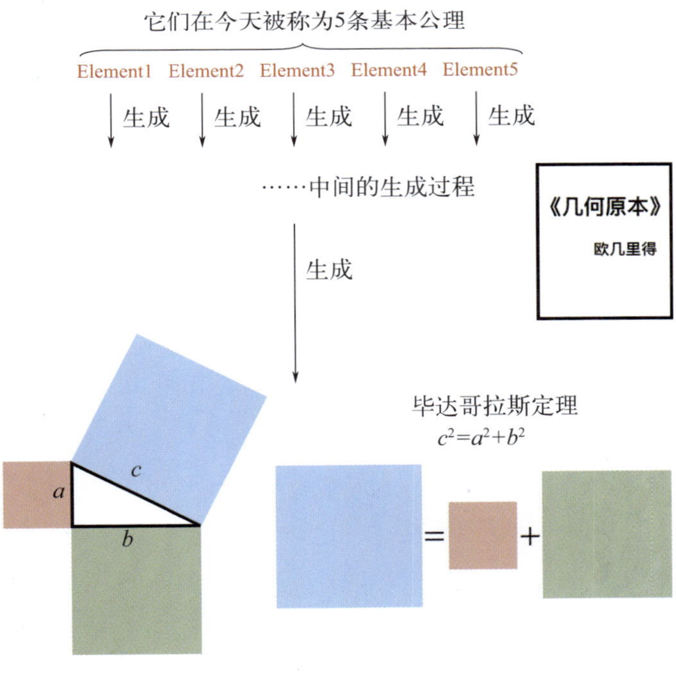

图3-21
从毕达哥拉斯学派这个源头流淌出的最重要河流——《几何原本》

书中的那5个本原（Elements）在今天被称为5条基本公理，从这5个本原出发生成的大量巧合关系在今天被称为定理，而它们的生成过程在今天被称为几何定理的证明过程。它们

❶ 作为本原的前提条件当然不止5个，当时的人们通过将多余的前提条件作为定义，从而恰好只留下5个前提条件作为本原。

❷ 据说，希俄斯的希波克拉底早在欧几里得之前就已经做过类似的汇总编著，其著作名字也称为*Elements*，不过早已失传。

就是大家在中学几何课本上所看到的那些内容。

总之，在宗教力量的驱使下，并且通过对古人思想传统的模仿，毕达哥拉斯学派开启了几何定理的证明之路，从而引发人类认知方式出现了一个无比重要的演化分岔口，进而流淌出了一条全新的思想河流。这条思想河流后来不断壮大，滋润了越来越广的思想大地，最后孕育出了现代科学。与之形成鲜明对比的是，在其他古文明中，类似这样的演化分岔口都没有出现过，从而导致这些古文明后来迈向了截然不同的演化方向。

不过，需要注意的是，作为一个秘密宗教团体——毕达哥拉斯学派仍然认为这些巧合关系是由“神”掌控的。这导致毕达哥拉斯学派认为只有“神”才有智慧理解这些神秘的巧合关系，普通凡人并没有这样的智慧，凡人只有通过爱“神”才能接近这些巧合关系。于是，爱“神”（也就是爱智慧）成为一件极其重要的修行。根据第欧根尼·拉尔修的记载，“智慧”和“爱智慧”这些词正是毕达哥拉斯学派最早开始使用的。而“爱智慧”很久之后被翻译成哲学。或许，这才是哲学的最原始含义，才是哲学家追求真理的最原始动机。另外，欧几里得也没有将自己编著的《几何原本》视为一部数学书，而是将它视为对古老神秘事物的梳理汇总。

所以，毕达哥拉斯学派研究这些与数有关的现象完全出于非常功利的目的，比如是为了更加接近“神”。这有点类似于今天佛教徒参禅修行是为了得到“佛”的智慧、追求真理。

尽管中国古代很早就发现了勾股定理，但中国古人只是用它来测量土地，很少有人想到要去证明它，而古希腊人却很早就证明了它。于是，有一种观点在今天非常流行，那就是认为以上这种差别产生的根源就是中国古人太功利主义了，没有古希腊人那种追求真理的纯真精神。但前面这些内容表明这种观点并不成立。比如说，毕达哥拉斯学派证明这些巧合关系（其中就包括勾股定理）也是出于非常功利的目的，那就是确保他们宗教教义内容的绝对正确性，这就好像中世纪的神学家们努力证明“上帝”存在一样。中国古代数学更重视算法，即把一个复杂问题分解成一步步的计算过程，而不是类似《几何原本》的公理化推理。算法的强大威力要等到计算机时代的到来才充分显露出来，公理化推理的威力只是早几百年显露出来而已，并不代表它比追求算法的数学更重要。

实际上，人类历史上的大多数重要转变要么是某种功利性活动的副产品，要么就是无心插柳柳成荫。比如后面将要谈到的，同样是出于非常功利的目标，柏拉图和亚里士多德的思想才能得以延续下去，之后才能得以复兴，最终才演化出现代科学。很多看似纯真的活动，其背后的功利性目的只是还没被识别出来而已。

3.4.3 开启第二条思想河流——仿照数学中的秩序为世界构建秩序

除了开启证明几何定理这条古希腊独有的历史传统之外，毕达哥拉斯学派还开启了认知方式的另外一个演化分支，具体说明如下。

在与这些巧合关系不断接触的过程中，毕达哥拉斯学派开始发现这些巧合关系呈现出一些共同特征，那就是“秩序”。比如说，一堆混乱的石头排列成折形、正方形、三角形之后，那么这些折形、正方形、三角形之间就立刻呈现出一种秩序，这种秩序就如图3-14所示。再比如说，当两根弦的长度之比正好等于两个整数之比，声音就从刺耳的噪声转变为和谐的声音，如图3-16所示。

在毕达哥拉斯学派这里，世间万物既然由数生成，那么世间万物都应该包含着这种“秩序”。也就是说，毕达哥拉斯学派做了一个影响极其深远的推广，那就是将从个别事物中总结出的“秩序”特征推广到世间万物，从而认为世间万物背后都蕴含着某种“秩序”❶。

正是这个推广让人类开始拥有一种理解这个世界的全新视角，或者说，这个世界开始以一种全新图像呈现在人类大脑之中，即世界图像开始从纷繁复杂、混乱一团转变成秩序井然。

比如说，毕达哥拉斯学派认为天界的诸神（代表各个天体）也是按照琴弦长度那样以一定比例排列的，从而让天界也充满这种“和谐、秩序”。具体来说，如图3-22所

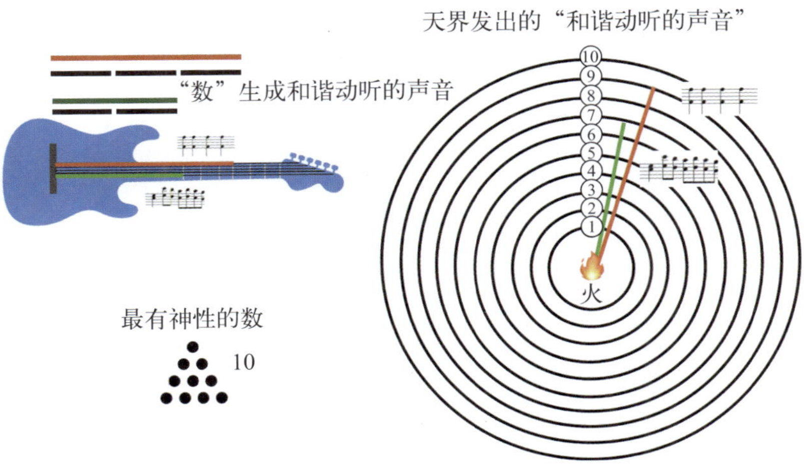

图3-22 毕达哥拉斯学派认为世界万物充满“和谐、秩序”

1—对地；2—大地之神；3—月亮之神；4—太阳之神；5—阿芙洛狄忒神（金星）；6—赫尔墨斯神（水星）；7—阿瑞斯（火星）；8—宙斯（木星）；9—克洛诺斯（土星）；10—恒星

❶ 但是，直到今天，我们也没有证据能够证明，这种推广是绝对严格成立的。

示，毕达哥拉斯学派认为世界的最中心是火，那里有宙斯的守望塔，具有最严格的防卫，然后将地球、月亮、太阳，五颗行星和恒星依次排列。由于这些星体只有九个，但在图3-14生成的所有数中，毕达哥拉斯学派认为代表10的三角形数最有神性，所以天界的星体也应该有十个。于是，毕达哥拉斯学派认为在中央火与地球之间还存在一个称为“对地”的星体。

毕达哥拉斯学派认为，两个天体到中心火的距离之比正好等于两个整数之比，从而让天界也产生出“和谐的声音”，也充满了秩序，就像图3-16中琴弦产生出和谐动听的声音一样。这种“和谐、秩序”被毕达哥拉斯称为κόσμος[1]。很久之后，这个词被翻译为Cosmos，而在中国近代西学东渐的过程中，Cosmos被翻译成“宇宙”，从而导致这个词的原始含义被改变了一些。也就是说，中国古人所说的宇宙与古希腊人所说的宇宙（Cosmos）并不完全指向同一个对象。所以，我们需要特别注意，在西方的语言系统中，宇宙（Cosmos）一词的原意是指“和谐、秩序”。

就这样，从毕达哥拉斯学派开始，对世界的描述有了一个新的词——宇宙（Cosmos），它所追求的目标就是为世界构建一种秩序，而且是仿照数学中的秩序为这个世界构建秩序。世界开始以一种新图像呈现在人类大脑之中。在这幅新图像中，世界变得秩序井然。世界的这种新图像在下文就被称为宇宙图像。

其他古文明在理性诞生之后也会开始为世界构建某种秩序，比如中国古代的《周易》仿照“阴阳八卦”中的巧妙关系为世界构建秩序。不同的是，中国古代始终都只是仿照八卦中的秩序去给世界构建秩序，而毕达哥拉斯学派则是以开放的态度，不拘泥于数学中某一特定的巧妙关系去为世界构建秩序。这个不同让这两个思想源头演化出了两种截然不同的宇宙理论。

于是，“为世界构建秩序”的思想随着宇宙（Cosmos）这个词进入了后继者们的语言系统，刻在他们思想的基因上，从而开启了另外一条思想河流。之后的人们正是在这种思想基因潜移默化的影响下继续前进，比如柏拉图和亚里士多德就为世界各自构建了一套秩序，后来的托勒密、哥白尼、开普勒不断延续着这样的传统，再往后的笛卡儿和牛顿则为世界重新构建了一套全新的秩序，即构建出一幅全新的宇宙图像，第4、5章将对此详细说明。

不过，需要注意的是，在毕达哥拉斯那个年代，图3-22中的那些天体还没有被称为天体，它们仍然被称为各种“神”，或者被各路“神”掌控着。那么，只有

---

[1] κόσμος最初也出现在神话中，它是卡俄斯神(chaos，即混沌)的对立面。所以，这个词最初只是指天界的秩序，17世纪之后，这个词才开始指整个世界的秩序。

"神"才能够听到宇宙所发出的"和谐声音"，而凡人只有通过爱"神"（也就是爱智慧）才可以听到。于是，爱"神"（也就是爱智慧）是一件极其重要的修行，只有当修行达到一定境界之后，凡人才能领略到这个世界的美妙[1]。

总之，数学中的各种巧合关系所呈现出来的秩序已经引起毕达哥拉斯学派的注意了。正如第1章谈到过的，思维的底层实现方式是分类，毕达哥拉斯构建世界图像的方式当然也是如此。具体来说，毕达哥拉斯仍然还在采用构建方式的1.0版本，即类比来构建宇宙图像。但进步之处在于，毕达哥拉斯不再将世界类比成人或与人类似的对象，而是类比成蕴含着某种数学关系的事物，比如类比成和谐动听的声音、排列成三角形的小石头，如图3-14所示。也就是说，毕达哥拉斯开始将世界类比成大量的"巧合关系"。

今天的我们已经知道，毕达哥拉斯找到的这些"巧合关系"就是数学结构的反映。所以，尽管和神话故事一样，毕达哥拉斯构建宇宙图像的方式仍然是类比，但毕达哥拉斯所采用的类比对象却发生深刻转变。这个转变让毕达哥拉斯的构建方式在未来获得了更强大的生命力，比如构建出了牛顿的宇宙图像，但这并没有改变这种构建方式的本质，那就是类比，后面章节将会具体谈到这一点。

尽管毕达哥拉斯学派仍然认为这些巧合关系是由神掌控的，但毕达哥拉斯学派所采用的拟人化认知方式和古老的拟人化认知方式已经有了本质的不同。具体来说，在赫西奥德的《神谱》中，"神"可以根据自己的意志随意修改生成关系，比如宙斯可以根据自己的意志不让X生成Y，而是生成Z。但毕达哥拉斯学派所认为的"神"已经不能再根据自己的意志随意安排了，比如这些"神"无法将巧合关系$2+3=5$修改为$2+3=6$。也就是说，毕达哥拉斯学派已经不能像古人那样通过肆意地想象，来任意地编织世界万物之间的关系了。他们明确地感知到：世界万物之间的关系受到某种强大力量的掌控。在今天，我们给这种强大力量取了一个专门的名字——客观规律。

所以，即使毕达哥拉斯学派所做的这一切都是在追求"神"的名义下完成的，但他们所构建的宇宙图像不再是根据自己的意志随意安排的了。也就是说，人类构建的宇宙图像正在发生本质的改变。这标志着人类的认知方式正在发生本质的转变，即将迎来一次全面的升级换代，而柏拉图和亚里士多德就是完成这一划时代转变的代表人物。

[1] 在今天，人们需要更加漫长的学习（类似古人的修行），至少需要学到理论物理学博士相当的知识积累之后，才能开始领略到当今物理学为世界找到的秩序的美妙。

3.5 柏拉图的宇宙——由概念对象重新构建世界

3.5.1 两个世界的划分

到了柏拉图这里，理性思考已经完全成熟，而且已经具有自觉意识。人类构建宇宙图像的方式也随之发生了巨大的转变，即开始采用概念对象去代表真实世界。与此同时，伴随理性思维而来的巨大难题，即第3.2节谈到的那些难题也开始引起大家的广泛争论。比如说，概念对象是否真的存在？如果存在，那它到底存在于我们思维之中，还是脱离思维而存在于一个独立世界？

对于这些难题，柏拉图之前的哲学家们已经尝试过大量的不同答案，而柏拉图的回答则是完美地整合了前辈们答案中的精华部分。

具体来说，受到巴门尼德的深刻影响，柏拉图也认为心灵比眼睛高贵，也认为只有心灵（即理性思维）才能感知到世界永恒不变的部分（即本质），而眼睛等器官所感知的内容只是些变化莫测的表象。比如说，心灵感知到的几何对象“正六面体”就更加高贵、更加真实，它是永恒不变的，所以它才是真理，才是可靠的知识。而眼睛看见的方形石头只是一种表象，这块石头经过一段时间就会粉碎或风化，它是虚幻的，所以它并不是真理，也不是可靠的。

就这样，当人类的认知方式演化到柏拉图这里，世界已经被明确地划分为两个世界，如图3-23所示。第一个世界是人类心灵（即理性思维）所感知到的世界，这个世界被柏拉图称为理型世界。用今天的话来说，这个理型世界就是人类大脑通过理性思维加工出来的各种概念对象，比如“正六面体”这个概念对象。不过，柏拉图认为这个理型世界是真实且独立存在的，并把这个理型世界的地位抬升到与

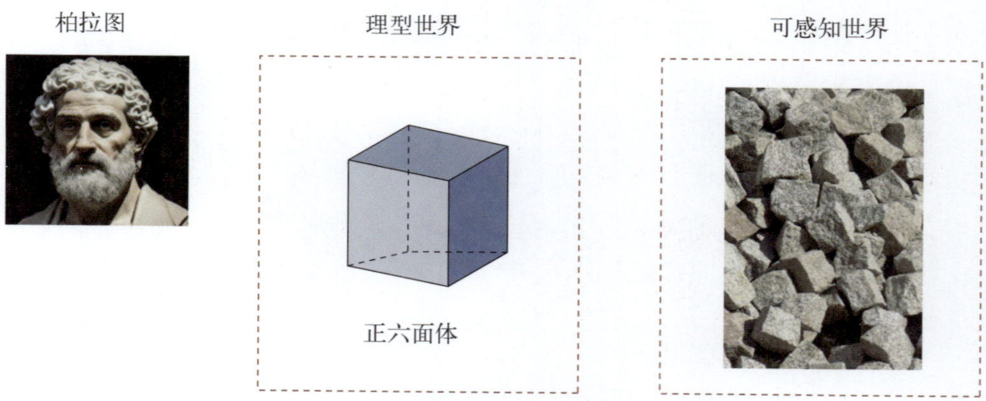

图3-23 由理性思考得出的世界与感觉器官感知到的世界

“神”相提并论的高度。柏拉图相信理型世界的真实性就好像今天的我们相信客观世界的真实性一样。第二个世界就是人类用眼睛、耳朵等器官所感知的具体物体，比如一块方形石头，这个世界被称为可感知世界或现象世界。

对于第3.3节提到过的第一个核心问题，即世界从何而来，或者说，世界的本质（或本原）是什么？柏拉图采用了恩培多克勒的答案，即柏拉图也认为可感知世界是从火、气、水、土这四种本原（Elements）生成而来。如果采用今天的语言来说，即“世界是由火、气、水、土这四种元素构成的”。

受到毕达哥拉斯学派的影响，柏拉图发现理型世界（即由概念对象组成的世界）中只存在五种正多面体。那么，为了正好采用理型世界（比如这五种正多面体）去表示眼睛、耳朵所感知的世界，柏拉图还给世界添加了第五种构造部件——天体。这样一来，天体与火、气、水、土这四种元素正好和这五种正多面体对应起来了，如图3-24所示。

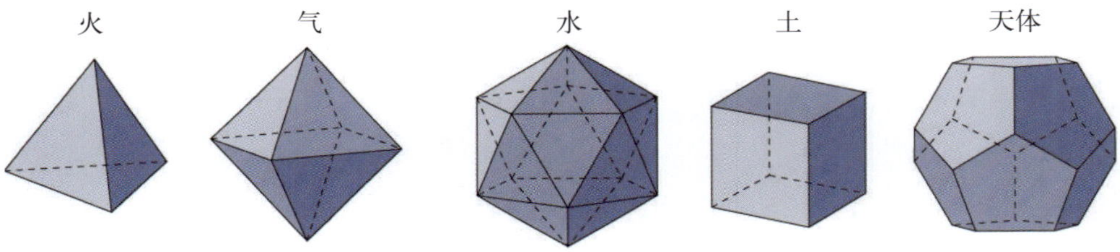

图3-24　柏拉图构造世界的核心部件——五个正多面体

很显然，柏拉图仍然还在采用类比的手法完成图3-24所示的对应。也就是说，柏拉图仍然还在采用构建方式1.0版本去构建世界图像。不过，与神话故事中的类比不同，柏拉图选择了五个正多面体作为类比对象。当理性思维成熟之后，这个五个正多面体就变成五个概念对象，那么，柏拉图构建世界图像的类比对象就变成了概念对象。也就是说，在构建方式1.0版本的基础上，柏拉图开始采用构建方式2.0版本去构建世界图像了。很显然，柏拉图的这种构建方式受到了毕达哥拉斯学派的影响。

就这样，到了柏拉图这里，一种构造宇宙的全新方式诞生了。与赫西奥德《神谱》采用各种“神”来构造世界相比，柏拉图构建宇宙图像的方式已经有了根本的跨越提升，那就是开始采用概念对象来构造世界。另外，与之前哲学家只剩下残言片语不同，在著作《蒂迈欧》中，柏拉图将他构建宇宙图像的过程做了详细论述，具体如下。

柏拉图将宇宙划分成两个世界和一个“造物主”这三部分，如图3-25所示。

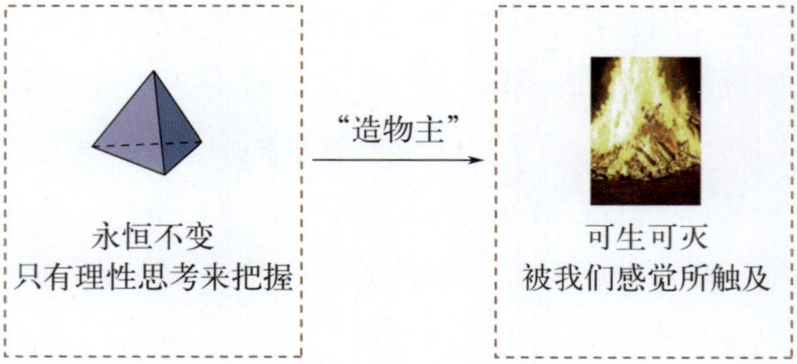

图3-25　柏拉图构造世界的方式

第一个世界就是理型世界（即由各种概念对象组成的世界）。这个世界里的对象是永恒不变的。比如说，一个正六面体（它是一个概念对象）就是永恒的，它不存在产生和消亡的问题。也就是说，我们不能讲正六面体这个概念对象消亡了，不存在了。

第二个世界就是眼睛、耳朵所感知的世界。这个世界里的对象是可生可灭的。比如说，一块方形石头被我们砸碎，那这块方形石头就消亡了，不存在了，但理型世界中的正六面体这个对象却依然继续存在着。

第三，柏拉图认为还存在一个“造物主”。这个“造物主”被柏拉图称为“工匠神”，他的主要工作就是以第一个世界为模板去制造出第二个世界（很显然，这种做法来自思维的类比）。比如说，按照五种正多面体分别制造出火、气、水、土和天体。在继承恩培多克勒的观点之后，柏拉图也认为火、气、水、土通过混合与分离就构造出天地山川等万物来。

柏拉图的这个宇宙图像对后世产生了无比深远的影响。比如说，第一个世界即理型世界就像子宫一样已经开始孕育着现代科学，因为这个理型世界里面就包含着大量的数学对象，而这些数学对象正是“工匠神”去制造世界的模板。也就是说，正是由于柏拉图的这种划分，仿照数学结构去给这个世界构建秩序——这个由毕达哥拉斯学派开启的思想河流，在柏拉图的影响下不断扩大，开始慢慢演变成一种正统且主流的思想传统。即使到了今天，我们构建世界图像的思想精髓仍然延续着柏拉图开创的这种传统，只不过在今天，柏拉图的理型被改称为模型而已。

不过，值得注意的是，柏拉图如此重视数学并不是为了研究数学本身，更不是为了成为数学家，而是出于某种功利性的需求，数学在这里也是一种副产品。这是因为和同时代大多数人一样，柏拉图最关心的问题也是政治和伦理方面的。比如说，当时大家最关心的问题是：什么是正义和美德？它们真的存在吗？采用构建方式1.0版本，即类比手法已经无法清晰地回答这些问题了，因为它们都是我们无法直观体验到的事物，总是显得那么“缥缈虚无”。于是，只有理性思维才能把握到“正义和美德”的存在。但对于正处在觉醒过程中的理性思维来说，这还非常困难，还需要经过不断训练才能完成，而数学正好可以帮助理性思维进行这样的训练。比如说，我们很容易通过一块方形石头把握到“正六面体”这个概念。那么，如果我们相信“正六面体”是真实存在的，那么我们也应该相信“正义和美德”是真实存在的，而且存在于理型世界之中。为了证明这个包含有“正义和美德”的理型世界真的存在，柏拉图还提出了著名的洞穴比喻来进行说明。

3.5.2 “造物主”让位于理性

需要指出的是，尽管柏拉图的宇宙仍然为“神”（比如“工匠神”）保留了位置，但柏拉图的这位“工匠神”与赫西奥德《神谱》中的“神”已经完全不同了。

首先，第一个世界，也就是理型世界（即由各种概念对象组成的世界）不是这位“工匠神”创造的，而且“神”也无法改变这个理型世界。凡人更是无法创造或改变这个理型世界，凡人的能力极限只能是通过心灵（即理性思考）去感知这个理型世界，也就是通过理性思考去把握到这些概念对象。

第二，柏拉图将“工匠神”制造世界万物的过程区分为完美的制造和不完美的制造两类。严格按照第一个世界去制造第二个世界就是完美的，否则就是不完美的。比如说，第一个世界中存在“匀速圆周运动”这个对象（即理性思维可以形成“匀速圆周运动”这样一个概念对象），但我们眼睛所观测到的行星运动实际上并不是匀速圆周运动，而是时快时慢的变速运动。所以，“工匠神”并没有严格按照第一个世界中的“匀速圆周运动”这个模板去制造行星的实际运动，那么这个制造过程就是不完美的，是有缺陷的，如图3-26所示。

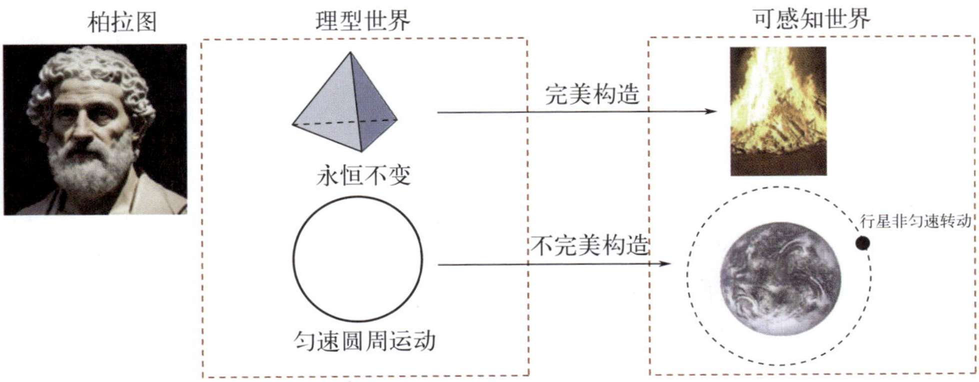

图3-26 构造过程不全都是完美的

“工匠神”制造世界所遗留下的这些缺陷和不完美就需要凡人去拯救和弥补。这种拯救世界的思想影响非常深远。比如说，对行星运动不完美的拯救过程直接演化出了托勒密的《天文学大成》，即演化出了托勒密的数学宇宙模型，第4章会详细谈到这一点。

3.5.3 纯粹理性的灯塔

柏拉图对宇宙的这个构造过程实际上让理性思考走向了一种极端，也就是将理性思考的能力放大到了极限。

比如说，虽然理性思考能够让我们从各种方块物体中抽象出正六面体这个概念对象，但正六面体这个几何对象可以脱离这些方块物体独立存在吗？也就是说，如果世界上所有方块物体都消失了，甚至所有物质都消失了，那么正六面体这个几何对象仍然继续存在吗？柏拉图的回答是，它仍然继续存在[1]，并且存在于另外一个独立的世界，即被柏拉图称为理型世界的第一个世界。而理性思考只是通往认识这个理型世界的道路，而不是构造这个理型世界的工具。

正是这种极端做法让柏拉图成为了一座灯塔，将人类认知方式升级过程所留下的痕迹照亮得清晰可见，因为它让我们清晰地看到：在人类认识大自然的过程中，到了柏拉图这里，理性思考已经完全占有一席之地了。需要注意的是，这只是上层社会中极少数人的觉醒。理性在底层民众中的觉醒一直要等到18世纪启蒙运动的开启。

尽管柏拉图仍然还保留着“神”“造物主”，以及“造物主创造世界”的思想，但理性思考所得出的对象（比如正多面体）已经可以和“造物主”并驾齐驱了，甚至当“造物主”与理性思考所得出的对象存在冲突时，柏拉图选择站在理性思考的这一边，然后再去帮助“造物主”拯救现象。比如说，当行星没有严格按照匀速圆周运动（这是理性思考所得出的对象）进行运动时，柏拉图直接承认了“造物主”的不完美，然后再帮助“造物主”去拯救行星运动的现象，让它重新变得完美，如图3-27所示。不过，后来的神学家奥古斯丁又重新站在了“造物主”这边，这标志着理性让位于信仰。

所以，如果从理型世界中挑选出的数学对象与世界存在较大差异，我们常常通过两方面的工作来减少这种差异，一是重新寻找其他数学对象，二是对世界进行修剪，从而减少数学对象与世界之间的差异。而柏拉图开启的拯救现象就是在试图完成这两方面的工作。

---

[1] 这种思想在今天仍然存在，比如说在广义相对论中，即使当世界上所有物质都消失之后，四维时空这个几何对象仍然存在。第7章将会谈到这一点。

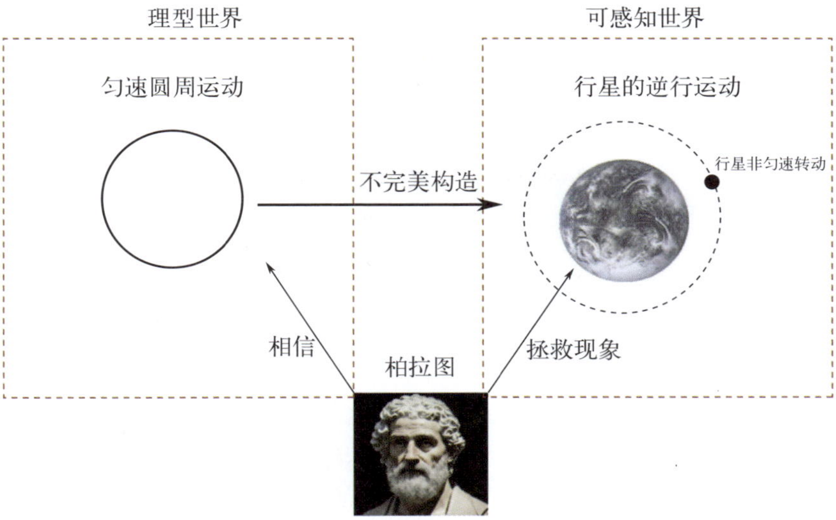

图 3-27　柏拉图对造物主不完美构造的处理方式

总之，正是柏拉图的这种极端做法让柏拉图成为了理性的代表，让柏拉图的名字被历史无情洗刷了两千多年之后仍然还在今天的书籍中无数次出现。在今天，柏拉图的这种极端做法被称为理性主义或柏拉图主义，有时也被称为毕达哥拉斯主义。中世纪之后，笛卡儿复兴和改造了这种理性。后来，康德又对这种理性进行了反思，写出了《纯粹理性批判》。然后，黑格尔将这种理性上升到第一性的地位。再后来，非理性的思想就开始发展壮大了。

3.6　理性的威力——逻辑推理

对于理性的诞生过程，如果说柏拉图最大的贡献是让世人清晰地知道了理性思考本身的存在，让世人清晰地了解到理性思考理解世界的强大能力，那么，亚里士多德最大的贡献就是让世人清晰地知道：理性思考本身也遵循着一套规则。这套规则后来被称为逻辑。

当然，亚里士多德的这一壮举也不是凭空产生的，而是受到古希腊当时独有的政治社会环境的深刻影响。早在亚里士多德之前，古希腊城邦的治理模式就已经演变成公民民主制。具体来说，城邦里的富人组成一个大会，然后通过民主投票的方式来分享城邦的权力。这个大会就被称为公民大会。在公民大会上，大家需要对与城邦相关的事务进行演说和辩论，从而说服大家为自己的政策方案投票。这样的政治环境催生出一种特殊职业和人群，他们专门教人如何演说和辩论。由于他们的核心目标只是说服别人，那么，只要能达到这个目标，即使说服方式漏洞百出，但只要看起来合理、令人信服就可以了。这使得他们后来被称为诡辩家（最初被称为智者）。不过，人们还是开始觉察到这些诡辩家的说服方式中的漏洞，并对此展开了广泛的争论。在柏拉图所写的那些对话中，很容易找到这样的争论场景。正是在与这些诡辩家争论的过程中，哲学家们才开始深入思考什么样的辩论才是没有漏洞的。

比如说，苏格拉底就找到一种对付诡辩家非常有效的方法，那就是不断地让对方回答："什么是某某？"比如"什么是正义？什么是美德？什么是公平？什么是自由？"即要求对方给事物下定义。这标志着苏格拉底已经清晰地意识到理性思考是依靠"概念"这个工具进行的。

就这样，到了亚里士多德的时代，大家已经清晰地意识到理性思考本身所依靠的工具和遵循的规则，它们就是概念、判断、推理以及同一律、矛盾律、排中律三条规则，见图3-28。

图3-28　理性思维本身也被思维分类了，即思维总结出它自己所遵循的规则

第1章谈到过，思维在最底层的实现方式就是分类，即将不同事物归为同一类。将大量事物归为同一类的过程称为归纳。如果将归纳推广到极致，即将归纳范围从部分推广到所有，从有限推广到无限，那么，归为同一类的这个类就称为概念，而被归纳的事物与这个类之间的关系就称为判断，分类的这些过程就称为推理。

具体来说，理性思维通过如下方式对世界产生理解。

首先，思维会将世界万物进行分类，被归为同一类的这个类被理性思维投射成概念对象。比如说，所有方形物体被归为同一类，那么这些方形物体（它们是被眼睛直观感知到的对象）被理性思维投射成正六面体的概念，而正六面体这个概念对象只能被理性思维感知到，无法被眼睛感知到。所以，概念形成的过程也被称为从直观到抽象的过程。而在理性思维诞生之前，大脑所采用的认知方式主要是从直观到直观，比如采用一匹狼去代表一座山，采用三块石头代表捕获的三头牛。这匹狼和这座山、这些石头和牛都可以被眼睛直观感知到。当然，由于受到人类语言系统的限制，理性思维的认知方式在最底层仍然是从直观到直观。比如说，当理性思维形成“直线”这个概念之后，为了表述它，语言中仍然保留了“线”这个字。而在概念思维进化出来之前，语言符号“线”对应可以被直观感受到的事物。也就是说，为了表述概念对象，语言有时不得不从该概念对应的分类中选择某个具体对象来代表整个类，比如采用直观对象“线”去代表抽象对象“直线”。

在分好类之后，思维根据某事物是否在某分类之内得出的结果称为判断，比如柏拉图给出过这样一个判断：土元素是正六面体。也就是说，柏拉图首先将大量事物归为同一类，这个类称为正六面体，然后，柏拉图将土也归入这个类。

在不同类的基础上，思维还可以进行二次分类，那么，根据两次分类的结果，理性思维可以从一个判断得出另外一个判断，这个过程就称为演绎推理。最著名的演绎推理就亚里士多德的三段论，如图3-29所示。比如说。思维将大量与亚里士多德类似的对象归为同一类，这个类称为“人”。根据这个分类结果，思维可以得出“亚里士多德是人”这个判断。在此基础上，思维将大量与人类似的对象归为同一类，这个类称为“死”。根据这个分类结果，思维可以得出“人会死”这个判断。根据这两个类之间的关系，思维可以进行另外一次分类，那就是直接将亚里士多德归为“死”这个类。根据这个分类结果，思维就得出“亚里士多德会死”这个判断。思维得出这个判断的过程就称为演绎推理。

著名的三段论：

人会死，　　　　　——大前提
亚里士多德是人，　——小前提
亚里士多德也会死。——结论

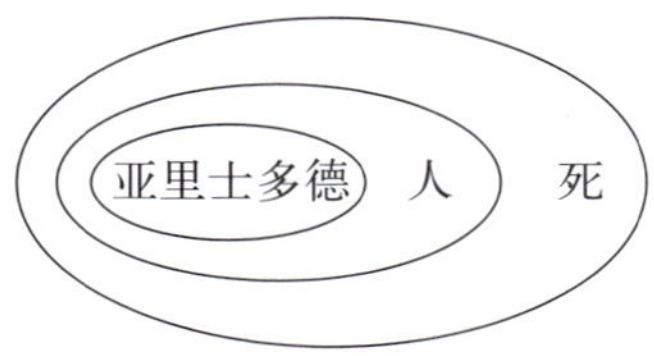

图3-29　亚里士多德的演绎逻辑推理

需要注意的是，三段论只是演绎推理的一种表现形式。根据各个类之间的包含关系，演绎推理还有其他很多表现形式，比如还有："如果行星的运动不是匀速运动，那么它就是加速运动或者减速运动"。

总之，基于分类过程，思维进化出三种思考工具，即概念、判断、推理。由于受到分类过程的约束，这些思考工具还要遵循三条基本规则：同一律、矛盾律和排中律，具体说明如下。

同一律要求在演绎推理过程中，前后出现的同一个概念的含义必须完全一样，即同一个概念对应分类的范围不能扩大、缩小，或者分类中的成员被替换。如果出现这种情况，那思维的推理过程就违反了同一律，即产生了偷换概念的逻辑错误。比如说，在图3-29所示的推理过程中，如果将"死"的分类范围缩小，那么推理出的结论"亚里士多德会死"有可能就是错误的。

矛盾律也来自分类过程的要求，即要求某个事物不能既在一个分类之内，又在这个分类之外。比如说，矛盾律要求"土元素是正六面体"和"土元素不是正六面体"这两个判断不能都正确，否则就称为逻辑矛盾。

排中律同样来自分类过程的要求，即要求某个事物要么在一个分类之内，要么在这个分类之外。比如说，排中律要求：土元素要么是正六面体，要么不是正六面体。正是排中律保证了反证法的有效性，所以，当我们采用反证法的时候，我们实际上在采用排中律进行推理。

当然，以上所谈到的这些规则还只是个大概，它们还可以细分成种类繁多的更小规则。所以，想要完全掌握理性思维所遵循的这些工具和规则并不是一件容易的事。也正因为此，亚里士多德前前后后共写了六个篇章才把这些工具和规则梳理完，而且其中还不包括非常重要的归纳推理。这六个篇章后来被汇集成《工具论》这本著作。在今天，概念、判断、推理以及这三条规则被称为形式逻辑。

不过，这里先强调一点，即使我们的推理过程严格遵守形式逻辑，我们得出的结论也不一定可靠。第一，因为在运用形式逻辑进行推理之前，我们的思维就需要对世界完成最初的分类，而这些最初的分类有可能是不可靠的。而且，这些最初的分类就隐藏在语言诞生的过程中，所以，只要我们还在使用语言进行思考，那就逃不开这些最初的分类。后面章节将以牛顿力学为例对此进行详细说明。第二，我们无法确保所有事物都严格遵守三条规则。比如说，对于思维划分出一个分类，这个世界上是否存在某个事物既不在这个分类之内，也不在这个分类之外呢？对此，我们无法保证，也无法证明。第三，对于很多事物，思维无法清晰地划分出与它们相关的分类的边界，而形式逻辑遵循的三条规则是建立在每个分类都有清晰边界这个基础之上的。而对于这样的情况，我们需要借助另外一种逻辑进行思考，这种逻辑后来称为辩证逻辑。第4.2节还会谈到形式逻辑的其他缺陷。

但不管怎么样,《工具论》还是清晰地表明,理性思考到了亚里士多德这里已经达到了高度的自觉,比如在构建宇宙图像的过程中,亚里士多德就非常自觉地采用了这套形式逻辑,把世界编织成一个完整的、系统的逻辑体系。当今天的我们翻开亚里士多德的著作的时候,一股逻辑推理的气息立刻扑面而来,但翻开柏拉图著作的时候,扑面而来的是一股文学气息。

另外,正是由于古希腊独有的政治制度,逻辑学一直是社会主流学习对象。这个传统使得逻辑学后来被编入自由七艺,从而长期成为欧洲基础教育的一部分,即使在所谓的黑暗中世纪也是如此。而在其他文明中,这样的传统是没有出现过的。

3.7 亚里士多德的宇宙——用逻辑推理重新编织世界

对于“世界从何而来”这个传统问题,亚里士多德的回答几乎融合了之前各门各派的观点。比如在吸收了恩培多克勒和柏拉图的观点之后,亚里士多德认为地界上可生可灭、千变万化的事物也是由火、气、水、土四种基本元素构造的。对于天界的恒星和行星,亚里士多德认为它们是由第种五元素“以太”构造的,而以太又是从赫西奥德《神谱》那里继承下来的名字。

对于第2.2节提到过的第二个核心问题,即世界如何运转?在亚里士多德之前,大家的回答方式是把世界的运转都交给“神”来负责,后来又交给物体自身内部的“灵魂”来驱动。但到了亚里士多德这里,这个问题的回答方式却发生了巨大转变,因为亚里士多德构建出“原因(cause)”这个概念替代了“灵魂”,从而将世界的运转过程梳理成一张因果关系网。这个替代转变的演化过程如下。

3.7.1 “灵魂”概念的沦陷,“自然”概念的成熟

前面谈到过,在神话故事中,世界图像的构建方式1.0版本,即类比就是采用描述“人”的方式去描述世界,而“人”最重要的特征就是具有生命。所以,在这种类比之下,世间万物都是具有生命的。可是,生命总是有限的,死亡不可避免。对死亡的恐惧迫使人们得出两个安慰性的结论。

① 有些生命是不会死亡的,是永恒不变的。

② 即使死亡了,有些生命还会继续存在,只不过会以一种看不见的方式存在。

就这样，世界万物的生命被划分为了两大类。

第一类生命是不死的。它们一旦生成，就不会消亡。它们是永恒不变的，它们都是“神”，比如赫西奥德《神谱》所描述的大地之神、海神、山神、天神、大洋之神，当然还有奥林匹斯山上的诸神。

第二类生命是会死亡的，是可以腐朽的。它们在生成之后会消亡，比如一棵树、一块石头、一堆火在生成之后都会自行消亡。但是，在消亡之后，它们还可以再生成。正是在这个生成与消亡的过程中，生命体的生命力得到了呈现，表现为不断变化运动的过程。早在荷马史诗中，这种生命力就被称为ψυχή。这个词之后不断被人采用，其含义也在不断演化而变得丰富，最后演变成为“灵魂”这个词。

所以，灵魂最初的含义就是指生命中的气息和内在动力。这样一来，在构建方式1.0版本的支配下，“生命（比如一棵树、一块石头、一堆火）不断变化运动的内在动力就是灵魂”的看法就显得再合理不过了。比如说，被后人称为第一位哲学家的泰勒斯就认为磁石具有“灵魂”，正是它驱使一块磁石向一块铁运动。毕达哥拉斯学派则认为“灵魂”就是隐藏在事物背后的“秩序”。到了德谟克里特那里，“灵魂”就是原子。即使到了柏拉图的《蒂迈欧》，天体的运动依然来自“灵魂”的驱使，只是这个“灵魂”还具有理性。

对于第二类生命的这种生成和消亡过程，古希腊人最早采用φύσις一词来描述。这个词的最初含义就是指生长、变化和生命的意思。比如说，一棵树发芽、生长、凋零、死亡的生命过程就是一个φύσις过程。一堆火生起、燃烧、熄灭的生命过程也是一个φύσις过程。而驱使这些生命体出现这个φύσις过程的内在动力正是它们的“灵魂”。

总之，在构建方式1.0版本的支配下，人们主要采用φύσις和ψυχή（灵魂）这两个词来描述第二类生命体，即可腐朽的世界是如何运转的。但是，在古希腊先哲们长达两百多年的谈论过程中，这两个词的含义产生了巨大改变。对此改变贡献最大的思想来自赫拉克利特，见图3-30。

第3.4节谈到过，毕达哥拉斯学派已经触摸到世界在数量和形状方面蕴藏着某种秩序。但是，除了数量和形状，世界在其他方面还存在着秩序，那就是由事物中的对立统一关系所导致的秩序与和谐。

比如说，生成与消亡就是对立统一的关系。如果只存在生成，不存在消亡，那么总有一天，生成所需的原料必将耗尽，生成过程也就无法继续进行。所以，生成与消亡必须同时存在，世间万物才能处于循环反复、不断变化之中。但与此同时，正是由于生成与消亡的同时存在，世间万物在不断变化过程中才保持着某种平衡与

图3-30 “自然”这个概念的形成过程

和谐，遵循着某种永恒不变的秩序与规则。

率先触摸到这种秩序的古希腊人就是赫拉克利特。具有标志性意义的地方在于赫拉克利特明确指出这种秩序不是“神”创造的，并且把这种永恒不变的秩序称为“逻各斯”(λόγος)，后来被翻译成logos。采用今天的语言来说，赫拉克利特率先意识到了世界背后存在着客观规律，而被赫拉克利特称为“逻各斯(λόγος)”的这个对象就是指客观规律，它类似中国古代学说中的“道”。

赫拉克利特认为世界万物都遵循这个“逻各斯”(即客观规律)。这样一来，代表第二类生命体生成和消亡过程的词语——φύσις也需要遵循这个“逻各斯”(即客观规律)。这表明到了赫拉克利特这里，φύσις一词的含义正在发生转变，正在转变成具有“按照客观规律去变化”的含义，也就是开始具有“自然”的含义。非常巧合的是，几乎在同时，中国古代的老子也明确地说出“道法自然”。

赫拉克利特的“逻各斯(λόγος)”的出现标志着人类已经初步意识到了“自然”的存在。而之后的亚里士多德通过对“灵魂”概念的驳斥与澄清，让φύσις一词更加接近“自然”的含义。

比如在《论灵魂》这本著作中，亚里士多德对前辈们关于“灵魂”一词的理解和使用几乎都进行了驳斥，最后得出类似这样的结论：人有“灵魂”，但石头没有“灵魂”，那么，驱使物体变化运动的内在动力就不是“灵魂”[1]。既然这种传统

[1] 当然，在很长一段时间之内，大多数人并没有接受亚里士多德的这种观点，甚至一千多年后的哥白尼、开普勒等人有时都还在借助“精灵、灵魂”为运动的来源寻找解释。

观点被否定了，那么亚里士多德就需要为驱使物体变化运动的内在动力重新提供来源。而亚里士多德的伟大之处就在于他通过构建一个崭新概念——“原因”(αίτια)来完成这项替代任务，即提出了著名的“四因说”理论。所以，到了亚里士多德这里，驱使物体变化运动的内在动力已经从灵魂转变成亚里士多德的“原因”了。

随着这个转变过程的进行，刚刚谈到的φύσις一词的含义也在发生转变，比如亚里士多德将它重新定义为：物体出于其本性（而非偶然性，比如手工制作）而产生变化运动的根源或最初原因。具有这个全新含义的词语φύσις后来有一个大家非常熟悉的翻译：自然，见图3-31。

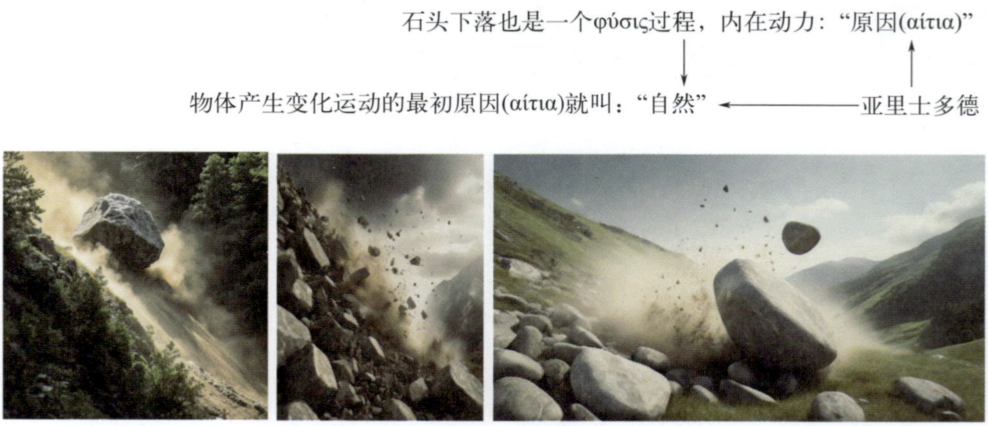

图3-31 “自然”这个概念的成熟过程

在第2章谈到过，在早期人类意识中，整个世界都是由与“人”类似的对象构成的，是浑然一体的。而到了亚里士多德这里，世界在人类意识中已经分裂成两部分，其中一部分世界按照其自身的本性在运行，如果采用φύσις（自然）这个新词，这部分世界就可以被称为自然界。也就是说，世界开始分裂成两部分——人与自然界，世界不再是浑然一体的了[1]。

所以，如果采用这些新词语来重新表述之前的内容，那么，一棵树发芽、生长、凋零、死亡的过程就是一个合乎自然的过程。一堆火生起、燃烧、熄灭的过程也是一个合乎自然的过程。驱使这些自然过程发生的内在动力不再是灵魂，而是某个原因。

---

[1] 然而在古代中国，世界始终被视为是浑然一体的，天人合一的思想一直占据主导，天和人始终遵循着同一套规律，人必须遵守天道。当然，到了20世纪，西方哲学家又试图消除人与自然之间的鸿沟。

这些词语的巨大转变本身就代表着人类构建宇宙图像方式的巨大转变，即从1.0版本的类比到2.0版本理性思考的转变。

3.7.2 原因(cause)——构建世界图像的新工具

很明显，这场巨大转变就是由理性思维的概念工具来实现的。前面谈到过，当思维将分类范围从部分推广到所有、从有限推广到无限之后，概念就形成了。于是，思维将所有前后相继的两件事情的发生过程归为同一类，这个类就称为“因果”，前一件事情就称为“原因”(cause)。也就是说，通过理性思维，一个重要的概念诞生了，那就是“因果”或“原因”(cause)。

由于在概念的形成过程中，思维需要将分类范围从部分推广到所有，从有限推广到无限，那么，这就意味着“原因”(cause)这个概念适用于大量前后相继的两件事情。这就导致大脑开始采用全新的方式去将世界上的事情连接起来，也就是采用全新的方式去理解世界。

比如说，亚里士多德正是通过“原因”(cause)这个概念，再按照理性思维的逻辑规则对世界的运转过程进行了重新分类和编排，将世界的运转过程梳理成了一张因果关系网。从此开始，世界的运转不再是像过去那样被“神”操控和被“灵魂”所驱动，而是来自某个“原因”(cause)。

当然，正如第3.2节谈到过的，概念“原因”(cause)同样会引发一个基本问题，那就是“原因”(cause)到底是真实存在的呢，还是由思维将分类范围推广的极致所带来的产物呢？这个问题同样非常难以回答，但它又直接影响着我们对世界的理解。如果我们相信“原因”(cause)是真实存在的对象，那我们就会无比相信这个由因果关系网编织出来的宇宙图像。但如果“原因”(cause)只是思维的产物，那么在与人类思维完全不同的智能物种（比如不是基于分类来进行思维的物种）看来，世界将是另外一幅图像。另外，正如1.10节谈到的，“原因”(cause)这个概念需要基于人观时间才能得以形成，因为思维在将前后相继的两件事情归为同一类过程中，已经采用了“前后相继”这样的人观时间观念，那么，在人观时间失效（比如在普朗克尺度上）的情况下，因果关系该如何存在呢？总之，当我们采用因果关系去编织宇宙图像时，我们已经预设这个世界是存在因果关系的。

但是，不管怎么样，亚里士多德的“原因”(cause)，以及由因果关系网编织出宇宙图像已经彻底改变了我们理解世界的方式。那么，接下来就详细谈论一下，亚里士多德重新分类和编排宇宙图像的具体过程。

3.7.3 重新编织宇宙图像的过程——合乎自然的运动

第一步，构建出新概念——原因(cause)。不过，亚里士多德认为存在的原因(cause)总共只有四种：质料因、形式因、效力因[1]、目的因。正是它们导致了世间万物的运动变化，即引起了世界的运转。下文主要对其中的“目的因”进行详细说明。

第二步，修改“空间”这个概念的含义，为构造“目的因”做准备。具体来说，亚里士多德将空间位置划分为五个等级，然后把这些位置分别分配给火、气、水、土、以太这五种元素，如图3-32所示。土的固有位置在地球中心，水的固有位置在地球表面，火的固有位置在月亮之下，气的固有位置在水与火之间，第五种元素以太的固有位置就在月亮之上。另外，月亮之下的世界被划分为地界，月亮之上的世界被划分为天界，即整个世界被分隔为地界和天界两部分。

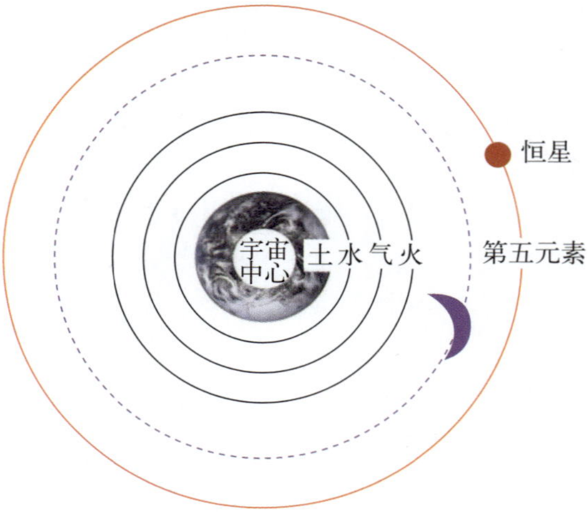

图3-32　亚里士多德的空间观

不过，土、水、气、火四种元素位置的这种排列方式并不是亚里士多德的首创，比如柏拉图在《蒂迈欧》中就已经使用过这种排列。亚里士多德的创新在于将这些等级位置视为元素的固有位置，视为元素的一种天然属性，就像在当时社会中，奴隶有奴隶该有的固有社会地位，贵族有贵族该有的固有社会地位一样。也就是说，亚里士多德仍然还在模仿人类社会的秩序来给大自然构建秩序。

第三步，构造第四种原因——目的因。亚里士多德认为各种元素自发运动的目的就是为了重新回到其固有位置。比如说，当石头（由土元素构造）离开了它的固有位置，跑到火的固有位置上去了，那么石头就会自动往下掉落，使它重新回到它自身该有的固有位置。也就是说，石头自由下落的原因(cause)就是为了重新回到其固有位置。这个原因(cause)就称为石头自由下落的目的因。

就这样，对于石头自由下落这个现象，亚里士多德按照理性思维的逻辑规则对

1 效力因(Efficient Cause)也翻译成动力因，它是让事物从潜能转变成实现的原因，即让一个事物从潜在状态（即尚未出现的状态）转变为实际状态（已经出现的状态）的原因。

它进行了重新展示。这种展示已经完全不同于1.0版本所采用的展示，因为在构建方式1.0版本中，石头被类比成一个生命对象，即被视为一个具有“灵魂”的对象，石头的自由下落只不过是石头生命力的表现，就像人会跑、鸟会飞一样，而在亚里士多德的这个重新展示中，石头的自由下落来自原因(cause)。

第四步，修改“自然（φύσις）”一词的含义。亚里士多德认为“自然”就是指物体因其自身本性而发生运动的根源和最初原因。另一方面，亚里士多德又采用目的因来描述石头自由下落的根源，那么，“自然”就等同于这个目的因。这样一来，石头的自由下落也可以称为由于“自然”的运动，或者称为合乎“自然”的运动，如图3-33所示。

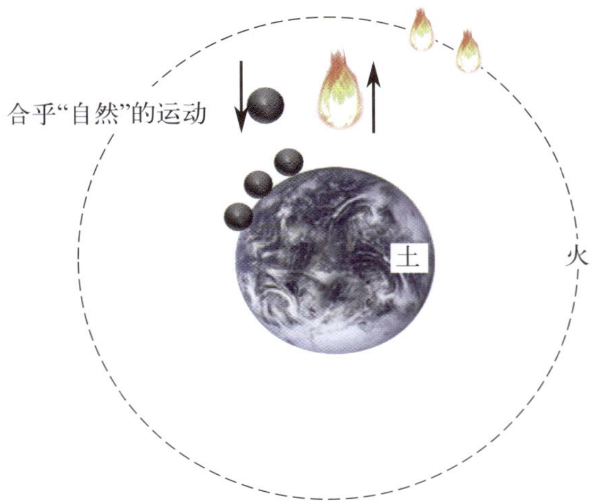

图3-33　亚里士多德构造出的因果关系

这个表述方式演化到今天已经变成大家无比熟悉的一句话了，那就是：石头的自由下落是一种自然而然的现象。这句话已经被大家当成理所当然。可是，在今天说出这句话的人当中，只有极少数人能够觉察到这句话之所以能够在我们大脑中形成，那是由于人类的理性思维在很久之前就为此做了大量的铺垫工作，将世界按照我们理性思维的逻辑规则进行重新分类和编排，就如同亚里士多德在前面所做的那样。只是这些铺垫工作早在两千多年前就已经被极少数的古人为我们开拓好，在我们还是小孩子的时候，通过各种学习（包括语言的学习），我们的大脑在不自觉中就已经继承了这些铺垫工作。这才让我们可以毫无障碍、轻而易举地说出“石头的自由下落是一种自然而然的现象”这句话，并深信这是一句显而易见的话，却没有觉察到我们的思想是如何被塑造出来的。而那些对我们思想进行了塑造的极少数古人就被称为思想家。

第五步，根据“目的因”或“自然”对运动进行分类。比如说，利用逻辑规则中的排中律，亚里士多德将所有运动划分为两类：合乎自然的运动和反自然的运动。也就是说，一切运动要么是合乎自然的运动，要么是不合乎自然的运动。不合乎自然的运动就被称为反自然的运动，如图3-34所示。

再利用逻辑规则中矛盾律还可以得到：如果产生合乎自然运动的原因就是自然，那么产生反自然运动的原因就不是自然，即反自然运动的原因无法来自目的因。所以，反自然运动的产生需要其他原因。

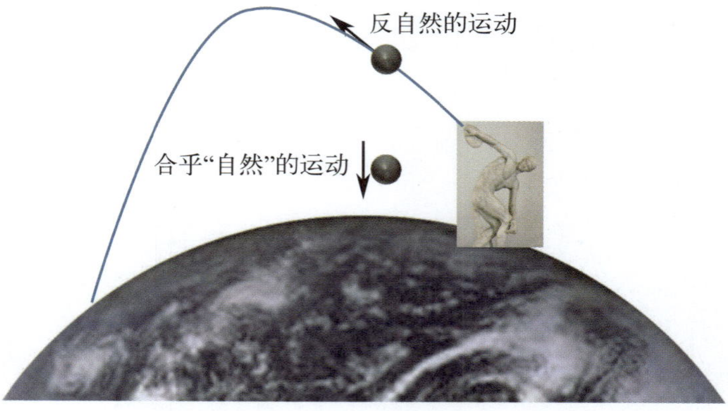

图3-34　在亚里士多德宇宙中，不是出于原因(cause)而产生的运动

第六步，为反自然的运动找原因。由于原因(cause)总共只有四种，即质料因、形式因、效力因、目的因，而前三种原因不能产生位置运动，即反自然运动无法来自前三种原因。这样一来，反自然运动无法来自这四种原因(cause)。那么，反自然的运动来自哪里呢？亚里士多德找到的解决方案是：反自然的运动是由合乎自然的运动推动产生的。

具体来说，“目的因”或“自然”首先产生出合乎自然的运动，然后，这个合乎自然的运动做为推动者，再去推动其他物体产生反自然运动。比如说，图3-34中石头背离地面、朝上方飞出的运动就是反自然的运动，而气体朝上方的运动却是合乎自然的运动，那么，石头朝上方的反自然运动就是由朝上方运动的气体推动产生的。

因此，所有反自然的运动都需要由推动者推动才能产生。不过，这必然会逻辑推理出这样一个结论：存在一个最初推动者。这应该是大家听说过最多的一个结论了。

第七步，构造天体的运动。这个构造过程继承了柏拉图的思想传统，而前面谈到过，柏拉图又是继承了毕达哥拉斯学派的思想传统。这个思想传统就是仿照数学中的秩序为天界构建秩序。具体来说，先完全依靠理性思考出一个最完美最简单的数学对象，然后将它作为构造天界的部件去构造出复杂的天体运动。下一章将会谈到，正是这个思想传统的不断继承和发展才让现代科学在17世纪诞生在欧洲。

亚里士多德在这个思想传统的影响下对天界的构造过程如下。

首先，在所有立体图形中，球面是最简单的图形。而在所有运动方式中，匀速运动是最简单的运动。那么，匀速转动的球面就是最简单的对象，它们就应该是构造天界的最基本部件，被称为天球。

然后，将行星镶嵌在这些天球上，而行星的运动正是这些天球的旋转所带动的。不过，到了亚里士多德的时代，人们已经发现行星的转动并不是匀速的，即实际观测到的现象与依靠理性思考出的结论并不一致。

和柏拉图一样，亚里士多德也认为行星的非匀速运动现象是一种缺陷，也需要被拯救。不仅如此，亚里士多德借鉴了柏拉图的学生欧多克斯的方案，即采用多个匀速转动的同心球壳彼此相连接，然后通过这种组合构造出行星的非匀速运动。而欧多克斯当初提出这个拯救方案又是为了弥补柏拉图的宇宙图像。就这样，亚里士多德继承了先辈们的传统，也在采用数学对象去为天界构建秩序。由于这些球壳都是同心的，欧多克斯和亚里士多德的这种拯救方案后来被称为同心球壳模型，如图3-35所示。

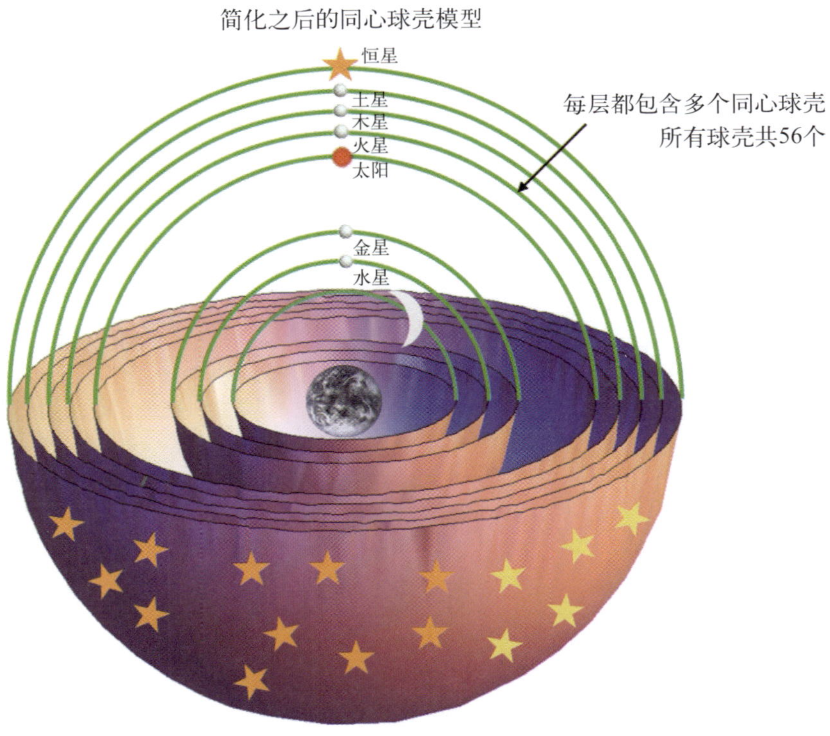

图3-35 亚里士多德对于天体运动的描述——同心球壳模型

所以，为了拯救行星的非匀速运动，在亚里士多德的宇宙模型中，每颗行星都需要与多个球壳相连并固定。这些球壳的总数多达56个。

另外，为了回答行星运动初始速度的来源问题，亚里士多德还将镶嵌不同行星的球壳也连接起来了。具体来说，亚里士多德将土星最外层球壳与恒星球壳相连，这样一来，恒星球壳的转动就会给土星球壳的转动一个初始速度。以此类推，再将土星球壳与木星球壳连接，那么土星的运动就会给木星的运动一个初始速度。就这样，亚里士多德为各个行星的初始速度找到了来源。但是，模型最外层即恒星球壳的初始运动又是由谁来推动的呢？为此，亚里士多德提出了一个著名的对象：第一推动者，或者叫最初推动者。

总之，就这样，按照理性思维的逻辑规则，亚里士多德将宇宙万物的运动过程编织成了一个完整且闭合的逻辑体系，如图3-36所示。这当然是一项划时代的成就，因为这是人类有史以来第一次采用形式逻辑推理，把变幻莫测的大地和秩序井然的天空编织成一个整体，并形成一套完整的推理体系，不再是像古人那样依靠各种零散的类比、比喻、寓言、想象、领悟、顿悟、参透、启示等方式去理解世界了（这些思维方式在底层仍然是通过分类实现的）。

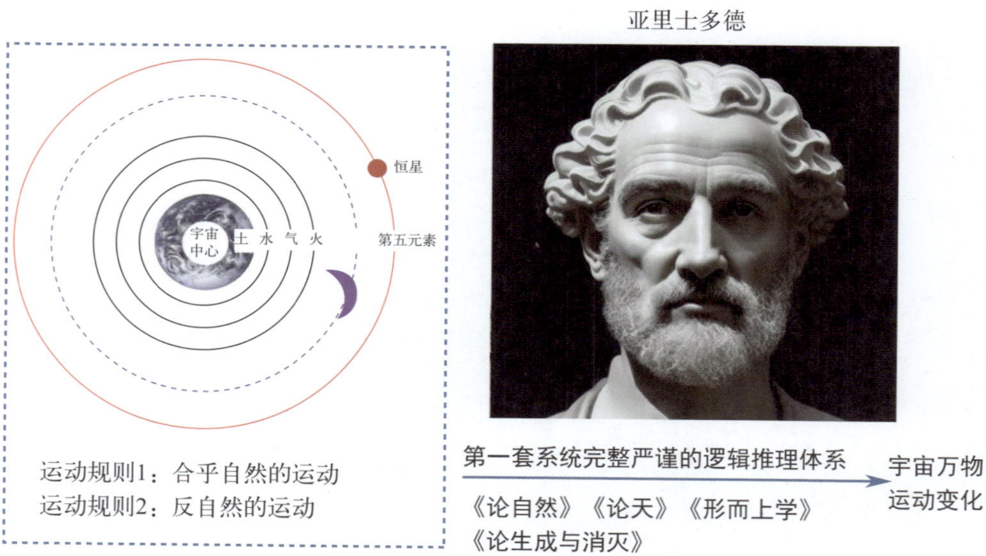

图3-36　亚里士多德编织出的形式逻辑推理体系

中国古代的宇宙理论也形成了完整的逻辑体系，不同之处在于这个逻辑体系主要依靠辩证逻辑编织起来，没有刻意将世界划分为现象和本质两部分，而是用一个现象去构建其他现象，也没有将人与自然划分成两个独立部分，也不强调主观世界与客观世界、感性认识与理性认识的划分，而是强调天人合一，另外还采用了大量的类比、比喻、寓言等思维方式。也就是说，中国古代的宇宙图像是多种思维方式、多种构建方式相互交织在一起构建出来的产物。相比之下，亚里士多德宇宙图像的构建过程更加简化，那就是先将世界划分为现象和本质两部分，然后采用形式逻辑将本质串联成一个逻辑关系网。后面将会谈到，这种简化造就了现代科学方法，但也为现代科学方法带来难以突破的牢笼，无法让它在所有领域都能发挥作用。

亚里士多德的这个宇宙图像让人们开始相信：我们这个世界的确存在着秩序，这种秩序就表现为一种逻辑关系，而自然哲学（后来演变成为了物理学）的任务就是不断去发现这个逻辑关系。这种思想的影响一直持续到今天，因为今天的理论物理学家仍然深深相信这一点，并不断努力地去探索世界更底层的秩序。

与柏拉图构造的宇宙相比，造物主在亚里士多德这里已经消失了。但亚里士多德的宇宙仍然需要一个最初推动者，正是由于这个最初推动者的推动，亚里士多德的宇宙体系才能动起来。亚里士多德的“最初推动者”常常被今天的人们所批判，认为这是愚昧无知的表现，但从人类认知方式的整个演化过程来看，这已经是无比巨大的进步。因为与前人相比，我们可以清晰地看到，到了亚里士多德这里，宇宙图像构建方式的2.0版本，即理性思考已经占据主导。

当然，值得注意的是，这种主导也只是对类似亚里士多德这样极少数人而言的，底层大众，如士兵、农民、商人、奴隶对这些理论毫无所知。同时代大多数人的大脑仍然被构建方式1.0版本占据着，魔法、占星、占卜、巫术、神话才是当时的主流意识形态，它们对底层民众思想的影响力远远超过柏拉图和亚里士多德的宇宙理论。

另外，在今天看来，亚里士多德的这些理论在科学史上无比重要，但是在当时的古希腊，和中国古代一样，有关自然的这些理论也处于大家关注点的边缘，社会主流精英的主要兴趣也是政治学和伦理学，因为它们才有着非常功利的实际需要。所以，有关自然的理论得不到大多数主流精英的关注才是正常状态。只是到了后来，柏拉图和亚里士多德的宇宙理论先后被基督教吸收，并融入统治阶级的话语体系，成为社会主流精英经常谈论的话题，从而才开始得到了复兴和大力发展[1]。

而且，除了柏拉图和亚里士多德的宇宙论，其他哲学流派也在构建自己的宇宙论。比如说，伊壁鸠鲁学派构建的宇宙图像是由原子+真空组成的。而斯多亚学派

---

[1] 当然，在古代中国，有关自然的理论后来也被融入宗教，比如道教吸收了阴阳五行的理论。而中文里的“世界”这个词正是出自佛教，它由三界和六道组成。

则拒绝将世界划分为天界与地界两部分的做法，认为物质是无限可分的连续体，在宇宙之外则是虚空。与亚里士多德的宇宙论相比，尽管这些学派的宇宙论在逻辑性和完整性方面都逊色不少，但它们在当时的影响力却一点也不比柏拉图和亚里士多德的宇宙论小。

3.8 理性值得相信吗——构建方式2.0版本的四个缺陷

只需要简单对比一下赫西奥德《神谱》所描述的世界与亚里士多德的宇宙，我们就非常容易看出，相比于1.0版本的类比，2.0版本的理性思考的认识能力明显有了巨大飞跃。可是，站在今天的视角来看，理性思考的缺陷又是无比明显的。想要证明这一点，我们只需要看看亚里士多德宇宙中的那些明显错误就够了，比如镶嵌有行星的那些天球。

当然，我们这么做，不是为了用今天的成熟去嘲笑昨天的幼稚，而是去反思：如果仅仅依靠纯粹理性思考去认识这个世界，即使我们自认为我们的理性思考是完全符合逻辑的，我们的理论在逻辑上是完美无缺的，那么我们所得出的结论就一定正确吗，就值得信赖吗？如果不能赢得足够的信赖，那又是哪个环节存在缺陷呢？下面指出纯粹理性思考的四个缺陷，如图3-37所示。

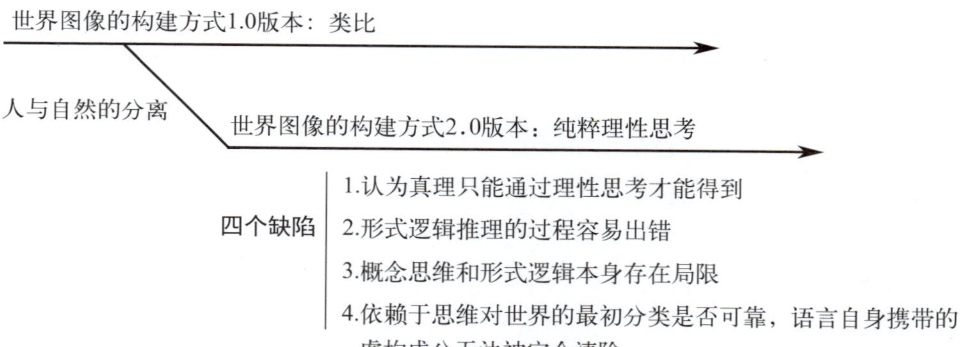

图3-37　纯粹理性思考的四个缺陷

第一个缺陷：认为真理只能通过理性思考才能得到。

第3.2节谈到过，巴门尼德最先将人类对世界的认识划分为理性认识和感性认识两种。巴门尼德认为理性认识来自心灵的感知，而感性认识来自眼睛、耳朵等器官的感知。巴门尼德还认为，眼睛、耳朵等器官常常受到欺骗，无法认识到世界的本质，只能得到一些虚幻的结论，并把这种认识方法称为意见（或俗见）之路。而世界的本质只有通过心灵（即理性思考）才能获得，并把这种认识方法称为真理之路。

所以，要想获得真理，只能依靠理性思考，眼睛所看到的内容都是假象，都不是真理。巴门尼德的这个思想深深影响了西方近两千年，比如紧随其后的柏拉图就已经深受其影响，并且把这种思想发扬光大了。柏拉图已经把理性思维所形成的各个概念对象视为最高的存在，存在于所谓的理型世界之中，而我们眼睛所见的世界只是按照这个理型世界“复制”出来的。柏拉图还认为，想要认识这个最高存在的理型世界，我们只能依靠理性思考，无法依靠眼睛等感觉器官。

当然，这必定会导致一个问题，那就是当我们眼睛所看到的现象与理性思考所得出的结论不一致时，如果我们仍然继续认为理性思考所得出的结论才是真理，那么如何解决这种不一致呢？柏拉图的解决方式是将眼睛所看到的现象视为存在缺陷的对象，视为需要被拯救的对象，而不是根据眼睛所看到的现象反过来去修正理性思考所得出的结论。

比如说，匀速圆周运动是最完美的——这个由理性思考所得出的结论就被柏拉图视为真理，但眼睛所观察到的行星实际运动并不是匀速运动。于是，柏拉图就认为行星运动本身存在着缺陷，需要被拯救，而不是根据行星的运动现象反过来去修正“匀速圆周运动是最完美的”这个结论。

第二个缺陷：形式逻辑推理的过程容易出错。

第3.6节谈到过，理性思考所遵循的规则并不简单。首先，形式逻辑的规则可以细分成纷繁复杂的细小规则，而准确熟悉地掌握这些规则需要大量的练习，难度很大，这会导致人们在推理过程中容易误用规则，出现逻辑错误。其次，有些逻辑错误很难被觉察到，像我们常常听到的“偷换概念、偷换命题”等逻辑错误都还只是些容易识别出来的错误，很多时候是我们犯了逻辑错误，自己却还没有意识到。再次，有些逻辑推理本身就不是完全可靠的，比如归纳推理，关于它不可靠的最著名例子就是“黑天鹅”以及“罗素的火鸡”。

逻辑学自从诞生之后就一直做为西方基础教育的一部分，人们一直在试图完全掌握和驾驭它，但最终还是未能如愿。对于同一个问题，人们通过看似严密的形式逻辑推理，却常常可以得出截然相反的结论。特别是当论证过程冗长的时候，人们的推理常常会陷入混乱之中。很久之后的笛卡儿对这些缺陷感慨颇多。

第三个缺陷：概念思维和形式逻辑本身存在局限。

前面谈到过，概念思维和形式逻辑都是基于思维的分类能力形成的认知方式。

然而，并非所有事物都可以进行清晰严格的分类，这样一来，概念思维和形式逻辑就不能理解和认识所有事物。比如说，到底什么是“无限”，我们就很难采用形式逻辑的推理来理解。这种局限常常将人类的思维拖入混乱之中，常常得出一些合乎逻辑但明显不合理的结论，比如芝诺谈到的大量悖论。

第四个缺陷：依赖于思维对世界的最初分类是否可靠，语言自身携带的虚构成分无法被完全清除。

第3.6节谈到过，在运用形式逻辑进行理性思考之前，我们的思维就需要对世界完成最初的初始分类，思维的推理过程需要借助这些初始分类才能启动。根据这些初始分类的寄存方式，它们可分为几种类型。

第一种类型的初始分类隐藏在语言诞生的过程中，比如第1.9节谈到的与时间和空间有关的语言所涉及的那些分类。正如1.10节谈到过的，这些初始分类会将大量虚构成分引入我们的语言。所以，只要我们还在采用文字语言进行思考，不管推理多么地合乎逻辑，推理出的结论就已经包含了这些初始分类以及它们引入的虚构成分。由于这些虚构成分已经深深植入语言本身之中，那么，基于语言进行的逻辑推理就很难对语言本身所携带的这些虚构成分进行全面反思，从而很难判断这些初始分类是否可靠。

第二种类型的初始分类隐藏在一些初始判断之中，正是基于这些初始判断，思维的逻辑推理才能开始展开。这些初始判断可以称为预设条件，比如预设“因果关系”是真实存在的。这种初始判断已经是最初始的，它们无法从更初始的判断推导出来，这样一来，到底选择将哪些判断作为初始判断，仅仅通过理性思维本身就很难回答了。不同的人、不同的群体、不同的学科都可以有自己的选择。

第 4 章

牛顿的宇宙——构建方式 3.0 版本：现代科学

没有一个具有重大转折意义的思想突破是在一瞬间就能喷发出来的，然而，历史书往往只用几句话来记载这些伟大思想的诞生时刻，这就导致我们产生了这样的错觉：某个伟大思想只是来自某位天才在一瞬间的灵感喷发。但实际情况是，很多在今天看来稀松平常、毫不起眼的观念，无不需要人类耗费数百年甚至更长时间才能冲破旧思想的篱笆、历经艰难曲折的磨难才能最终孕育出来。就像在今天，我们可以轻飘飘地说出理性思考具有以上这些缺陷，可是在历史上，人类却耗费了漫长的两千多年才觉察到前三个缺陷的存在，并找到一些弥补方法，而直到今天为止，我们仍然没有找到能够修补第四个缺陷的有效方法。

4.1 弥补第一个缺陷的漫长征程

在今天看来，第3.8节谈到的第一个缺陷是一种需要克服的不足，可是在当时的历史场景中，它反而成为了统治者维持统治的核心武器，因为它成为了能够证明“神”存在的一种理论支撑。这种独特的历史场景形成过程如下。

到了古罗马帝国以及后来的中世纪早期，通过构建方式1.0版本即类比所得出的“神”早就受到人们的质疑。人们已经不再相信山川河流、日月星辰等世界万物是一些长得像人的“神”。但是，在理性思维进化出来之后，“神”这个语言符号也开始对应于一个概念对象，人们开始赋予它全新的含义。也就是说，人们开始创造出一种新类型的“神”，一种存在于理性思维中的“神”。

这种新类型的“神”可以与人的形象没有任何相似之处，但它却拥有心灵和思想，可以无所不知、无所不见、无所不听。在之前赫西奥德《神谱》中，所有“神”都是在宇宙创生之后才被生成的，而这种新类型的“神”在宇宙创生之前就已经存在了，并且是唯一的、永恒的、最高的存在。色诺芬尼早在公元前五世纪就提出了这种新类型的“神”。经过几百年的漫长普及，这种新类型的“神”开始融入广大民众的思想，为基督教的诞生培育了群众基础。

很明显，采用眼睛等感觉器官根本无法感知到这种新类型的“神”，但人们的心灵（即理性思维）却能感知到它的存在，就正如从来没有人见过“鬼”，但“鬼”的概念却存在于每个人的思维之中一样。也就是说，这种新类型的“神”是理性思维构造出的一个对象。

所以，只有承认通过理性思考才能获得真理，通过眼睛等感官只能得到虚幻，那么这种新“神”（或“鬼”）才能被证明是真实存在的。反过来，如果承认眼睛等感官的作用高于理性思维，那么“神”的存在就将遭受严重质疑。这是因为如果眼睛等感官比理性思维更加可靠，那么我们就应该相信眼睛等感官所感知到的结果，而我们的眼睛又根本看不到这种新“神”（或“鬼”），所以我们不应该相信这种新“神”（或“鬼”）是存在的。

因此，承认理性思考是获得真理的唯一途径，对于“神”（或“鬼”）存在的证明至关重要，而柏拉图的宇宙图像正好符合这样的需求。上一章谈到，柏拉图认为各种概念对象组成了一个独立的世界，即理型世界。这个理型世界可以脱离眼睛等各种感官的感知而独立存在，那么，眼睛等各种感官就无法接触到这个理型世界。于是，想要接触了解这个理型世界的唯一途径就只有理性思考。所以，这个理型世界的存在方式与这种新类型的“神”的存在方式非常相似。

很难想象，这种相似性会逃过神学家们的注意，因为在当时，刚刚诞生的基督教正在强烈呼唤那些神学家们为它铸造出坚实的理论支撑。在这种历史场景下，到了古罗马帝国时期，柏拉图的理论先是被普罗提诺重新改造，然后再被神学家奥古斯丁吸收进基督教，最后融合成了所谓的教父哲学，用来证明“上帝”确实存在[1]。在融合之后，柏拉图宇宙图像中“造物主”的角色与基督教里面的“上帝”正好非常契合。于是，“上帝”逐渐成为柏拉图宇宙图像中的“造物主”。

在客观上，这种融合让更多的民众开始接触到柏拉图的宇宙图像——这个原本只有极少数精英才感兴趣的知识体系，从而避免了像亚里士多德的宇宙图像那样被遗忘的命运。由于亚里士多德的宇宙图像在刚开始缺乏这种融合，到了中世纪早期，西欧已经没有人再关心亚里士多德的宇宙了，而亚里士多德也只是以逻辑学家的形象被人所知晓[2]，如图4-1所示。但是，这种融合却降低了理性的地位，因为在柏拉图那里，当理性思考得出的结论与“造物主”相冲突时，柏拉图的选择是让“造物主”服从理性，然而，到了神学家奥古斯丁这里，当理性思考与“造物主”相冲突时，理性思考则需要服从“造物主”，即服从“神”。

---

❶ 即使到了今天，类似这样的融合方式依然还有残余，比如当前就有采用量子力学去论证佛经结论正确性的种种尝试。

❷ 在中世纪早期的西欧，亚里士多德著作中只有《工具论》的前三分之一得以保留，其中一个原因是逻辑学，或者说擅长辩论始终有着强烈的实用需求。不过，亚里士多德的其他著作在阿拉伯世界却得到了很好的保留，到了12世纪，经过大翻译运动之后，这些著作又重新回到了西欧人的视野。

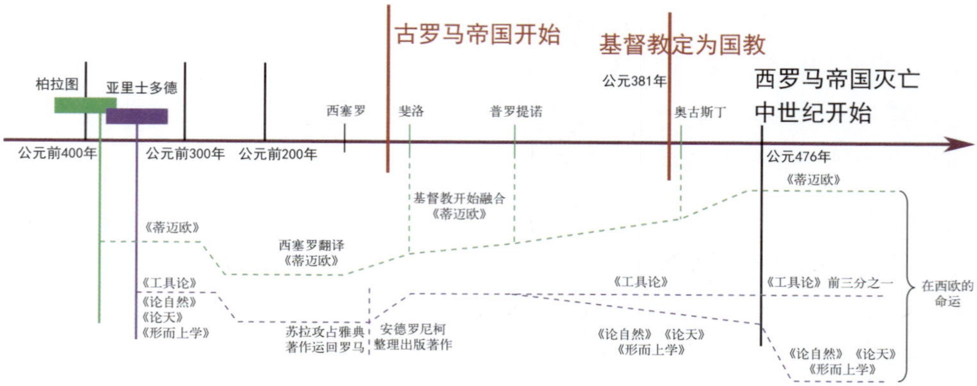

图4-1 柏拉图和亚里士多德的著作在中世纪早期的命运

到了12世纪，以国王为代表的王权开始试图从教皇那里夺取权力。正是在这个时候，已经被边缘化数百年的亚里士多德著作重新进入了欧洲人的视野。出于国王与教皇争夺权力的政治斗争需要，亚里士多德的著作作为一种理论武器，开始引起神学家们的注意。当这些著作以及亚里士多德的宇宙图像被以托马斯·阿奎那为代表的神学家们吸收进基督教，最后融合成所谓的经院哲学之后，一场生死攸关的巨大思想争论（或者说斗争）已经难以避免。

因为与柏拉图不同，亚里士多德并不认为理性思考所形成的各种概念对象可以形成一个独立存在的理型世界。比如说，理性思维可以从一块方形石头抽象出正六面体这个概念对象，但亚里士多德并不像柏拉图那样，也认为正六面体这个概念对象可以脱离这块石头成为一个独立存在的对象。亚里士多德的观点是：正六面体这个概念就存在于所有方形物体之中。这样一来，正六面体这个概念对象到底能不能脱离具体物体而独立存在，就成为了一场巨大的思想争论。这就是历史上著名的唯实论与唯名论之争。

这场思想争论对后世的影响非同凡响，直接改变了欧洲文明后来的进程。如果唯名论（即亚里士多德的观点）获胜了，即认为正六面体这个概念对象只是存在于所有方形物体之中，不是像柏拉图所认为的那样能够脱离物体而存在于另一个独立世界，那么这就意味着：真理（比如正六面体这个概念）也存在于方形物体之中，我们的眼睛等感觉器官通过对这些方形物体的直接感知就可以获得真理，而不是只有通过理性思考才能获得真理。然而，如果唯名论获胜，"上帝"的存在性就将受到严重威胁。因为如果类似于柏拉图理型世界那样的独立世界不再存在，那么"天堂"又该如何存在呢，"上帝"又该如何存在呢？

所以，这场争论注定不仅仅是一个哲学问题的争论，也不仅仅是一种思想的争论，而是涉及整个社会意识形态的争论，涉及统治阶级的统治合法性。这也就注定了，人类即使历经数个世纪的艰难斗争，这场争论也无法完全分出胜负，旧有的思想城池最终也只是被攻破了一个角落。

就这样，经过了几百年的思想和意识形态斗争之后，通过眼睛等感官所获取的知识才开始得到认可，才开始与通过理性思考所获得的知识受到同等重视。另外，随着宗教改革运动和人文主义的兴起，人的地位开始得到不断提升，开始登上历史舞台成为主角。这些综合因素促使人类终于开始相信他们亲眼所看到的现象。实验的思想土壤才终于被翻耕出来，实验科学终于开始慢慢萌芽，其中的代表人物就是来自13世纪的罗吉尔·培根（也译作罗杰·培根）。在这位实验科学的先驱之后，人类又耗费了三百多年，也就是到了17世纪，当初的萌芽才终于结出果实，比如伽利略已经可以毫无思想障碍地采用小球在斜面上的滚动实验去证明他的结论，而弗兰西斯·培根更是为实验制定了一套需要遵守的规则和方法，为此，历史学家将实验科学之父的头衔赠予了弗兰西斯·培根。

所以，人类前前后后总共耗费了上千年的岁月，理性思考的第一个缺陷才开始得到弥补，而弥补方法就是实验观测。在今天，很多人总是嘲笑古人怎么会那样愚蠢，嘲笑他们为什么不稍微做一下实验去验证下他们的结论呢。但如果对人类思想演化转变的这些艰难历程有所了解，大家就一定不会发出这样的嘲笑，只剩下油然而生的敬佩。

4.2 认知的第七次飞跃——数学语言的出现

4.2.1 弥补第二个缺陷的利器——数学语言

到了中世纪后期，理性思考的第二个缺陷也充分暴露出来了。比如在中世纪后期大学里的辩论课中，学生被分成两个小组，然后围绕一个命题进行辩论，但辩论的最后结局都是这个命题的正命题和反命题似乎都是成立的。在今天，我们依然可以看到这种情况，比如在辩论赛中，正方和反方都可以采用逻辑推理论证自己的观点才是正确的。这些被辩论的命题始终处于争论的状态，人们无法从这些辩论中获得确切的知识，只能收获一些含糊的、模棱两可的知识。正如笛卡儿后来感慨的那样，这些知识只能带来思想上的混乱。

这种混乱当然来自形式逻辑推理。一方面，形式逻辑推理的规则繁多，难以掌握。另一方面，人们在形式逻辑推理过程中常常出错，又难以察觉。

具体来说，正如第3.6节谈到过的，形式逻辑的推理需要满足同一律的规则，但在文字语言中，这一要求实际上很难得到满足。正如第1.3节谈到过的，语言符号必须与记忆、意识、思维结合在一起才能成为语言，也就是获得它的含义。采用语言学家索绪尔的术语来说，文字符号只是语言的“能指”，而文字符号在记忆、意识、思维的共同作用下获得的含义才是语言的“所指”。然而，每个人的记忆、意识、思维（比如分类标准）不可能完全相同，即使对于同一个人，在不同时候、不同环境下，他所启用的记忆、意识、思维也无法完全相同。所以，同一个文字符号在不同人那里、在不同场景下所指的含义无法做到完全相同，即同一律的规则无法得到严格遵守。也就是说，同一个文字符号所代表的概念所对应的分类范围无法具有清晰且不变的边界。

比如说，当某个男生对某个女生说“我爱你”这句话时，这个“爱”字所指含义需要根据这句话的上下文才能确定，需要根据讲这句话的具体场景才能确定。在大庭广众说“我爱你”与夜深人静二人世界说“我爱你”是完全不一样的。而这个女生对“爱”字所指含义的理解还会由她的人生经历决定，不同成长经历的女生会得出不同的具体含义。另外，这个女生还会根据该男生之后的言语行为不断地去重新构建这个“爱”字所指含义。也就是说，这个“爱”字所指含义在不断变化，其含义的确定还具有延迟性。

这样一来，“爱”字就无法始终指向同一个含义，即无法满足同一律的要求。如果这对男女采用逻辑推理去辩论“你到底爱不爱我”，最后的结局多半是男生得出结论“我是爱你的”，而女生得出的结论却是“你不再爱我了”，即他们无法推理出一致的答案。这是因为他们的推理过程没有遵守同一律，即在推理过程中不断地偷换概念。

再比如说，随着时间的流逝，同一个文字符号所指含义也会发生改变。一千年前的“宇宙”这个词与一千年后的“宇宙”这个词已经代表完全不同的含义了。那么，当将古代与现代放在一起讨论时，我们的逻辑推理也不可避免地出现偷换概念的错误。

再比如说，直到今天，“存在”这个语言符号所指含义到底是什么？无论是哲学家，还是其他行业的人都无法取得一致意见。这样一来，有关“存在”的辩论，或者基于“存在”进行的辩论当然无法推理出一致的答案。

总之，文字语言的缺陷在于：文字符号与它所指含义之间的对应关系无法保持固定，也无法严格地从一个大脑迁移到另外一个大脑。也就是说，文字语言对应的含义总是无法清晰、严格地确定下来。

数学语言却可以完美地克服这个缺陷，从而能够严格地满足同一律要求。比如说，在数学计算过程中，上一个公式中的变量x与下一个公式中的变量x不可能代表两种不同的对象。即使再过一千年，这个公式中的变量x所代表的对象也不会改变，就像在勾股定理中，两千年前的“三角形”与今天的“三角形”一词的所指含义仍然完全一样。将两千年前的数学与今天的数学放在一起讨论，我们不会推导出矛盾。

所以，在数学计算过程中，偷换概念这种常见的逻辑错误轻而易举就被避免了。而且，计算过程也不容易出错，即使计算过程出现错误，这些错误也很容易排查出来，比如我们很容易就能发现“2+3=6”是错误的。但是，在形式逻辑推理中，错误往往很难被发现。另外，即使数学计算过程很长，计算出错的可能性也不大，但在形式逻辑推理中，如果论证过程冗长，那么出现逻辑错误将很难避免。图4-2是数学语言与文字语言推理过程的对比。

数学语言的逻辑推理

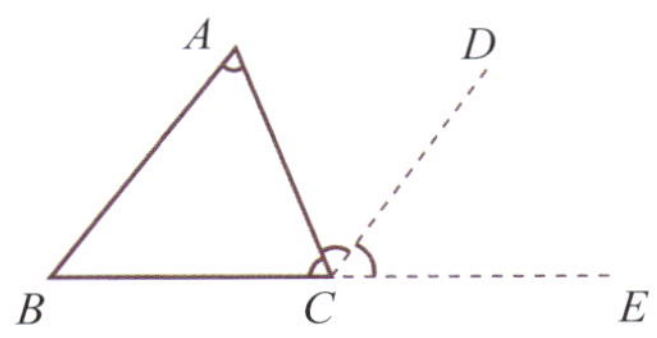

$$\left.\begin{aligned}AB \parallel CD &\Rightarrow \angle ABC=\angle DCE\\ AB \parallel CD &\Rightarrow \angle BAC=\angle ACD\\ \angle ACB+\angle DCE+\angle ACD&=180^\circ\end{aligned}\right\}\Rightarrow \angle ABC+\angle BAC+\angle ACB=180^\circ$$

——欧几里得《几何原本》

文字语言的逻辑推理

“一切运动要么是强制的，要么是合乎自然的。因为合乎自然的运动只有在上下方向有差异的空间中才存在，而真空是无限的，所以没有这种差异。所以要么不存在合乎自然的运动，要么不存在真空。”

——亚里士多德《论自然》

图4-2　数学语言的推理与文字语言的推理

4.2.2　数学语言为什么能克服文字语言的缺陷

那么，数学语言所指的内容为什么不会被上下文语境、使用者、历史变迁等因素影响呢？比如说，在勾股定理中，两千年前的“三角形”与今天的“三角形”所指的内容为什么仍然完全一样？

第3.2节谈到过，概念是由思维将分类过程推广到极致得到的。这个分类就与这个概念对应，语言符号就是这个分类或概念的标记。语言符号（比如一个词）所指含义不变就是指该符号对应的分类所包含的范围保持不变。比如说，在勾股定理中，两千年前的“三角形”对应的分类所包含对象与今天的“三角形”对应的分类所包含对象完全一样，不会出现成员对象的增加、减少、改变。

为什么数学语言中的概念可以做到这一点，而文字语言中的概念就无法做到？或者说，数学语言中的概念（即分类结果）受到的如此严格的约束来自哪里？

答案就是：这些约束来自某种结构。比如说，欧氏几何的所有公理、命题、定理正好形成一个严格的形式逻辑推理关系网，见图4-3。这个关系网就形成一种固定结构。这个固定结构反过来要求这个关系网上的每个“结点”（即每个概念对象）是固定的。如果某个概念对象（比如三角形）所指含义被改变了，那它就无法再成为这个关系网的一个“结点”。反过来，正是由于这个固定结构的约束，勾股定理两千多年来一直保持正确，因为即使出现了违反勾股定理的三角形（比如球面三角形），但由于球面三角形无法成为这个固定结构上的“结点”，那这个固定结构就会自动将它排除在关系网之外，即这个固定结构会自动将“球面三角形”隔离在“三角形”这个概念所对应分类的范围之外。这样一来，这个固定结构就不会被球面三角形破坏。也就是说，球面三角形无法成为证明勾股定理错误的“观测证据”。

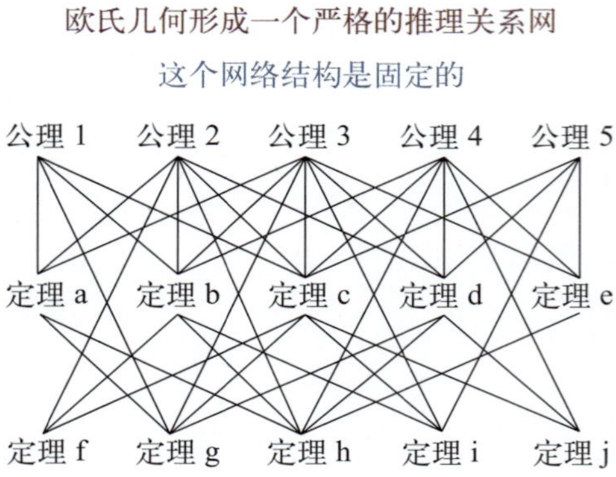

图4-3　数学语言可以形成一个固定的结构

其他数学分支也会形成自己固定的结构，比如自然数、实数都会形成自己固定的结构。正是由于这些数学结构的约束，秦始皇说出的“三”与乾隆说出的“三”才完全指向同一个对象。

可是，文字语言形成的关系网不是也可以形成结构吗？这个结构反过来不是也可以对文字语言的含义形成约束吗？比如说，如果整个语言系统只剩下一个语言符号（比如“狼”这个语言符号），当我们面前没有狼存在时，我们无法让对方理解这个语言符号是指向狼的，但如果存在一个已经形成网络结构的语言符号系统，即使我们面前没有狼，我们也可以让对方理解“狼”这个语言符号所指的内容。不仅如此，整个语言系统还能让我们理解一些虚构的事物，比如“龙”。也就是说，一个语言符号所指的含义将受到整个语言系统的影响。再比如说，第3.7节谈到的亚里士多德的宇宙图像——这个逻辑体系也形成了一个结构，这个结构对其中的“结点”（比如“重性”这个词）就会形成约束。但是，不同的人对亚里士多德所采用的“重性”这个词却有不同理解，今天的我们对“重性”的理解与亚里士多德自己对“重性”的理解却无法做到完全一样，见图4-4。那么，为什么文字语言形成的结构没有对文字语言的含义形成严格的约束呢？

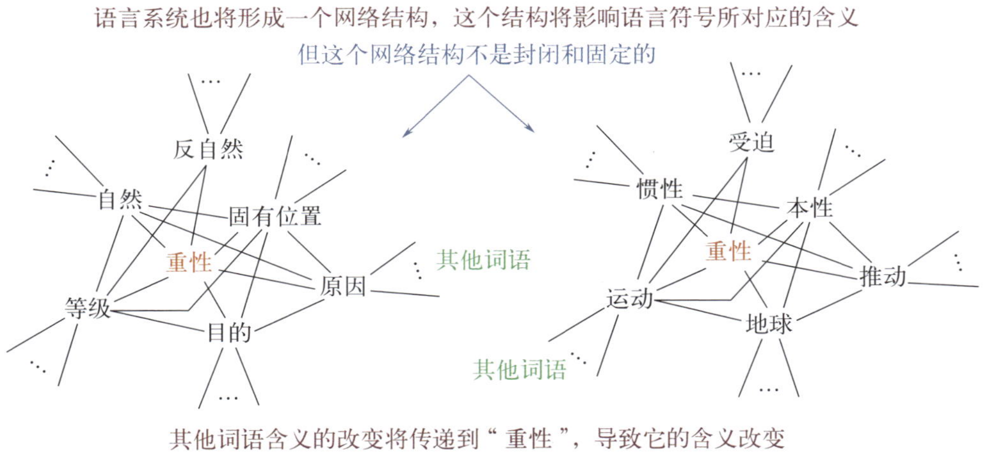

图4-4　文字语言也形成一个网络结构

答案就是：数学结构是独立的、固定的，而亚里士多德的宇宙体系所形成的结构不是独立的，也不是封闭的，它总是与其他领域的结构关联在一起，而且，每个人之前积累的知识也会影响这个结构的形成。这样一来，文字语言形成的关系网就无法做到固定不变，而是一直处于不断的变动之中。或者说，文字语言的关系网一直处于形成结构的过程中，却始终无法最终形成。由于没有稳定且固定的结构的约束，一个文字语言符号所指的含义也一直处于形成的过程中，并始终无法最终形成。也就是说，我们无法把一个文字语言符号所指的含义完全确定下来，那么也就无法让两个人对同一个语言符号的理解做到完全一致。比如说，秦始皇说出的“国”与乾隆说出的“国”无法完全指向同一个对象。再比如说，对于“财富”这个词，每个人的理解无法做到完全一样。对“意识、存在”这些词，每个人的理解更是差异巨大。

不过，正是文字语言的这种非独立性、非固定性让它可以包容我们的新发现。比如说，当我们发现“两个铁球同时落地”，而不是“越重的物体下落得越快”时，整个语言系统的每个语言符号所指的含义都会随之发生或多或少的调整，甚至通过添加新的语言符号，从而将“两个铁球同时落地”这句话纳入文字语言的这个推理关系网。也就是说，正是文字语言的这种非独立性、非固定性让“两个铁球同时落地”成为推翻“越重的物体下落得越快”的一个“观测证据”，而不是被这个推理关系网排斥在外面。所以，文字语言的非独立性、非固定性让文字语言能够通过让每个语言符号所指的含义发生或多或少的调整，从而让新的结论满足这个推理关系网，即得到“自圆其说”。

然而，文字语言的这种非独立性、非固定性也会给我们带来巨大的困难。比如说，如果文字语言符号所指的含义一直处于形成的过程中，总是处于无法完全确定的状态，那么我们还能采用文字语言去寻找本质吗？因为本质通常被认为是永恒不变的。也就是说，我们还能采用含义总是处于变化中的文字语言去精确表述永恒不变的本质吗？这在逻辑上似乎是一种悖论。好在数学语言的含义是确定的，那么，我们还可以采用数学语言去描述所谓的本质。也就是说，数学语言让人类大脑的认知能力产生了一种新的飞跃。

另外，由于没有固定结构的外部约束，同一个文字符号在不同人思维中对应的分类结果（即对应概念的外延和内涵）无法做到完全重合。于是，我们常常需要一个有影响力的团体，该团体成员之间对该文字符号对应的分类结果进行充分交流协商，从而将这种不重合度缩小。然后，通过该团体的影响力，将该团体协商过的分类结果（即该文字符号对应概念的外延和内涵）扩散到其他人的思维之中。

所以，由于没有固定结构的外部约束，文字语言的含义还可能会被某个社会团体左右。或者说，每个人对文字符号的理解看似是由他一个人独立完成的，但实际上需要与社会群体其他成员相互协调下才能完成。也就是说，文字语言自身的运转机制让我们无法做到绝对的独立思考。那么，我们还能采用这样的文字语言去寻找本质吗？因为本质通常被认为是客观的、不能被人左右的。好在数学语言很难被社会团体左右，那么，我们还可以采用数学语言去描述所谓的本质。

4.2.3 突破文字语言的局限——数学语言给认知能力带来的新飞跃

第1章谈到过，人类大脑的思维在底层的实现方式主要依靠分类。第3.2节谈到过，当思维有能力将分类范围推广到极致的时候，概念思维就形成了，而被推广到极致的分类就是概念对象。文字语言就对应于这些分类以及它们之间的包含关系。

然而，在人类理解世界的过程中，思维的这种分类能力很快就遇到了瓶颈，因为我们开始遇上无法严格分类的事物。这样一来，大脑也就很难再利用概念思维去理解它们，当然也就没有文字语言符号能与它们对应。

具体来说，在最初阶段，思维可以将三块石头、三棵树等事物归为同一类，当这个分类被推广到极致时，数字3这个概念就形成了。三块石头与两块石头放在一起得到五块石头，三棵树与两棵树放在一起得到五棵树，思维也可以将这些过程归为同一类，当这个分类被推广到极致时，“和”的概念就形成了，即得到了加法规则。也就是说，对于简单的数字和加法运算，概念思维仍然可以发挥作用，文字语言也可以描述它们，比如“三与二的和是五”。

但是，由概念思维形成的这些对象很快就产生出概念思维无法理解的对象。比如说，根据概念思维得出的简单数字（比如1到9）和运算规则，我们可以轻松地得到一个无限不循环小数，比如0.537692733847……由于“无限”的介入，思维的分类能力无法再像将三块石头、三棵树等事物归为同一类从而得出数字3的概念那样，得出一个概念与这个无限不循环小数对应。思维能力的这种局限的一个表现就是：我们没有文字语言与这个无限不循环小数对应。也就是说，我们无法说出每个无限不循环小数的具体含义是什么，尽管我们可以说出数字3的含义是什么。

既然我们无法利用概念思维来确定这些对象的含义，那它们的意义又是如何被确定的呢？答案就是：它们由数学对象组成的关系网（即数学结构）来确定。当一个符号的意义完全通过这种方式来确定，那么，这个符号连同确定它意义的关系网就一起称为数学语言。就这样，在文字语言（比如一、二、……、和、差、倍）的基础上，一种新的语言演化出来了，它就是数学语言。

所以，数学语言是一种脱胎于文字语言，但又超越了文字语言的语言。数学语言不再遵守文字语言的语法、句法规则，一个数学符号必须置于它所在的关系网（即数学结构）之中，它才能获得意义。或者说，一个数学符号的意义是通过将它置于数学关系网（即数学结构）的一个确切位置来获得的，不是通过自身的形象或其他特征来获得的，见图4-5。这是数学语言与文字语言的重要区别之处。

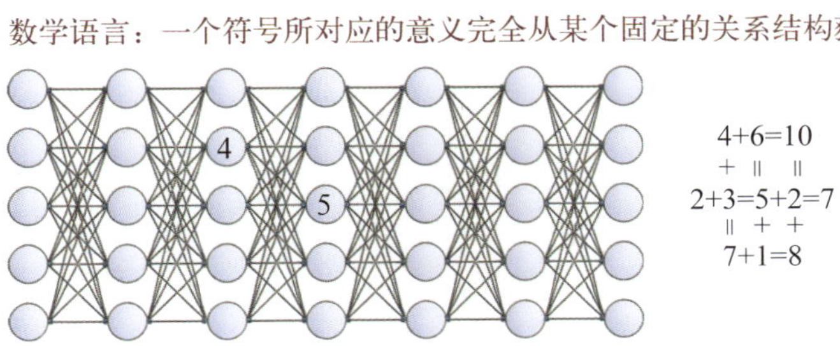

图4-5　数学语言符号的意义由数学结构赋予

当然，正是这个关系网（即数学结构）让大脑思维的认知能力完成了一次新飞跃，那就是利用这个关系网（即数学结构）去认识那些无法通过分类来理解的对象。所以，数学语言让大脑获得一种超越概念思维的思维能力，进而让大脑获得了一种超越形式逻辑推理的推理能力。也就是说，数学语言让大脑获得了一种全新的思维能力。这种思维可以称为数学思维，它的物质载体就是数学符号和相关规则。

这反过来也表明，我们无法将全部数学完全还原成形式逻辑的推理。20世纪的很多哲学家（比如罗素）和数学家（比如希尔伯特）曾经试图将数学改造成基于公理的形式逻辑推理系统，但之后的数学家（比如哥德尔）证明这种改造无法取得全面的成功。特别是当问题涉及无限的时候，我们无法将问题完全还原成形式逻辑推理来解决。比如说，无穷短的线段有没有变成一个点？无穷短的时间间隔有没有变成一个时刻？这些无比重要的问题都可以归结为一个问题：无限小到底是不是0？我们很难采用形式逻辑推理来回答这个问题。也就是说，如果采用文字语言去思考，我们无法真正理解无限小到底是什么，最后只能得到逻辑矛盾，比如古希腊哲学家芝诺提出的那些著名悖论，其中著名的“飞矢不动”悖论就涉及无限短的时间间隔到底是不是一个时刻，无限短的空间间隔到底是不是一个点，而这两个问题都等价于：无限小到底是不是0，见图4-6。

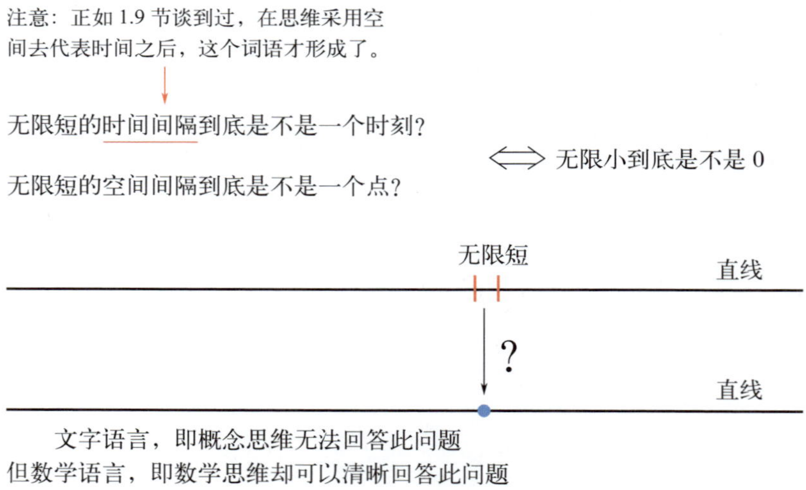

图4-6　数学语言可以回答文字语言无法回答的问题

所以，当我们需要理解的事物一旦涉及无限，概念思维的分类能力就将遇到瓶颈，即概念思维出现了危机，具体说明如下。

第1章谈到过，思维的分类能力或许是基于大脑神经网络从一套主网络通路塑造出多套分支通路来实现的。当面对的事物是有限时，这种实现方式可以清晰地运转，即思维可以进行清晰的分类。但是，当面对的事物是无限时，这种实现方式就开始遇到困难，即思维很难再进行清晰的分类。比如说，如果将所有类再归为一个类，那么这个类包含它自己吗？如果包含它自己，这就意味着在思维还没有完成这个再次分类之前，这个类就已经存在了，即一个事物在我们构造出它之前就已经存在了。如果不包含它自己，那么这个再次分类就没有包含所有的类，即思维还没有完成这个再次分类，那这个类又如何存在呢？

很显然，仅仅依靠思维的分类能力，它无法解决分类自身所引发的这种困难。也就是说，仅仅依靠分类无法解决分类自身所携带的困境，即分类能力没有自愈能力。然而，依靠数学关系网形成的数学结构却可以绕过这种困境。比如说，如果将每个自然数作为一个类，那么分类过程将不会出现类似困境，如下面公式所示。

$$
\begin{aligned}
&1=\{0\}\\
&2=\{0,1\}\\
&\vdots\\
&n=\{0,1,\cdots,n-1\}\\
&\vdots\\
&\infty=\{0,1,\cdots,n-1,\cdots,\infty\}
\end{aligned}
$$

所以，是自然数所形成的结构让我们真正理解了“无穷”，而不再是通过将分类能力发挥到极致（即采用概念思维）让我们理解了“无穷”。或者说，“无穷”不再像其他语言那样对应某个对象，而是从数学结构中涌现出来的事物。

这个例子告诉我们，数学语言（或数学结构）可以轻松解决以分类为基础的思维无法解决的困境。也就是说，数学语言让我们获得了一种超越概念思维的思维能力。

但是，在早期阶段，人类不愿意承认和接受概念思维和形式逻辑存在这样的局限，仍然相信仅仅依靠以分类作为实现机制的思维过程就能解决这种困境。也就是说，大家仍然相信仅仅依靠概念思维和形式逻辑的推理，我们也能取得数学语言所取得的解决效果。那么，为了克服这种困境，一种解决方式就是进行“人为干预”，即进行强制规定。比如强制规定：如果将所有类再归为一个类，那么这个类就包含它自己。这个强制规定被我们称为公理，全称叫“无穷性公理”。

于是，人类开始试图证明：以这种公理为基础，严格采用形式逻辑的推理，我们就能推导出所有依靠数学语言得出的结论。比如说，在20世纪早期，人们就筛选一个公理集合，试图以它们为基础就推导出整个数学。然而，经过大量数学家的不断尝试之后，这种证明以失败告终。这种失败告诉我们：无法将全部数学内容完全还原成形式逻辑的推理，即数学并不完全等同于逻辑学。要想理解数学的所有结论，仅仅依靠概念思维和形式逻辑是不够的。比如说，哥德尔发现，对于某些结论，采用形式逻辑的推理既不能证明它们正确，也不能证明它们错误。也就是说，采用形式逻辑无法推导出所有数学结论。

这种希望将全部数学彻底改造成形式逻辑推理的企图还需要克服其他困难。其中一个就是需要确保我们的强制规定（即我们选择的公理）之间不会出现冲突。然而，有些公理不管是取它的正面还是反面，它们都不会与其他公理冲突。比如说，不管是将“元素比自然数多却比实数少的集合是存在的”作为公理，还是将“元素比自然数多却比实数少的集合是不存在的”作为公理，它们都不会和其他公理矛盾。类似这样的例子还有很多。这意味着很多结论的正面或反面都可以作为公理，即作为形式逻辑推理的出发点。这样一来，我们就面临一个困难，即到底应该选择正面还是反面作为公理呢？

另外，第3.6节谈到过，形式逻辑遵守的三大规则（即同一律、排中律、矛盾律）也是基于分类衍生出来的。那么，当分类过程和分类对象涉及无限的时候，三大规则是否在任何情况下都有效呢？“无限”让这个问题也变得扑朔迷离了。有些数学家曾经认为排中律并不总是成立的，即反证法并不总是有效的。比如说，我们不能通过证明一个数不是有理数就得出它是无理数的结论。

所以，当我们需要理解的事物一旦涉及无限，概念思维和形式逻辑推理都将遇到瓶颈，即理性思维出现了危机。当毕达哥拉斯学派第一次遇上$\sqrt{2}$时，他们就深深地感受到了这种危机，即他们感受到：采用概念思维无法理解$\sqrt{2}$这个对象（比如无法将$\sqrt{2}$改写为两个自然数的商）。这个危机后来被称为数学的第一次危机，但它实际上应该是思维自身的危机。思维的这种危机后来还反复出现过。比如说，到了17世纪，人们明显地感受到：采用概念思维和形式逻辑，我们无法说清楚无限小到底是不是0。这就是所谓的数学第二次危机。这次危机的化解方案是采用魏尔斯特拉斯发明ε-N语言来重新描述无限小[1]。但危机似乎没有被彻底解决，只是被很好地隐藏了，因为ε-N语言中的“任意、总是存在”这样的语言又需要涉及无限才能被真正理解。也就是说，这样的描述本质上是采用一种无限去描述另外一种无限。然而，不管我们能否说清楚无限小到底是不是0，微积分（即无限小的运算）照样可以很好地得到运用，几百年来没有出现过任何矛盾。

总之，出现危机的并不是数学，而是以分类作为实现机制的概念思维和形式逻辑。我们的理性思维存在无法克服的局限，20世纪的哲学家和数学家们对此进行了有史以来最为深刻的反思，如图4-7所示。而数学语言（或数学思维）恰好可以帮助我们克服思维的这种危机，让大脑的认知能力迈上一个新台阶，让我们能够确切地理解到文字语言无法真正理解的对象，比如“任意”“所有”“全部”“一切”“极

---

[1] 具体来说，如果有一个数列$\{a_n\}$，对于任意的ε，总是存在$n>N$，使得$a_n<\varepsilon$。

罗素　希尔伯特　歌德尔

图4-7　对理性思维有史以来最为深刻的反思结论：理性思维存在无法克服的局限

限”“连续”“无限小”“无限大”等对象。再比如说，第1.10节谈到过，在认识微观世界时，数学语言让我们准确地理解了微观世界的行为，但如果采用文字语言，我们无法真正理解微观世界的这些行为。

数学语言在很多方面超越了文字语言，能够突破文字语言的局限，这会促使人们试图仿照数学语言的形式去改造文字语言，从而让改造之后的文字语言能突破它自身以往的局限。这种改造过的语言所对应的形式逻辑就称为数理逻辑。采用这种改造过的语言进行思考的哲学成为20世纪最主要的哲学流派——分析哲学的一部分。但是，经过一百多年的发展，这种改造的局限性也暴露出来了，因为不管怎样改造，这种改造过的语言对应的思维最终仍然是基于分类来实现的，即数理逻辑最终的实现过程仍然是形式逻辑，而我们这个真实世界不是只靠形式逻辑就能完全理解的。也就是说，不论怎样改造，这种改造过的语言始终无法完全等同于数学语言。

当然，当我们采用数学语言之后，我们构建的宇宙图像也开始产生巨大变化，开始呈现出新面貌（图4-8）。比如说，我们开始相信空间和时间是一个连续的对

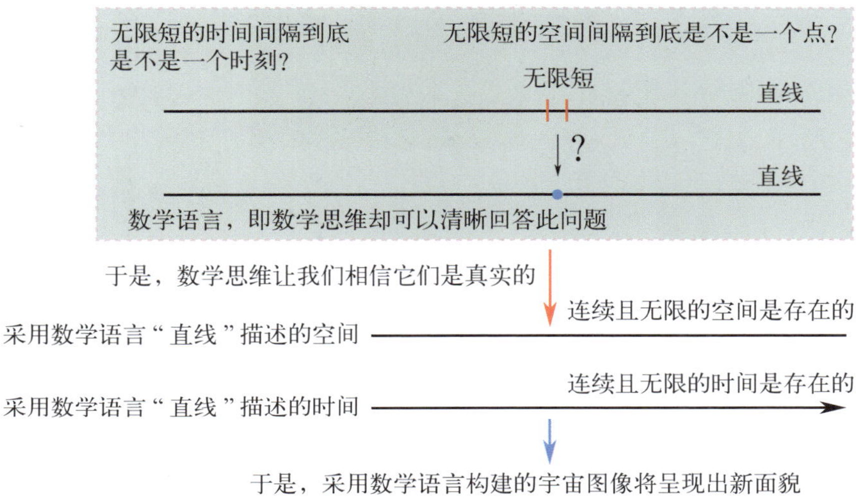

图4-8　数学语言让人类对世界形成全新的理解

象。具体来说，数学语言让我们确切地理解到“无限、连续”的意义，从而让我们相信无限、连续都是真实存在的，于是，我们开始接受和相信空间和时间都是连续的，而且可以是无限的。从此以后，我们的宇宙图像都是构建在由连续时间和连续空间组成的地基之上，直到今天仍然如此，而且我们还可以说出“无限的空间”这样的语言，从而使得我们的思维可以确切地把握到“无限的空间”。这就是为什么需要等到17世纪，人类才开始接受类似“无限宇宙”这样的观念。

4.3 弥补第二、三个缺陷的漫长征程

尽管采用数学语言代替文字语言可以克服理性思维的第二、三个缺陷，但这个替换过程同样耗费了人类近两千年的岁月。这个曲折而漫长的替换过程如下。

4.3.1 拯救天文现象1——托勒密与占星术

第3章谈到过，对于柏拉图和亚里士多德来说，在理性思维中，球面是最简单、最完美的立体图形，匀速圆周运动是最完美的运动，那么天体的运动就应该由理性思维中这个最完美的匀速圆周运动来构造。所以，在柏拉图和亚里士多德构建的宇宙图像中，天体都镶嵌在天球上，天球的匀速转动产生出天体的运动。

可是，人们眼睛看到的现象却是：行星并没有匀速转动，而是变速转动，有时还会倒退。这种倒退称为行星的逆行。不过，在柏拉图那里，理性思考才是值得完全信赖的，而眼睛看到的现象是不可靠的，所以需要按照理性思考所得出的结论去修正眼睛看到的现象。这种修正称为拯救现象。

在柏拉图之后，大量的拯救方案相继被提出来。其中影响最大的拯救方案就是由阿波罗尼奥斯和喜帕恰斯发展出的本轮-均轮模型，如图4-9所

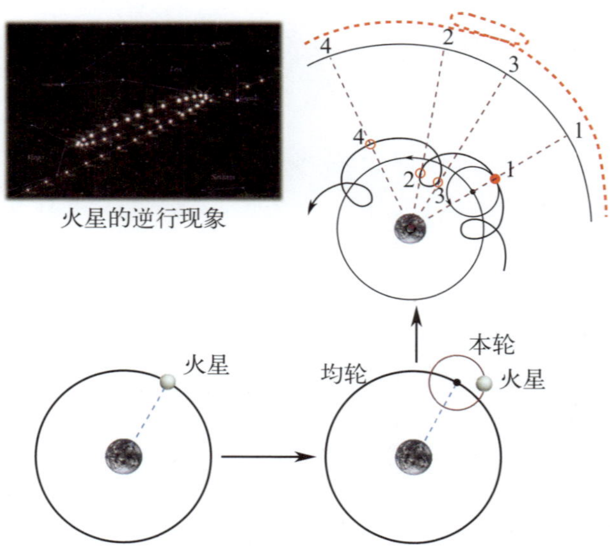

图4-9　本轮－均轮模型对火星逆行的解释

示。该模型先将火星镶嵌在一个匀速转动的小天球上，然后再将此小天球的球心固定在一个更大的匀速转动大天球上。这样一来，这两个天球转动的组合就可以产生火星的变速运动和倒退。

不过，如何从两个匀速转动的天球准确地得出火星的运动速度，这是一个新问题。为了解决这个问题，当时的人们开始借鉴古巴比伦的数值天文学和占星学所包含的技术——数学计算❶，而且还采用了古巴比伦的大量观测数据。

具体来说，计算需要解决的问题就是：如何根据本轮和均轮这两个天球的半径和转动速度计算出火星的运动速度。而计算过程就是不断调节这两个天球半径的大小，以及转动速度的快慢，从而让计算结果与观测数据吻合。如果两者相吻合，那么天文现象就得到了拯救。也就是说，整个拯救过程就是不断挑选新的数学对象，从而可以将整个世界类比成这些数学对象。

这个拯救过程积累了三四百年之后，火星的运动已经被“拯救”得非常接近观测数据了。在这期间，尽管已经有人试图将这些拯救过程汇集总结起来，但这些汇集成果都失传了❷。直到距离柏拉图已经过去500年的公元2世纪，有一个人的汇集成果才有幸流传下来，这个汇集成果在当时被称为《数学汇编》❸，而这位汇集者就是托勒密。

从书名就可以明显看出来，这个被拯救过后的宇宙图像已经完全变成了一个数学模型，而且其数学上的复杂精密程度也已经远超前人的设计❹，比如托勒密还加入了对位点和偏心圆（即地球不在圆心）等技巧，如图4-10所示。这是与柏拉图和

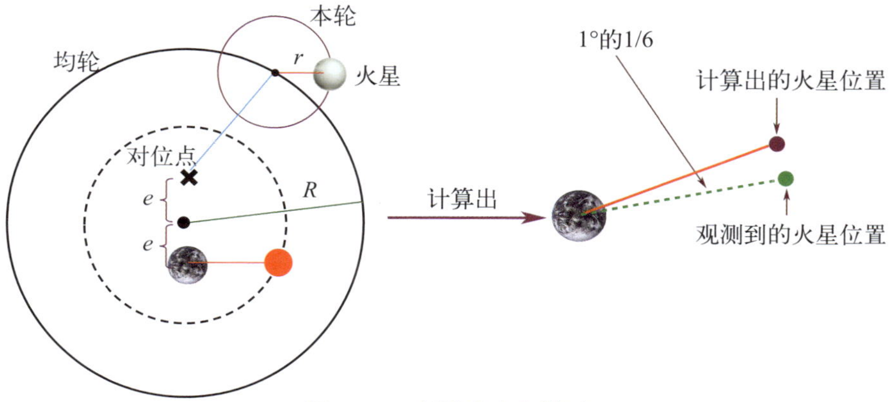

图4-10　托勒密宇宙模型

---

❶ 占星术需要使用行星运动的准确位置，而占星术的起源地古巴比伦早已经开始采用数学计算来确定行星的位置。

❷ 比如被誉为古希腊最伟大的天文学家喜帕恰斯的著作基本都已经失传了。

❸ 也许是为了模仿《几何原本》,《数学汇编》正好有十三卷，而《几何原本》也是十三卷。

❹ 即使今天理工科的本科生想完全搞懂里面的数学计算，也会感到非常吃力。

亚里士多德宇宙图像的最大不同之处。对于人类思想演变过程来说，这个不同之处具有里程碑式的标志意义，因为它标志着完全采用数学结构来构建宇宙图像的传统已经完全开启。也就是说，毕达哥拉斯当初所开启的第二条思想河流已经流淌成了一条大江，即人们开始将世界类比成越来越精细的数学结构。

在流传到中世纪的阿拉伯世界之后，这部书的名字被翻译成《至大论》（*Almagest*），其原意是“最伟大的书”。在今天的中文里，它有一个大家非常熟悉的名字《天文学大成》，而托勒密构建出的宇宙图像在今天被称为托勒密宇宙模型。

托勒密不仅写出了《至大论》，还写出了影响巨大的《占星四书》。在托勒密的年代，天文学与占星学、数学还是糅合在一起的。当时人们的眼里只有关于天文的高深学问，比如占星术需要知道行星的准确位置，而《至大论》正好可以提供；反过来，《至大论》中的计算只是被视为预测行星位置的高深技巧，而不是像今天这样被视为一门很专业的学科。也就是说，当时的人们还没有像今天这样对这些高深学问做明显的区分。一千多年后的哥白尼在他的《天体运行论》中都还这样写：“（研究天体的这门学问）被一部分人称为天文学，被一部分人称为占星学，也有人称之为数学的集大成。”哥白尼之后的第谷、伽利略、开普勒都还在相信占星学，出于某些功利性目的还会从事占星术的活动。

今天的我们已经很难知道，托勒密当初写《至大论》的动机是否就是为了让占星术更加精准，但之后的实际效果却是这样的，正是占星术自身的功利性需求为《至大论》的流传提供了一种动力，使得《至大论》中拯救天文现象的计算技术在之后一千多年里得到了不断修补。制定历法的功利性需求也为《至大论》的流传提供了动力。另外，《至大论》中丰富的数学知识（比如三角学）也为它的流传提供了条件，比如在中世纪的阿拉伯世界，《至大论》被视为是与《几何原本》一样重要的数学书籍。

4.3.2 拯救天文现象2——哥白尼的业余爱好

在这一千多年的不断修补过程中，托勒密宇宙模型并不是越来越完善，而是积累起越来越多的问题。到了哥白尼的时代，这些修补已经无法解决这些困境。首先，经过不断修补之后，托勒密宇宙模型已经变得异常复杂。其次，与托勒密宇宙模型不相符的天文发现变得越来越多，特别是大航海时代的开启让大家对地球有了崭新的认识。另外，由于深受柏拉图思想的影响，哥白尼认为被反复修补过的托勒密宇宙模型已经违反了柏拉图当初的思想，也就是违反了天体运动必须由匀速圆周运动来构造的思想。

在这样的大背景下，哥白尼——作为一名天文爱好者却做出了重大突破，那就是认为地球存在三种运动：第一种是地球的自转运动，第二种是地球绕太阳的旋转运动，第三种是地球自转轴的偏转运动。

当地球具有这三种运动之后，哥白尼发现如果将宇宙的中心改为太阳，那么宇宙模型的复杂程度就能得到极大简化。也就是说，哥白尼发现可以将世界类比成一个更简单的数学结构。比如说，对于火星的逆行现象，即使不添加小天球也能得到很好解释，如图4-11所示。

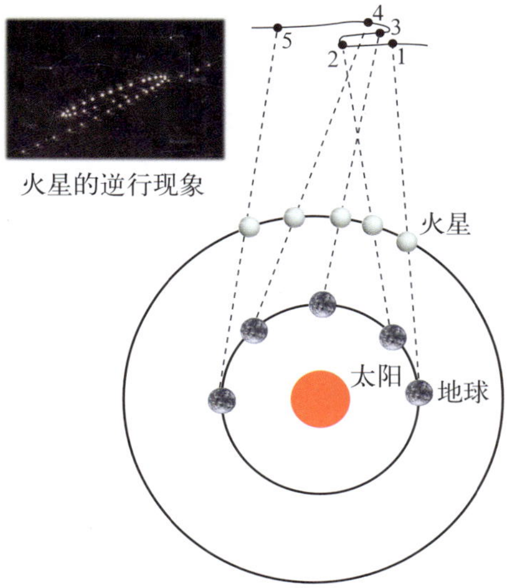

图4-11　哥白尼对火星逆行的解释

不过，在计算火星位置的精度问题上，哥白尼的这个调整并没有给它带来什么提高。为了让宇宙模型的计算结果与观测数据更加吻合，哥白尼又不得不模仿托勒密的古老方法，仍然在大天球上添加小天球，如图4-12所示。所以，相比于托勒密宇宙模型，哥白尼宇宙模型虽然已经得到了简化，但本身仍然很复杂。另外，在哥白尼宇宙模型中，天体仍然镶嵌在天球上，对此，哥白尼并没有什么突破，而是继承了古人的观点。

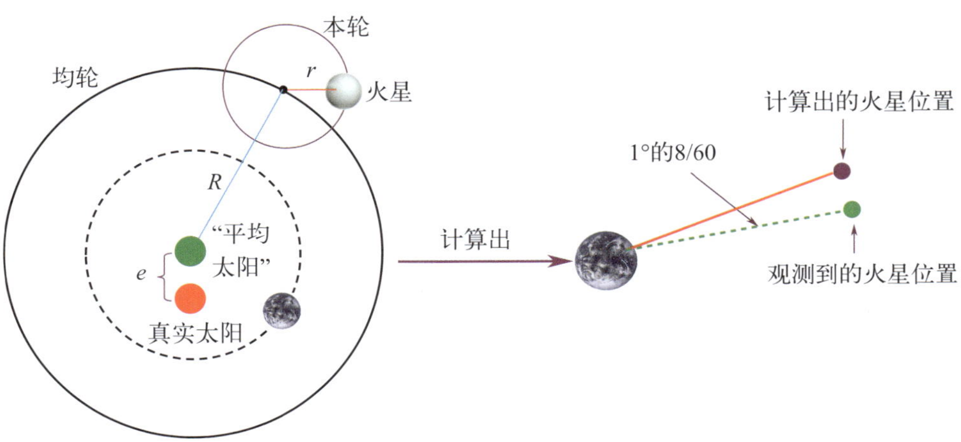

图4-12　哥白尼宇宙模型

到了1543年，哥白尼将几十年的思考结果汇集在一起，采用拉丁文写出了《天球运行论》。很久之后，在被翻译成英文的过程中，书名被改成了《天体运行论》。但很明显，“天球运行论”这个名字更符合哥白尼的本意。

在今天，哥白尼已经被描绘成一位引发了天文学革命、改变了人类历史的天文学家，但这并不是哥白尼的本意，更不是他从小的志向和人生的奋斗目标。首先，天文学并不是哥白尼的本职工作，只是他的业余爱好。其次，在研究方法和数学技巧上，哥白尼仍然还在完全模仿古人托勒密，并没有带来什么革命性的创新，甚至很多观测数据都还在借用托勒密的。另外，柏拉图的思想传统仍然主导着哥白尼。也就是说，依靠理性思考得出的结论（比如匀速转动的天球最完美）仍然被视为真理，如果观测现象与之冲突，那就需要根据这些结论对观测现象进行拯救。

尽管哥白尼构建宇宙图像的方式还是和古人一样，并没有带来什么革命，但在人类理解太阳系的过程中，哥白尼的结论确实带来了一场革命。比如说，由于哥白尼的这个新结论，亚里士多德当初构建的宇宙图像——这个严密且完整的逻辑推理体系一下子就失去了根基（即地球是宇宙的中心），整个理论体系大厦的崩塌已经在所难免。

不过，这个崩塌过程并没有立即到来，而是经历了一个多世纪。这是因为哥白尼宇宙模型并没有一下子就得到大家的认可。首先，在行星位置的计算精度上，哥白尼宇宙模型依旧没有什么改观，即使到了开普勒的时代，它的计算精度也只提高到1° 的8/60，即8′，如图4-12所示。这导致当时的人们无法判断到底是哥白尼宇宙模型还是托勒密宇宙模型更正确。其次，哥白尼宇宙模型还存在很多“致命缺陷”。比如说，如果地球在运动，那么，地球上的人为什么没被甩出去呢？这些因素都导致人们没有立刻判断出哥白尼宇宙模型的重要性，仅仅将它视为当时大量修补方案中的一种而已，从而使得它的革命效果没有立即发挥出来。就好像在今天，我们已经提出了几十种解释宇宙加速膨胀的方案，这些方案都有自己的优点和缺陷，但是，到底哪种方案才是正确的，才会引发新的革命？谁也不敢肯定地回答。

4.3.3 拯救天文现象3——伽利略的望远镜

真正改变人类历史进程的重大突破，在最初都几乎不可能作为某个人的人生奋斗目标而追求得到，因为这种突破在最开始往往都是毫不起眼、无关紧要的，而它们的巨大影响力通常要等上几百年才会显现出来。再有智慧的人也无法预料到几百年之后的世界是什么样子，从而提前完成这种突破。比如说，哥白尼一定无法预料到让他的宇宙模型获得最终胜利的功劳来自一百多年之后才出现的望远镜。

最先使用望远镜去观测天空的人正是伽利略。这种人类之前从未使用过的观测技术很快就让伽利略获得了新奇的发现，比如月亮上面居然也有山脉、木星居然有4颗卫星、恒星的数量居然比我们肉眼看上去的数量多得多。

与亚里士多德那个时代不同，到了伽利略的年代，研究学问的环境已经发生很大变化。由于大学的兴起繁荣，学问的研究开始从上层社会的贵族手中分散到平民手里，从事学问研究的人越来越多。这些变化导致伽利略不得不花费大量精力去处理一些尘世间的俗事。一方面，尽管伽利略出生在中产家庭，他还是帕多瓦大学的老师，但他的收入并不丰厚，这让伽利略不得不考虑寻求其他资金来源[1]，而当时最富有的美第奇家族自然成为伽利略的目标。另一方面，与同行交流并获得第一发现权的认可也成为一件急需应对的事务。

正是出于这两方面的需要，采用望远镜仅仅观测了几个月，伽利略就迫不及待地将他看到的这些新奇发现写成了一本只有几十页的小书《星际信使》，并附上一篇极其华丽的献词，然后呈献给美第奇家族的科西莫二世，并把木星的四颗卫星直接命名为美第奇星。后来的事实证明，45岁之前都还没有发表过有影响力作品的伽利略，在1609年写出的这本《星际信使》小册子让他获得了丰厚的回报。

尽管在那个时代，信息和书籍的传播速度非常缓慢，但是伽利略仍然在短短两三年的时间内就声名鹊起，获得了同行们的认可，赢得了巨大的声誉。在同一年发表了《新天文学》的开普勒很快就给伽利略写了一封长信，对伽利略的这些新发现表达了极大的赞赏。美第奇家族也聘请伽利略为宫廷哲学家，这让伽利略不再操心财务方面的问题，在晚年实现了财务自由。而马上就要谈到的开普勒就没有这么好的“运气”，他的晚年总是伴随贫困和疾病，有时他甚至不得不依靠占星术来维持生活。

不过，真正让伽利略对现代科学演化过程产生巨大影响的工作是他对金星的观测，伽利略通过望远镜发现金星也有类似月相的变化。这个全新的天文现象直接支持了哥白尼，否定了托勒密，因为在托勒密宇宙模型中，金星被太阳光照射的一面永远是背对着我们，不会出现类似月相的变化。

但是，由于教会的反对和警告，伽利略一直没有公开发表这些支持哥白尼宇宙模型的新证据。直到68岁的高龄，也就是在1632年的时候，伽利略才写出了《关于托勒密和哥白尼两大世界体系的对话》。在这部著作里，伽利略为哥白尼的宇宙模型做了详细辩护，特别解释了“如果地球存在运动，为什么我们没有被甩出去、我们跳起来之后为什么还会落回原地”这一问题。

伽利略发表这部著作的第二年，他遭到了教会的审判，并被迫宣誓放弃他著作

---

1 在伽利略的时代，如果想衣食无忧地从事科学研究，要么家境殷实，要么寻求有钱人的资助。伽利略将他通过望远镜看到的木星的四颗卫星命名为美第奇，成功获得了美第奇家族的长期资助。

中的观点，被判处终身监禁。不过，由于伽利略与教皇之间友好的私人关系，不久之后教会就允许伽利略回到家中服刑。而正是在被囚禁在家里的这段时期，已经74岁的伽利略写出了另外一部改变世界的著作，那就是即将谈到的《关于两门新科学的对话》，这部著作明确发布了现代科学革命的宣言。

4.3.4 拯救天文现象4——“古人”开普勒的迫不得已

到了开普勒和伽利略的年代，尽管哥白尼的结论已经得到很多人的认可，亚里士多德的宇宙体系也已经开始被肢解，但陈旧思想体系的崩塌仅仅是革命的开始，如何在旧废墟上构建起新的思想体系才是革命更加困难的一步。最先走到这一步的人就是开普勒，而从根基上进行全面重建的人则是后面将要谈到的笛卡儿，毕竟这种从最底层对人类世界观进行重建的工作必须要有一颗哲学家的头脑。

尽管哥白尼宇宙模型已经被第谷等人不断改进，但模型计算出的火星位置与观测数据仍然存在偏离。第一个有条件认真解决这个问题的人正是开普勒，因为他拥有当时最精确的观测数据，而且相信这些观测数据才是真实可靠的。即使这些观测数据与模型计算结果并不存在明显矛盾，只存在微小的8′的偏离，但开普勒依然选择相信观测数据，并认为之前的宇宙模型存在缺陷，需要修改。这就是开普勒带来的重大转变。

当然，在最开始，和同时代其他人一样，开普勒仍然还在模仿托勒密的古老方法去拯救天文现象，也就是在大天球上增加更多的小天球来消除图4-6中那8′的偏离。和所有前辈们付出的艰难努力一样，即使经过长达八年的不断计算，这种古老的修补方法还是无济于事。然而，也正是在这长达八年的计算过程中，开普勒慢慢发现：只有放弃统治两千年的天球观点，让火星孤零零地在一个椭圆轨道上围绕太阳运动，这个偏离才能得到修补[1]，如图4-13所示。

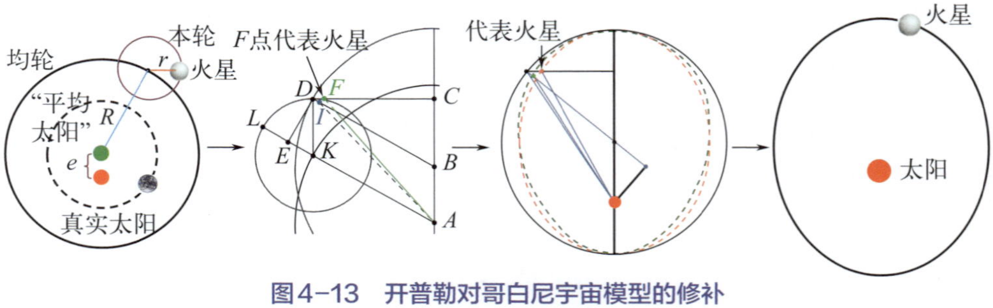

图4-13 开普勒对哥白尼宇宙模型的修补

[1] 另外，正是在这个计算过程中，开普勒采用了一个关键的计算步骤，而这个计算步骤后来被称为开普勒第二定律。

这样一来，有两个选择摆在开普勒面前。

第一个选择：继续认为匀速转动的天球是最完美的。上一章谈到过，这个结论来自柏拉图，而柏拉图是完全依靠纯粹理性思考得出这个结论的，因为在理性思维中，球面是所有立体图形中最简单、最单纯、最完美的图形，而匀速运动又是所有运动中最简单、最单纯的运动。

第二个选择：接受行星在椭圆轨道上非匀速运动。这个结论是根据观测数据计算出来的。但是相比于正圆，椭圆不是最简单、最单纯、最完美的图形。相比于匀速运动，非匀速运动也不是最简单、最单纯的运动。所以，椭圆轨道上的非匀速运动是一种不完美的运动。

那么，我们应该相信理性思维，选择第一个完美的结论呢，还是相信眼睛等感觉器官（即观测数据），选择第二个不完美的结论呢？开普勒认为从观测数据计算出的结论才是真实可靠的，也就是他选择相信第二个不完美的结论，即行星在椭圆轨道上非匀速运动。

在今天，这个不完美的结论称为开普勒第一定律，它的首次公开亮相在开普勒于1609年出版的伟大著作《新天文学》之中。这一年，开普勒37岁。

但是，这个不完美的结论会立即引发一个新问题：既然镶嵌行星的天球不存在，并且行星的运动轨迹在正圆的基础上产生了微小的偏离，那么是谁能如此精准地控制这种微小的偏离呢？也就是说，从开普勒的这个选择开始，人类必须重新回答一个问题：行星为什么会围绕太阳旋转？

第3.7节谈到过，在“行星运动是由正圆构造的”这个根基之上，亚里士多德当初是通过构建出“合乎自然的运动”的解释方案来回答这个问题的。但是，开普勒的这个不完美结论将这个根基彻底摧毁了，从而给亚里士多德的“合乎自然的运动”——这个本来就已经奄奄一息的解释方案带来了毁灭性的打击。这标志着亚里士多德的宇宙图像已经没有任何回天之力，彻底崩溃了。

开普勒当然意识到了这个新问题的存在，因为他在《新天文学》中就已经开始尝试回答这个问题了。尽管开普勒给出的答案与八十年后牛顿给出的答案相去甚远[1]，但这还是标志着天文学开始迈入一个新时代，即开始从回答“是什么”的时代迈入回答“为什么”的时代[2]。也就是说，天文学开始成为物理学的一部分。同

[1] 有关开普勒的答案的介绍，可以参见《破解引力——广义相对论的诞生之路》第4章。

[2] 这一点从《新天文学》的全名就可以得到一些解释。《新天文学》在当时的全名是《建立在原因（cause）之上的新天文学或天体物理学，根据第谷的观测资料，通过对火星运动的评论得到的》。

时，这也标志着托勒密拯救天文现象的传统方法彻底走进死胡同。拯救天文现象的思路已经无法解决问题，而是需要从根基上进行重建，即重新构建理论体系的时代开启了。

就这样，继轴心时代之后另外一个可以让人名垂千古的历史机遇期再次摆在人类面前，而抓住这次机遇的人就是笛卡儿和牛顿。笛卡儿从哲学的深度上为重新构建打好了地基，而牛顿则是采用数学语言在这个地基之上重新构建出一张全新的宇宙图像。下一章将会详细谈到这个构建过程。

和哥白尼一样，开普勒在今天也被描述成为一位勇于创新、敢于打破思想枷锁的天文学家，但实际情况却是，开普勒的大脑也被毕达哥拉斯、柏拉图等古人的思想方法占据着。但凡古人的方法还能解决问题，开普勒就会毫不犹豫地采用它们，并且依然认为这些古代的思想方法才是最精妙的，它们才是破解宇宙神秘性的钥匙。比如说，年轻时候的开普勒就仍然还在模仿柏拉图的方法，采用五种正多面体去解释各个行星到太阳的距离，如图4-14所示。

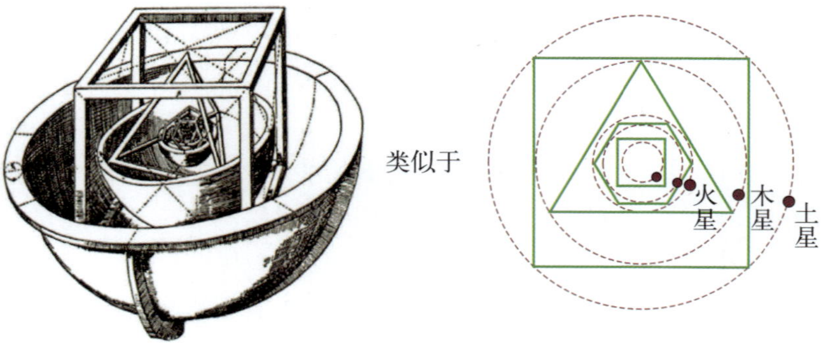

图4-14　开普勒仍然醉心于通过古代方法去探索宇宙

通过这种方法，开普勒计算出了五颗行星到太阳的距离。非常巧合的是，这个计算结果与观测数据大致相仿。开普勒为此非常兴奋，认为自己找到了隐藏在宇宙背后的奥秘，并在1596年写出了《宇宙的奥秘》。这一年，开普勒才24岁。

但是，后来的开普勒对这个结果还不满意，于是又开始模仿毕达哥拉斯的方法继续探索行星到太阳距离的问题。第3.4节谈到过，毕达哥拉斯认为声音的和谐动听来自两根弦的长度之比正好等于两个整数之比，开普勒认为各个行星和谐运动的背后也有类似的原因。经过长达二十多年的反复尝试，开普勒终于找到了他想要的答案，如图4-15所示。这一次，开普勒的计算结果与观测数据居然正好完全一致，而这个答案在今天被称为开普勒第三定律。

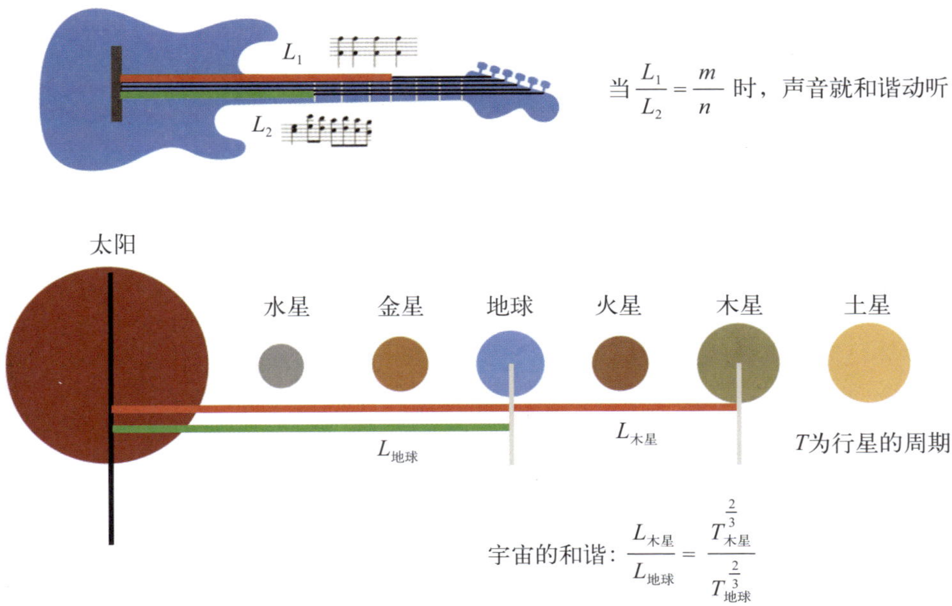

图4-15　开普勒采用古代方法提出了开普勒第三定律

在1618年，开普勒根据这个精妙的答案写出了《世界的和谐》。这一年，开普勒都已经46岁了。也就是说，即使到了晚年，开普勒依然认为古人的那些精妙方法（大多数方法本质上只是在类比）才是最应该被采用的，而他在《新天文学》中所做的选择（即选择椭圆轨道）只是在托勒密的古老方法上迫不得已的改进。这就类似于今天的我们认为只有采用牛顿开创的方法得出的结论才算真正的物理学，而采用人工智能得出的结论还不算真正的物理学一样。

开普勒是处于思想转变阶段的开拓者的典型代表，他的探索过程也代表了新方法如何从旧方法中孕育出来的典型过程。对开普勒有一个非常形象的比喻：他的一只脚在古代，另外一只脚在现代。

但不管怎么样，在实际效果上，开普勒开启的转变的确是革命性的。在漫长的历史长河中，人们一直都在试图按照理性思考所得出的结论去拯救观测现象，但谁也没有预料到，最终的结局却是：人们反过来根据观测现象去修正理性思考所得出的结论[1]。

不过，这场思想反转实在是太艰难了，以至于需要耗费数百年才能彻底完成，而开普勒也仅仅开了个头而已。值得指出的是，人类思想之所以能产生这样的反

---

[1] 第9.2节将会谈到，这正是科学革命进行的过程。

转，其中一个关键因素就是形式逻辑推理被更加值得信赖的数学计算代替了，从而让开普勒有足够的底气去推翻理性思考所得出的结论。

在今天，多数人都听说过开普勒第一定律（即行星在椭圆轨道上围绕太阳旋转），并且对此已经深信不疑。可是，相比于理性思考在之前所得出的结论（比如天体运动由匀速圆周运动构造），开普勒第一定律为什么就更加值得信赖呢[1]？要知道，所有观测数据都是在地球上观测到的，我们从来没有站在太阳系的上方，给太阳系拍过一张照片，让我们“亲眼看到”这条椭圆轨道。

这是一个值得深刻反思的问题，因为通过这样的反思，我们才能更加清晰地了解，我们今天为什么是这样理解太阳系的。另外，通过这样的反思，我们才能体会到应该采用什么样的态度对待今天的宇宙大爆炸理论。

4.3.5 第一次反思——我们是如何相信开普勒第一定律的

第一个需要意识到的反思点：从柏拉图和亚里士多德开始，到托勒密，再到哥白尼，最后到开普勒都只是在回答“行星如何运动”的问题上不断取得进步，即都只是在回答“是什么”的问题上不断取得进步。他们提出的宇宙模型与观测数据的吻合度在逐步提高，但是在“行星为什么如此运动”的问题上，即在“为什么”的问题上，大家却一直毫无进展。

第二个需要意识到的反思点：一个结论要想让人完全信服，还必须得解释清楚有关“为什么”的问题。自从亚里士多德构造出“原因”(cause)这个概念之后，人们采用因果关系几乎已经将所有事物编织成了一张巨大的因果关系网。这使得人们开始相信因果关系就是这个世界背后最本质的主导[2]，进而又使得人们相信，当找出一个结论产生的原因之后，我们就对这个结论有了本质的认识。于是，在这样的信念下，对于一个结论，如果找到它产生的原因，那这个结论就被认为是可信的。所以，对于开普勒第一定律，我们还必须回答行星为什么会在椭圆轨道上绕太阳运动，从而才能使得这个结论更加值得信赖。

这个“为什么”的问题最终是由牛顿来回答的。不过，牛顿的回答同样耗费了人类近两千年的智力，因为牛顿的的确确是站在无数巨人肩膀上才能完成这一

❶ 在今天，我们已经知道，行星的运动轨迹并不是一条严格的椭圆轨道，而是存在着进动，它只是非常接近椭圆而已。

❷ 当然，自从休谟对因果关系的存在性进行批判之后，这个结论已经遭到了质疑。特别到了今天，因果关系已经不再被视为一种必然存在的关系，也就是说，一个结果的出现，它可以是没有原因的，而是来自其他关联关系。

壮举。本章剩下的部分以及第5章将详细说明，牛顿是如何构建出这个“为什么”的，同时将会谈到这些巨人中的三位——阿基米德、伽利略和笛卡儿。

4.3.6 数学计算首次代替形式逻辑——阿基米德的无心插柳

就在亚里士多德梳理总结形式逻辑的规则的时候，理性思维的另外一种推理方式也成熟了，那就是几何学中的公理化推理，即从五条公理（即判断）出发推导出其他命题（即判断）。几何定理的证明过程就属于这种公理化推理。形式逻辑的规则被亚里士多德梳理总结在《工具论》中，而公理化的推理方式则被欧几里得梳理总结在《几何原本》中。

尽管几何学中的公理化推理非常类似于亚里士多德的形式逻辑推理，但几何概念的特殊性让公理化推理变得极其严格，从而避免了各种逻辑错误。因为正如第4.2节谈到过的，几何学中的概念对象——点、线、面、线段、角的含义都是完全固定的，绝对不会随着使用环境的改变而改变，这样一来，偷换概念的逻辑错误就被避免了。在一个命题（即判断）中，两个概念之间的关系主要包括垂直、平行、相交、相等、全等、相似等内容，它们的含义也是完全固定的，没有任何模糊之处，这样一来，偷换命题的逻辑错误也被避免了。

所以，如果采用几何学中的公理化推理代替亚里士多德的形式逻辑推理，那么，推理过程犯错误的可能性就避免了。而最开始尝试这样做的人就是阿基米德。

阿基米德的双重身份使他有机会首次完成这样的尝试。一方面，阿基米德是一位杰出的工匠，另一方面，阿基米德又是一位杰出的几何学家。这样的双重身份让阿基米德将杠杆问题和浮力问题——这两个工程技术问题当成几何学问题来研究解决，并将研究成果分别写成了《论浮体》和《论平面图形的平衡》。

由于浮力问题是被阿基米德视为几何问题来研究的，那么，仿照《几何原本》的写作方式来书写《论浮体》就成为一种顺理成章、再自然不过的做法了。这当然就使得《论浮体》与《几何原本》在内容形式上非常相似。具体来说，第一步，提出一个公理（即判断）；第二步，从这个公理出发，采用几何学中的公理化推理去推导结论；第三步，得出最后的结论：一块石头受到的浮力等于该石头排开水（液体）的重量。

这三个步骤清晰地标志着阿基米德已经开始采用数学计算代替形式逻辑去思考问题，也就是开始采用数学语言去书写大自然了。

就这样，在无意之间，几何学中的公理化推理被应用到物理问题之中。值得强调的是，这种应用并不是阿基米德有意识的创新，而是模仿《几何原本》写作方式带来的副产品，是一种意外收获。它的出现包含很多偶然因素，比如阿基米德恰好既精通几何学，又精通工匠技术。再比如说，几何学的公理化证明在此之前已经发展了几百年，积累了大量成果，而这一切又要归功于第3.4节谈到的毕达哥拉斯开启的第一条思想河流。然而，在其他古文明中，这些偶然因素没有恰好凑在一起，类似《论浮体》这样的著作也就很难诞生。

值得指出的是，阿基米德《论浮体》的重要性往往被历史学家低估了，这或许是因为大家只关注到它得出的结论（即今天所谓的浮力定律）。但是，如果我们还关注到它所采用的全新方法，那么，在人类思想的演化史上，《论浮体》就具有里程碑式的标志意义，因为它标志着数学语言的推理开始在代替亚里士多德的形式逻辑推理了。也就是说，毕达哥拉斯当初开启的第一条思想河流已经浸润进其他领域的土壤之中，开始孕育出另外一条新的思想河流——采用数学语言去书写大自然。经过一千多年的缓慢流淌之后，这条新河流在伽利略那里终于拓展成一条大江。

那么，这个代替过程为什么如此重要呢？这是因为与形式逻辑推理相比，数学语言的推理具有巨大优势，如图4-16所示。

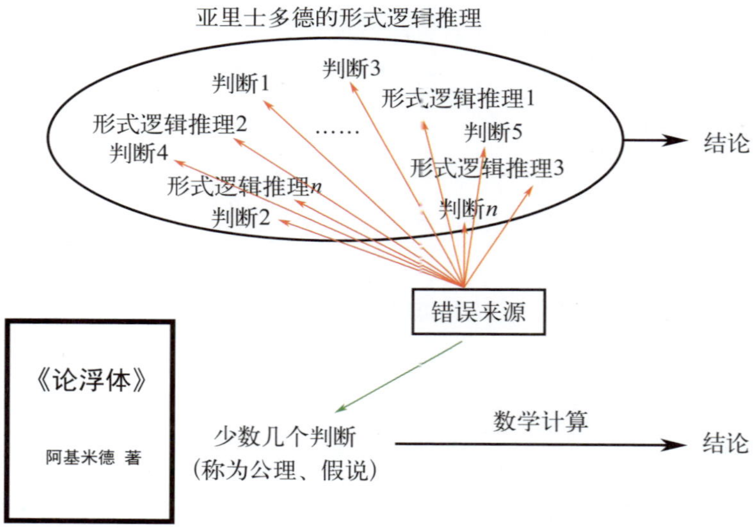

图4-16　在逻辑推理中错误的来源

第一个优势：在数学语言的推理中，前提条件（即判断）可以回溯为少数几个。而在形式逻辑推理中，前提条件的数量无法进行这样的缩减。通常情况是，在推理过程中需要不断引入新的判断作为前提条件，那么，前提条件的数量就会随着推理过程的进行而不断增加。

第二个优势：在数学语言的推理中，推理过程犯错误的可能性被排除了，因为数学计算过程是完全严格的，不存在错误。这样一来，推理出现错误的可能性只能来自前提条件。这些前提条件称为公理或者假说。

那么，如何判断前提条件即公理的真假呢？也就是说，公理为什么就值得相信呢？这个问题已经无法完全依靠理性思考来解决了，因为它已经涉及理性思考的第一个缺陷。第4.1节谈到过，这个缺陷的弥补过程同样耗费了人类上千年的历史。这就是为什么我们需要一直等到伽利略的年代，也就是要一直等到当眼睛等感官（即实验观测）所获取的信息同样被视为真理之后，这个问题才得到了有效的回答，即人们才找到了判断公理真假的方法，那就是伽利略的实验验证。

4.3.7　数学语言代替文字语言——伽利略的自觉行为

伽利略在今天已经成为一个耳熟能详的名字。流传最广的故事是伽利略在比萨铁塔上扔下两个铁球来进行实验，但实际上，伽利略并没有做过这个实验。伽利略真实做过的实验是让小球在斜面上滚动，正是这个实验让伽利略得出了物体如何自由下落的正确结论。更为重要的是，伽利略还意识到得出这个结论的方法是一种获取可靠知识的普遍有效方法。这种方法在今天被称为现代科学的方法。

前面谈到过，到了中世纪后期，第3.8节谈到的理性思考的第二个缺陷已经充分暴露出来了，那就是对于同一个问题，人们采用亚里士多德的形式逻辑推理往往可以推导出两种截然对立的答案。特别是当亚里士多德的理论被融入经院哲学之后，形式逻辑推理已经变得非常教条化。

慢慢地，大家对这种教条化的逻辑推理越来越不满。比如前面提到的弗兰西斯·培根就认为这种推理根本无法提供可靠的知识。后面即将谈到的笛卡儿也认为这种推理只会将人们的思想陷入混乱之中。伽利略也同样意识到这种推理的局限性，并开始寻找修补方法。而在这个寻找过程中，给伽利略带来最大启发的人正是近两千年前的阿基米德和欧几里得。

具体来说，伽利略通过模仿阿基米德《论浮体》中的方法，同时加入了实验这种新方法，才成功获得了物体如何自由下落的正确结论。不仅如此，伽利略还意识到这是一种普遍有效的崭新方法。于是，伽利略将这些新方法整理之后，写出了另外一部具有里程碑意义的标志性著作《关于两门新科学的对话》。

这部著作的前半部分仍然还在模仿亚里士多德的形式用逻辑推理去获取知识。不过这一次，伽利略却推导出一个著名结论：两个铁球同时落地。这部著作的后半部分则是在完全模仿阿基米德的《论浮体》，具体模仿过程如下。

首先，伽利略依靠理性思考提出公理（即假说）：小球的自由下落是匀加速直线运动。伽利略的理性思考过程是这样的：在所有运动中，直线运动是最简单的运动，而在所有加速运动中，匀加速直线运动又是最简单的加速运动。既然自由落体运动是加速运动，那么，自由下落就应该由这种最简单的匀加速直线运动来构造。然后，从这个公理出发，伽利略采用数学计算代替形式逻辑推理去得出最后的结论：小球下落的距离与下落时间的平方成正比。

就这样，在模仿阿基米德《论浮体》的过程中，采用数学语言代替形式逻辑推理的做法在被历史尘封了近两千年之后，再次呈现在世人的面前。

4.4 伽利略的革命宣言——现代科学方法正式开启

在对阿基米德模仿的过程中，伽利略还解决了一个被人们长期遗漏的问题，那就是找到了判断前提条件即公理是否正确的方法，这个方法就是实验。

不过在当时，直接对自由下落小球进行实验的难度很大，因为下落速度太快，而当时的仪器设备还无法准确测量出这么短的时间。为了解决这个困难，伽利略将小球自由下落的过程修改为在斜面上滑落的过程。这个修改也是一个重大跨越，因为这意味着：即使我们无法对结论直接验证，那么也可以对从此结论推导出的间接结论进行验证，也就是采用间接验证代替直接验证。

就这样，到了伽利略这里，第3.8节谈到的理性思维的前三个缺陷都得到了一定的弥补。

第一，为了避免推理过程出现逻辑错误，伽利略采用数学计算代替形式逻辑进行推理，即伽利略采用数学语言代替文字语言进行推理。

第二，我们应该重视眼睛等感觉器官所获得的知识，即应该相信通过实验观测所获得的知识。那么，理性思考所得出的结论是否可靠，是否值得相信，我们可以通过实验观测来验证。

更为重要的是，伽利略已经清晰地意识到这两个革命性的转变，比如他在《两门新科学的对话》中写下的一段话可以作为革命宣言，如图4-17所示。

如果仅从知识的精确性和确定性来讲[1]，这两个革命性转变标志着人类构建宇

[1] 尽管今天的量子力学无法确定地告诉我们微观粒子的精确位置，但这并不意味着量子力学不再具有确定性和精确性，因为量子力学仍然可以确定地告诉我们某个位置测量到粒子的精确概率。

宙图像的方式完成了一次新的升级，即升级到3.0版本。在今天，这种构建方式有一个大家无比熟悉的名字——现代科学方法，如图4-18所示。

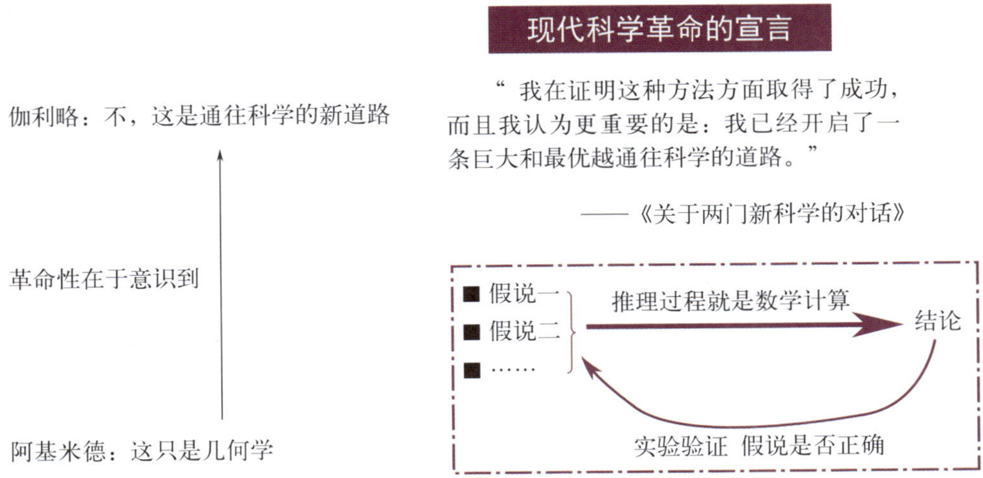

图4-17 伽利略正式宣布现代科学方法的诞生

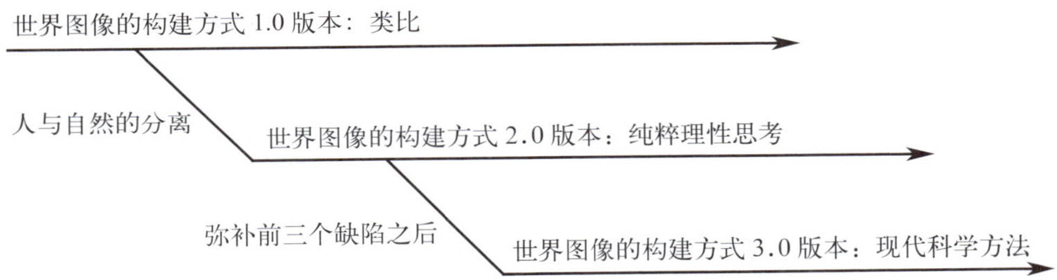

图4-18 世界图像构建方式的升级过程

但是，从获取知识的广泛性和深刻性来讲，现代科学方法并没有完成一次升级。第3.8节谈到过，在思维利用推理对世界做出理解之前，我们的思维就需要对世界完成最初的分类。只有完成了最初的分类，思维的推理才能开展。推理需要依赖的最初分类越少，我们的理解就越广泛和深刻。比如说，相比于哲学，现代科学就需要依赖更多的最初分类才能开展推理，这体现为现代科学需要依赖更多的预设条件，比如预设了：世界是存在的，或者说世界以人类思维所能理解的存在方式而存在，世界可以划分为物质+时间两部分，世界存在着本质，因果关系是真实存在的，世界存在着秩序规律，而这些秩序规律正好可以由因果关系来表述。对于这些预设条件（即思维对世界完成的最初分类），现代科学一般不会去质疑它们的可靠性，它们已经成为一种新的信仰。

另外，现代科学弥补第3.8节谈到的缺陷的方式引发了新的不足和副作用。首先，前面谈到的两个弥补方式严重限制了现代科学的使用范围，因为很多领域无法被数学语言描述，也无法开展实验。比如说，对于人类的精神世界，现代科学就很难应用，它无法告诉我们人生的意义是什么，幸福又是什么。其次，采用数学计算代替形式逻辑推理之后，推理过程总是可以回溯到少数几个前提条件（即公理、定律、原理等），从而导致构建出来的宇宙图像过于教条化、机械化和片面性。也就是说，现代科学总是试图将所有结果的出现追溯到少数几个最根本的原因，即追求第一性的原因，并且认为这些原因总是可以准确无误地产生出这些结果[1]，如图4-19所示。这就是现代科学方法的核心精神。

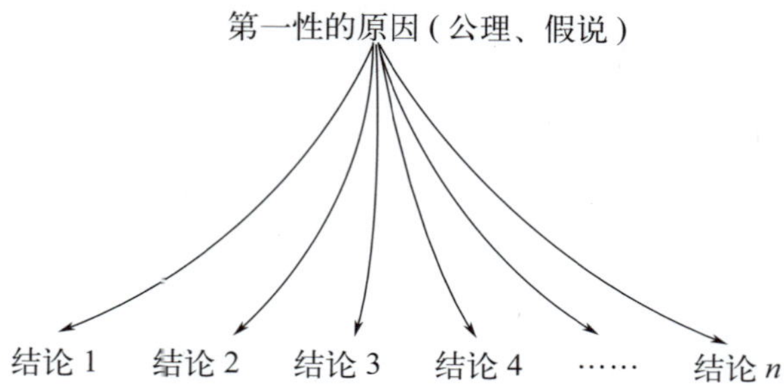

图4-19　现代科学方法的核心精神

但是，问题在于世界真的完全按照这种方式在运行吗？答案是否定的。所以，为了做到这一点，现代科学不得不先忽略掉大量看似次要的因素，对世界进行大量的简化处理，即对世界进行修剪，然后在这个修剪过后的世界中去构建出那几个最根本的原因。正是通过这些修剪，我们的世界才可以类比成某个数学结构。而这些数学结构被现代科学方法称为模型，即这个被修剪过后的世界只能称为模型。

至于那些看似次要的因素真的就无关紧要，从而可以被忽略吗？现代科学对此的回答是严重滞后的，后来章节将通过例子对此详细展示。更麻烦的问题是，在很多领域，这种修剪很难得到实施，于是很难建立起模型，比如现代科学方法无法建立起模型来准确告诉我们明天股价的涨跌。

当然，在这两千多年里，除了现代科学方法，人类还尝试其他方式来弥补2.0版本的缺陷。尽管其中一些弥补方式并不成功，但它们却依然得到了广泛的应用，并存在于我们的日常生活中。另外一些弥补方式则取得了一定的弥补效果，并且被

[1] 第3章谈到过，这种思想的基因来自古希腊人总是试图去回答：世界的本原是什么，世界是从哪些本原（Elements）生成而来的。再往前追溯，这种基因来自赫西奥德的《神谱》。再往前追溯，这种基因来自古埃及和苏美尔文明。

应用到更广阔的领域，比如应用到人类的精神世界。

具体来说，面对第3.8节谈到的第一个缺陷，其他弥补方式也重视来自观测的经验，只是其重视方法没有像现代科学那样系统化、规范化和不断优化，但其重视的程度有时候却超过了现代科学，走向另外一个极端。比如说，以洛克为代表的经验主义就认为只有实验观测得到的结论才是可靠的，认为一切知识都应该建立在经验之上。

这种经验主义与代表理性思考的理性主义在之后几百年的相互争吵，引发了像休谟、康德、黑格尔、维特根斯坦、德里达这样一大批哲学家的不断反思：我们的理性所获取的知识与这个真实世界到底是怎样的对应关系，它们之间能否像物体照镜子那样做到内外一致的对应？我们表述知识的语言是在对真实世界进行精确的如实描述呢，还是自身就存在无法克服的缺陷和局限呢？这些反思得出的结论挺让人失望的，比如我们开始意识到，第3.8节谈到的理性思维的第一个缺陷从根本上无法得到彻底弥补。对于物质世界，现代科学也只是在探索其“现象界”[1]，无法触及其本身。

面对第3.8节谈到的第三个缺陷，即形式逻辑推理本身存在的局限，人们也尝试引入其他弥补方式，比如引入辩证逻辑。形式逻辑的推理是基于一个分类包含于另外一个更大的类来完成的（见图3-29）。然而，真实世界中的很多分类是“你中有我，我中有你”的相互包含关系，那么，对于这种分类，形式逻辑的推理无法使用，思维需要借助另外一种形式的推理来应对这种分类之间的关系。这种形式的推理就称为辩证逻辑。所以，如果只采用形式逻辑，那我们将忽略掉这种相互包含的分类方式，从而对世界产生片面的理解。

如果将形式逻辑与辩证逻辑结合起来，尽管这种结合所取得的弥补效果不如直接采用数学计算代替形式逻辑所取得的弥补效果那样精确，但却避免了直接采用数学计算代替形式逻辑所带来的副作用，即避免了构建的宇宙图像过于教条化、机械化和片面性，从而让理论更加偏向于整体性、系统性和有机性。

比如说，中国古代思想就认为没有一种原因可以脱颖而出，可以一直凌驾于其他因素之上，从而成为最根本的原因，各种因素之间应该是相生相克的[2]。那么，

---

❶ 物质世界本身被康德称为“物自体”。由于必须经过各种工具（包括眼睛等感官）作为中介，所以物自体只能以现象的方式呈现给人类大脑，那么，大脑就只能认识到现象界，物自体无法被认知到，因为人类无法绕过各种工具去直接接触物自体。这是人类大脑认知能力自身的局限所导致的。

❷ 第2章谈到过，这种思想的基因来自阴阳八卦。

那些看似次要的因素就不能随意被忽略掉。也就是说，中国古代学问的核心精神是追求一种和谐平衡，而不是像西方那样去追根溯源。只是这样做又无法拥有数学计算所带来的精确性，而精确性正是现代科学得以傲视其他方法的资本。毕竟只有现代科学能够告诉我们下一次“天狗吃月（即月食）”会在某年某月某日某时某分再次出现。

总之，现代科学并不是人类用来弥补2.0版本缺陷的唯一方法，其他弥补方式也大量存在，也赢得了巨大的生存空间。根据弥补效果，我们可以将这些弥补方式称为介于2.0版本到3.0版本的中间版本，即2.X版本。也就是说，这些弥补方式的确定性和精确性介于纯粹理性思考与现代科学方法之间，比如像心理学、社会学、经济学、传统医学等都属于这样的中间版本，而理论物理学则属于严格的3.0版本。所以，现代科学与非科学之间并没有一条泾渭分明的划分界限，而是存在一片宽阔的过渡地带，即存在大量的2.X版本。另外，在弥补2.0版本缺陷的过程中，现代科学既没有做到完美，也没有做到彻底，仍然遗留了大量的缺陷没有得到弥补，第5.1节将谈论这些遗留的缺陷。

4.5 牛顿的宇宙——用数学对象重新构建世界

到了牛顿的时代，很多形式逻辑的推理过程已经被数学计算替代，那么，描述世界的很多概念对象也需要相应地被数学对象替代了。比如说，真实的空间被欧几里得几何空间替代了，具有形状大小的行星被几何点替代了，物体的运动过程被几何曲线替代了，物体如何运动被各种数学公式替代了。也就是说，我们这个丰富多彩的真实世界被抽象的、单调的数学对象替代了[1]，如图4-20所示。很显然，只有对我们这个丰富多彩的真实世界进行大量的修剪，这些替代（即类比）过程才能得以实施。

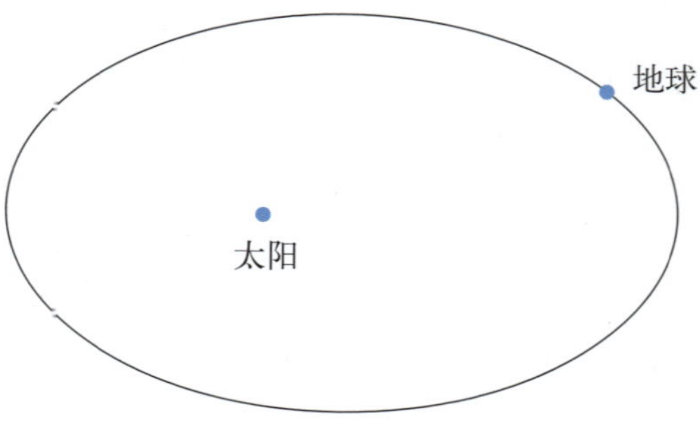

图4-20 真实的世界被数学对象替代

根据数学计算过程中的推理，我

[1] 随着科学技术不断发展和应用，这种抽象和单调开始从自然领域进入到人类社会，开始将人类的活动也变得单调和抽象。马克思将这个改变过程称为人的异化。

们总是可以将纷繁众多的结论回溯到少数几个公理。也就是说，从这几个公理出发，利用数学计算就可以推导出所有结论来。可是，到底应该选择哪几条公理呢？即思维对世界的最初分类到底是什么样的呢？这个问题的答案并不是唯一的，牛顿给出的答案是图4-21所示的四条公理。

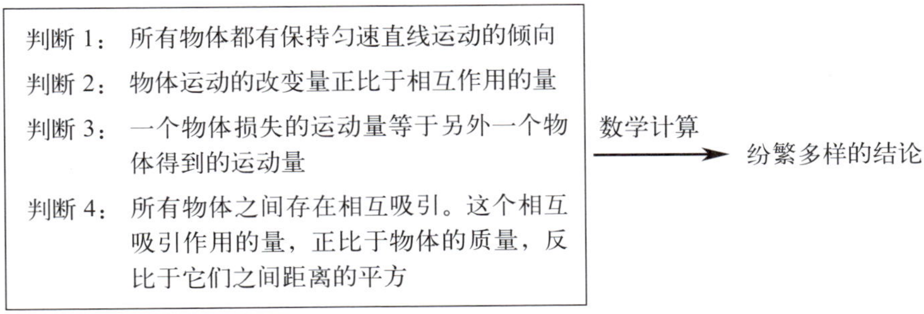

图4-21　牛顿挑选出来的公理

通过构建出一个新概念——力$\boldsymbol{F}$，物体之间的相互作用被数学对象$\boldsymbol{F}$替代了。通过构建出另一个新概念——质量m，物质也被数学对象m替代了。通过这些新概念的构建，牛顿将这四条公理都替换成了数学对象和数学公式，从而将修剪过的世界类比成数学结构，如图4-22所示。这样一来，牛顿就可以从这四条公理出发进行严格的数学计算，从而能得出纷繁众多的结论。

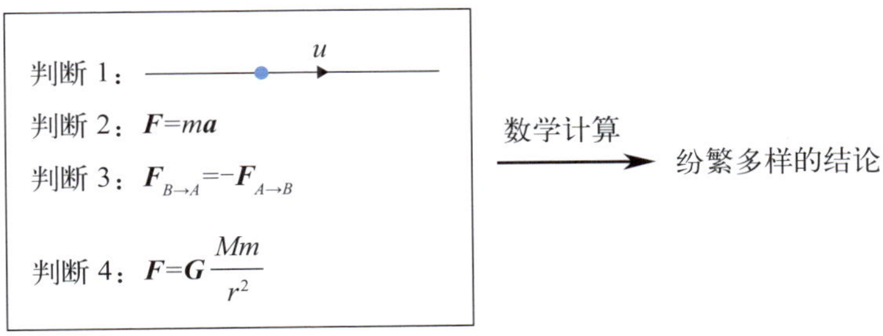

图4-22　牛顿的公理——采用数学符号描述

接下来，根据宇宙图像的构建方式3.0版本即现代科学方法，这些计算结果需要与实验观测数据进行核对验证。如果验证通过，这些公理（即判断）就是值得信赖的。

4.6 第二次反思——引力概念如何被构建出来

对于4.3.5节提到的反思，即开普勒第一定律为什么值得信赖，牛顿现在已经有了一套论证方法。具体来说，在通过各种实验验证之后，牛顿的四条公理就是值得信赖的，那么，从这四条公理出发，通过严格的数学计算（即值得信赖的推理过程）得出的结论（如开普勒第一定律）就是值得信赖的，如图4-23所示。

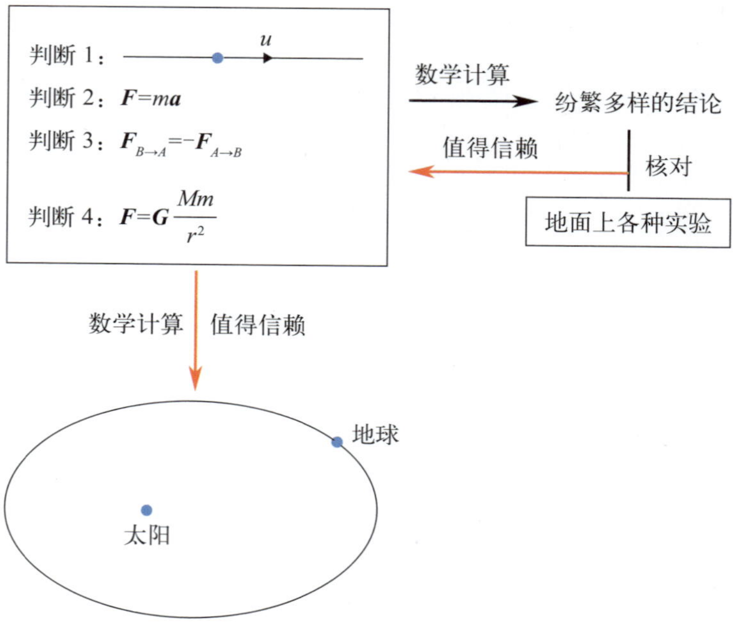

图4-23　牛顿构建的宇宙图像

这样一来，在牛顿构建的宇宙图像中，地球在椭圆轨道上围绕太阳运动的结论就可以从这四个公理推导出来。那么，如果继续采用亚里士多德的“原因(cause)”这个概念，我们的理性思维就会形成这样一个新判断：地球在椭圆轨道上围绕太阳运动的原因(cause)就是这四个公理。只是我们在表述这个新判断时通常省略了前面三个公理，即将这个判断省略为：地球在椭圆轨道上围绕太阳运动的原因(cause)是地球受到太阳的引力作用。

就这样，牛顿似乎已经回答了地球围绕太阳运动的原因，即已经回答了第一次反思提出的“为什么”。

人类的认知能力演化到今天，我们的思维已经形成这样一种模式，那就是当我们面对一个结论，如果能够回答出产生这个结论的原因，也就是能够回答出“为什么”，我们的思维就会让我们觉得这个结论是值得信赖的。比如在今天，几乎所有人都相信开普勒第一定律（即地球在椭圆轨道上围绕太阳运动）。如果我们反问道：“你凭什么如此确信？”大家会回答道：“这是因为地球受到了太阳引力的作用。”

到了这一步，大多数人不再去深入反思：这个回答是如何在我们的理性思维中被构建出来的。但是，这同样是一个值得深刻反思的问题，因为通过这样的反思，我们才能更加清晰地看到，我们今天所相信的那些知识是如何一步步被构建出来的，也就是我们对世界的理解是如何一步步被构建起来的。

所以，下一章就来深入反思一下，我们的理性思维到底通过什么样的构建过程，让我们能够回答出这个“为什么”，即引力概念是如何被构建出来的。或者说，我们深入反思一下，牛顿的宇宙图像是如何被构建出来的。

第 5 章

牛顿如何构建宇宙图像——我们为什么相信太阳系就是这样的

5.1 现代科学值得相信吗——构建方式3.0版本的四个缺陷

很显然，相比于亚里士多德的宇宙图像，牛顿的宇宙图像更加值得我们信赖，这充分表明，在弥补构建方式2.0版本的一些缺陷之后，构建方式3.0版本更加可靠。但是，我们还是要发出疑问：构建方式3.0版本即现代科学方法就完全值得信赖吗，它是否仍然存在缺陷呢？

非常遗憾，答案是肯定的。现代科学方法存在四个难以克服的缺陷，如图5-1所示。

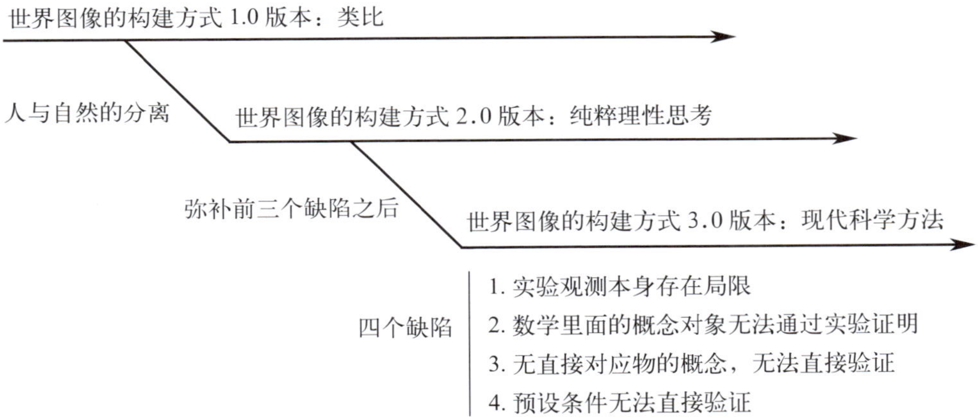

图5-1　现代科学方法的四个缺陷

第一个缺陷：实验观测本身存在局限。一方面，我们不可能将所有现象都通过实验观测一遍，因为现象是无穷多的，而我们的实验观测总是有限的。另一方面，由于观测技术的限制，已知现象只是所有现象的一部分，更多的现象还没有被我们意识到，现有的观测技术还无法发现它们。所以，根据实验观测，我们并不能真正完全检验一个结论（即理性思维中的判断）。

这种局限是无法克服的。而且，随着现代科学的不断演进提升，这种局限的程度不是在减小，而是在加大。比如到了今天，想要验证粒子物理理论的实验难度越来越大，粒子加速器的建造规模已经大到难以继续增加的程度。再比如，目前，我们无法观测到465亿光年之外的宇宙部分，那么，像“宇宙是无限大的”这样的判断也不得不借助理性思考才能得到。

第二个缺陷：数学里面的概念对象无法通过实验证明。比如说，对于直线这个概念对象，我们无法通过实验来严格证明它是否真的存在。无论我们的实验设备多么先进，制造出来的细棒也不可能是一条真正严格的无限细的直线，不可能与直线完全一致。因此，一方面，数学里面的这些概念对象在我们的理论中都是严格的，但另外一方面，我们又永远无法通过实验观测完全严格地验证它们。

这种局限也是无法克服的。这样一来，尽管借助实验观测可以去验证这些数学对象所对应的可感世界，但理论中的这些数学对象本身依然不得不借助理性思维才能被我们把握到。

比如说，牛顿的宇宙图像认为“时刻”和无穷短的时间间隔是存在的，并用直线上的一个点和无穷短的线段分别代表它们。同时，也认为“空间点”和无穷短的空间间隔也是存在的，并用曲线上的点和无穷短的线段分别代表它们。以此为基础，牛顿的宇宙图像认为“瞬时速度”这个对象也是存在的，并可以对其进行严格计算，即瞬时速度等于无穷短的空间间隔除以无穷短的时间间隔[1]。但是，实验观测永远都无法验证：这些由无穷短的线段所代表的无穷短的空间间隔和时间间隔是真实存在的，从而无法直接验证速度可以是“瞬时的”，也无法直接验证“时刻”和没有长度的“空间点”是真实存在的。所以，“瞬时速度”这个对象在真实世界中并不存在[2]，只存在于我们的理性思维之中，只能借助理性思考才能把握到。

第三个缺陷：无直接对应物的概念，无法直接验证。我们的理性思维可以构建出一些概念对象，而这些概念对象在可感知世界中并没有直接的对应物，那么，这些概念对象也无法通过实验观测来直接验证，也不得不借助理性思维才能被我们把握到。

比如牛顿的绝对空间这个概念，它可以完全脱离物质而单独存在。可是，实验设备必须由物质制造，那么，只能由物质制造的实验设备又如何能直接测量到可以完全脱离物质而单独存在的绝对空间呢？所以，我们根本无法通过实验去直接测量和验证绝对空间。

再比如“力”这个概念。在不事先采用其他假设的情况下，我们根本无法直接测量到它，第6章会详细谈到这一点。

再比如“电磁场”这个概念。我们同样无法直接测量到它，我们能够直接测量到的对象都是从电磁场出发计算出来的间接对象。另外，微观世界领域的波函数和量子场等概念更是这样的对象。

这种缺陷也是无法克服的。这样一来，理论中的这些概念对象也不得不依靠理

---

❶ 这里还采用了另外一个预设，那就是采用几何点去代表物体，采用空间曲线去代表物体的运动过程。

❷ 这在微观世界更加明显，根据量子力学，测量粒子在某个位置的瞬时速度在理论上都已经不可能。

性思维才能把握到[1]。后面还会谈到其他一些概念对象也具有这种局限，比如牛顿的匀速直线运动、爱因斯坦的四维时空和最节省的运动，以及量子力学中的态。

实际上，绝对地讲，所有概念对象都存在这种缺陷，比如时间这个概念对象也无法直接测量到，我们测量到的对象只不过是钟表指针所指向的刻度，而不是时间本身。

第四个缺陷：预设条件无法直接验证，即初始分类无法得到验证。第4章谈到，现代科学只对理性思考的前三个缺陷进行了弥补，对于第3.8节谈到的理性思考的第四个缺陷，现代科学并没有采取任何弥补措施。

具体来说，当思维利用推理对世界做出理解之前，思维就需要对世界完成最初的初始分类。这些最初的分类一部分会随着语言潜移默化地进入我们构建的宇宙图像中。比如说，当我们说出“行星围绕地球运动是因为受到太阳引力的作用”这个科学结论的时候，我们所采用的“因为”这个语言表明我们已经接受：因果关系是真实存在的，即我们事先已经按照“因果关系”的要求对世界进行了分类，那么世界就会按照这个分类方式呈现给我们。

这些最初的分类一部分会表现为大量的预设条件，比如预设了世界是存在的，世界可以划分为物质+时间两部分，世界存在着本质和因果关系，世界存在着秩序规律。对于这些预设条件（即思维对世界完成的最初分类），科学实验很难进行验证。所以，最初的这些分类到底是否可靠，现代科学很难回答。

对于语言自身所携带的虚构成分，科学实验也很难将它们识别出来，因为思维必须借助这些语言才能开始运转，从而设计出相关实验，那么，这样设计出来的实验就很难反过来识别出语言自身携带的虚构成分，第6.7节将对此详细说明。

除了以上这些缺陷之外，现代科学方法还有一个局限，那就是采用数学计算代替逻辑推理会导致推理过程趋于教条化、机械化。当面对一个复杂的有机系统时，现代科学方法的这种局限性就凸显出来了。

在现代科学方法的这四个缺陷中，由于前三个缺陷的存在，我们无法采用实验对现代科学所构建的理论进行彻底验证，所以，我们仍然需要依靠纯粹理性思考才能完成理论的构建。比如说，在牛顿的宇宙图像中，类似于柏拉图当年所进行的那种纯粹理性思考并没有被完全抛弃，仍然有所保留。至于它们是如何被保留下来的，本章剩余部分将对此详细说明。对于第四个缺陷，实验很难进行验证，目前的我们只能依靠哲学思考来进行辩护，第6章将以相对论对牛顿力学的修正过程为例，详细谈谈哲学思考在其中如何发挥作用。

---

[1] 这些概念对象有时被称为形而上学的。

5.2　笛卡儿的理性思考——世界观的彻底转变

在第3章谈到过，在柏拉图的宇宙图像中，柏拉图首先依靠理性思考得到一个理型世界（由各种概念对象组成），比如“正圆”就是理型世界中的一个对象。然后，柏拉图认为眼睛等感官所感知的世界就是以这个理型世界为模板构造出来的。理解世界的这种方式就叫柏拉图主义。在近代，柏拉图主义的复兴者正是笛卡儿。

面对被教条化的逻辑推理，笛卡儿深感不满，并指出这种方法只会让人们的思想陷入混乱。于是，笛卡儿开始探寻获取可靠知识的正确方法。与弗兰西斯·培根完全不同，笛卡儿选择了另一种构建方式，那就是完全依靠自己的心灵，即完全依靠自己的理性思考（在笛卡儿时代，大家仍然认为理性思考来自心灵）。具体来说，笛卡儿的构建方式是这样的。

首先，怀疑一切从眼睛等感官所获取的知识，通过理性思考找到最终不可怀疑的对象。那么，什么样的对象才是最终不可怀疑的呢？笛卡儿给出的标准是：它们可以被理性思维以最简单、最清晰、最明确的方式把握到。

然后，以这些最终不可怀疑的对象为基础，采用类似几何学那样的严格推理方式去推导出知识。这样得出的知识就是可靠的。也就是说，和伽利略一样，笛卡儿也已经意识到，采用数学计算代替形式逻辑推理可以避免推理过程中的错误。对于数学计算的这一巨大优势居然没有被古人发现和利用，而是仅仅被工匠们应用于机械制造，笛卡儿感到非常吃惊和不可思议。

接下来，笛卡儿就开始按照自己这套新方法重新构建宇宙，构建一个与亚里士多德宇宙图像完全不同的宇宙图像，如图5-2所示，具体说明如下。

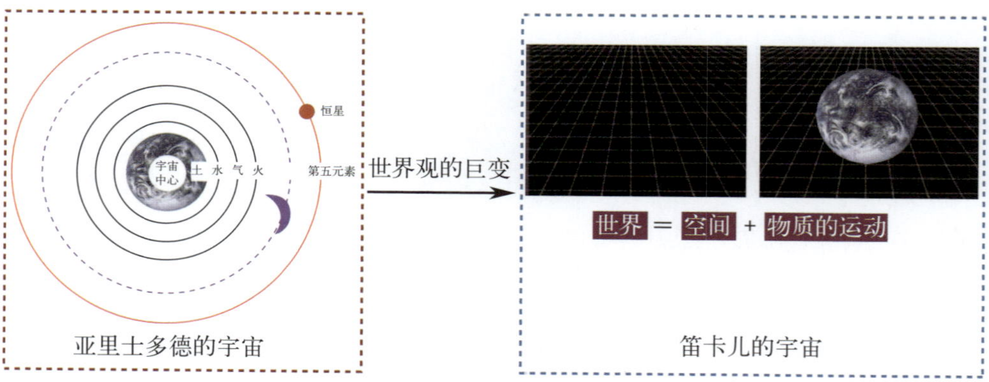

图5-2　笛卡儿全新的宇宙图像

第一，笛卡儿按照自己给出的标准，认为有两个对象是不可怀疑的，那就是物质的广延和物质的运动。物质的广延后来演化成了空间的概念。也就是说，空间和物质的运动——这两个概念对象能够被理性思维以最简单、最清晰、最明确的方式把握到，所以它们是可靠的，不可怀疑的。

第二，第3.2节谈到过，从巴门尼德开始，永恒不变的对象就是理性思维追求的终极目标，而笛卡儿找到的一个永恒不变对象就是物质运动的总量。比如说，当一个物体碰撞到另外一个物体时，前者损失的“运动”与后者获得的“运动”同样多，这样一来，两个物体“运动”的总量在碰撞前后就是不变的。这个思想后来衍生出牛顿第三定律。

第三，如果只有一个物体在运动，那么，这个物体运动的量就是永恒不变的。笛卡儿认为，能够满足这个要求的运动只能是“匀速直线运动”。另外，在所有运动中，匀速直线运动才是最简单、最清晰、最明确的概念，那么，所有物体的运动应该在“匀速直线运动”这个基础上进行构建。也就是说，“匀速直线运动”是优先级最高的运动，是物体默认选择的运动方式。这些思想后来演变成牛顿的惯性定律，即牛顿第一定律。

我们可以非常清晰地看到，笛卡儿构建的宇宙图像与亚里士多德的宇宙图像已经完全不同。陈旧的宇宙体系已经成为废墟，新的宇宙体系已经初见轮廓，世界被划分为空间+物质的运动两部分。这个观点直到今天仍然是整个物理学的基础，自然也成为了今天大多数人在日常生活中看待世界的观点。几百年来的物理学研究都只是在不断加深对“空间和运动”这两个对象的理解而已。当然，今天最前沿的一些物理学研究已经在试图完全打破笛卡儿的这种世界观，比如不再将空间和运动（时间）视为最根本的存在。

5.3 牛顿的理性思考1——构建宇宙图像的两大核心部件

牛顿继承并发扬了笛卡儿的构建方式和宇宙图像。首先，在笛卡儿的物质广延这个概念的基础上，牛顿利用概念思维进一步得出“绝对空间”这个概念。不仅如此，牛顿还将绝对空间与欧几里得几何空间归为同一类，也就是将绝对空间类比成数学对象（即欧几里得几何空间），从而对世界完成了一次影响极其深远的分类。正是基于这个分类，我们的思维才能采用数学对象（比如欧几里得几何空间）去直接代替真实世界，也就是直接将它们等同起来。其次，牛顿还继承了笛卡儿的“匀速直线运动”这个概念对象。

这些概念对象就是笛卡儿和牛顿完全依靠纯粹理性思维所得到的结果，它们无法通过实验观测直接验证。

比如说，牛顿的绝对空间可以脱离所有物质而独立存在，但我们这个真实世界到处都充满着物质，我们不可能将所有物质都拿掉，即将所有物质与所谓的绝对空间完全脱离。这样一来，我们永远无法得到一个所谓的绝对空间，也就无法对它进行直接测量。

再比如说，由于“匀速直线运动”是最简单、最清晰、最明确的运动，无法再拆分成其他更简单运动的组合，那么，想要严格地得到“匀速直线运动”，我们需要将世界上所有物质都去掉，也就是将其他所有物质的干扰都去掉之后，让一个物体孤零零地在空间中运动，该物体的运动才是最简单的，即该物体的运动才是严格的“匀速直线运动”，如图5-3所示。但是，在现实世界中，我们永远无法让整个世界只剩下这个物体并让它孤零零地在空间中运动。因此，我们在现实世界中永远无法得到严格的“匀速直线运动”，它只能存在于我们的思维之中。这样一来，我们也无法对它进行直接验证。第6章还将对此详细说明。

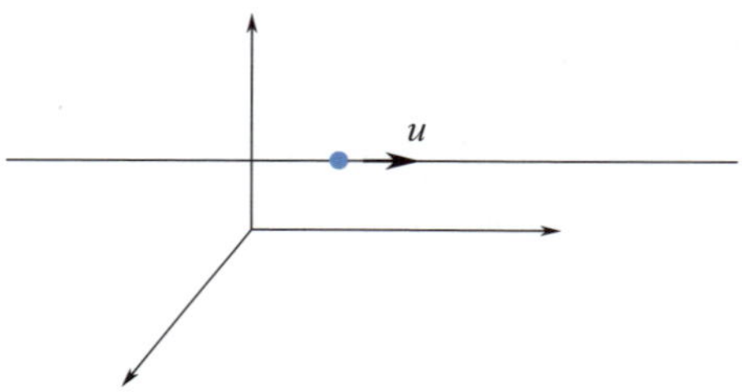

图5-3　存在于理性思维中的运动

和笛卡儿一样，牛顿也认为“绝对空间”和“匀速直线运动”就是最终不可怀疑的对象，也认为如果以它们为基础，采用类似几何学那样的严格推理方式就能得出可靠的知识。为此，牛顿在《自然哲学之数学原理》这部改变人类历史的著作的最开篇，就为“绝对空间”这个对象的真实存在做了详细辩护，然后紧接着就将“匀速直线运动”这个对象抬升到牛顿第一定律的高度。

就这样，牛顿开始模仿笛卡儿构建宇宙的方式，以这两个概念对象为基础去构建整个宇宙的图像。而笛卡儿当初构建宇宙的方式则是模仿了柏拉图，柏拉图又是受到毕达哥拉斯和巴门尼德的影响。这就是牛顿宇宙图像的思想源头，如图5-4所示。

不过，与柏拉图不同，牛顿还遵循了笛卡儿的教导，并在伽利略等开拓者的影响下将这种教导发挥到了极致，那就是在构建宇宙图像的过程中，牛顿完全采用几

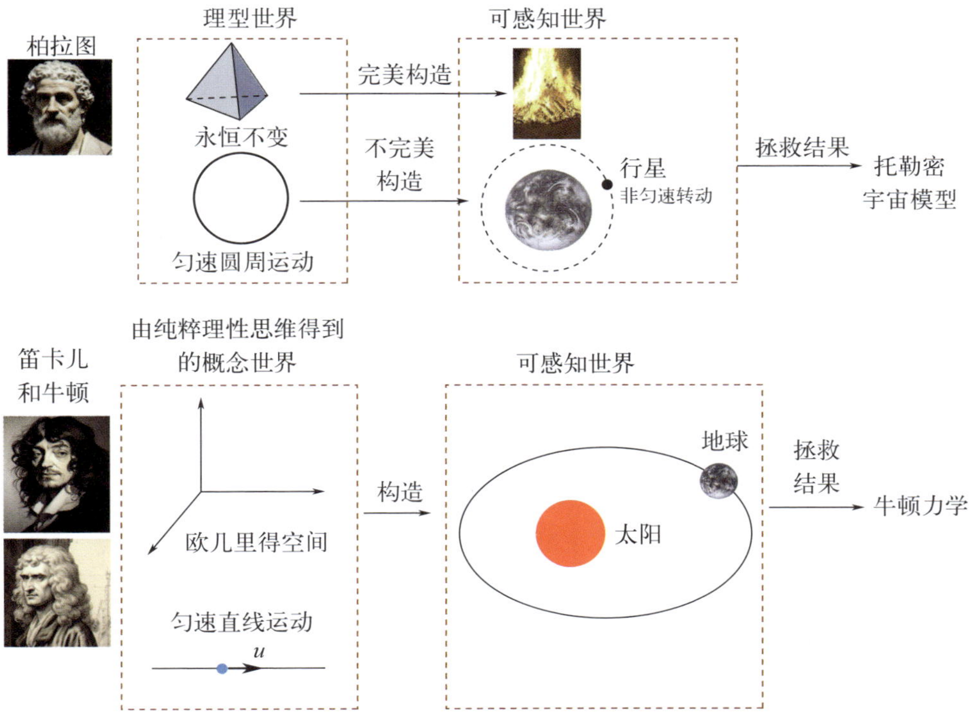

图5-4　牛顿对宇宙的构建以及其思想源头

何学的推理方式代替了亚里士多德的形式逻辑推理[1]，即完全采用数学计算代替形式逻辑推理。

但牛顿却遇到了与柏拉图相同的麻烦，那就是我们眼睛感知到的现象（即观测结果）与我们依靠理性思维所得出的概念对象并不完全一致。在柏拉图那里，行星的运动并没有遵守“匀速圆周运动”这个模板。而在笛卡儿和牛顿这里，行星的运动也没有遵守“匀速直线运动”这个模板。在柏拉图那里，行星运动的这种不遵守行为需要被拯救，这个拯救过程最后演化出托勒密宇宙模型。在牛顿这里，行星运动的这种不遵守行为同样需要被拯救，而这个拯救过程最后演化出了牛顿力学。

另外，与柏拉图相比，到了牛顿的年代，尽管人们已经意识到眼睛等感官（即实验观测）的重要性，但在拯救现象的过程中，牛顿仍然不得不依靠理性思考来完成大量的构建过程。接下来的几个小节就以牛顿第二定律和万有引力定律的构建过程为例，对此进行详细说明。

---

❶ 后来的斯宾诺莎也试图完全采用几何学的推理方式来书写哲学著作，比如他写出的《笛卡儿哲学原理》。

5.4　牛顿的理性思考2——构建力F的概念

牛顿首先考察了一个在地面上需要拯救的运动现象。比如说，在地面放置一张桌子，在桌面上放置一个圆环壁，牛顿考察了一颗小球在这个圆环壁内运动的过程，如图5-5所示。

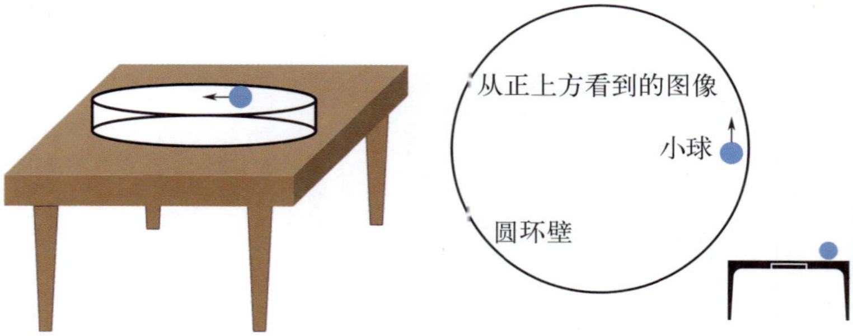

图5-5　桌面上圆环壁内运动的小球

由于圆环壁的限制，小球也无法遵守“匀速直线运动”，所以这个运动现象也需要被拯救。不过，两千年前的亚里士多德早就做过类似的拯救，那就是通过构造出“强制运动、推动者推动”等概念来拯救这个现象，而笛卡儿则是通过构造出“碰撞”这个概念来拯救这个现象。牛顿继承了这些传统概念，即牛顿也认为小球没有遵守“匀速直线运动”是由于小球受到圆环壁的推动作用或碰撞作用。

但是，牛顿不再像亚里士多德那样，完全采用形式逻辑推理来论证这个结论，而是采用数学语言来描述这个结论。为此，牛顿需要将亚里士多德的“推动者推动”这个对象进行数学化，而这个数学化过程必须依靠理性思维才能完成。具体来说，牛顿利用“小球质量乘以小球加速度”构建出一个崭新概念——力F，如图5-6所示，详细说明如下。

第一步，牛顿将圆环壁对小球无数次连续碰撞的过程，分解成圆环壁对小球有限次碰撞的过程。分解之后，由于每次碰撞过程都是完全相同的，那么在每次碰撞过程中，圆环壁对小球产生的碰撞作用都是一样的，小球运动的改变情况也都是一样的。也就是说，只要小球的运动发生相同的改变，那么小球都将受到完全相同的碰撞作用。这个结论让牛顿开启了第二步的构建。

第二步，推动者的推动（即这里的碰撞）是亚里士多德构造出的概念（详见第3.7节的说明），不过牛顿现在需要将它数量化，即需要知道推动作用的数量有多少。这是现代科学方法的要求。但如何数量化呢？这并不是一件简单且容易的事情。

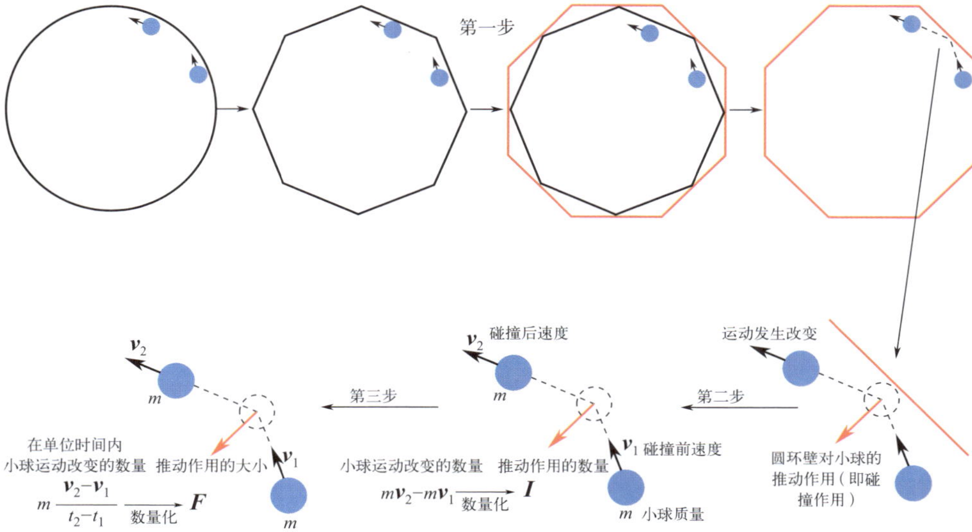

图5-6　牛顿对力概念的构建过程

比如说，当想把空间数量化的时候，我们的方法就是任意选择一根细棒作为标准（即作为单位长度），然后以此标准去丈量其他物体，得出的数字就将该物体的长度数量化了。而当我们将该物体的长度视为空间的长度时，这个丈量也就被视为将空间数量化了，如图5-7左边所示。很显然，在这个数量化过程中，思维已经对世界进行过大量的分类，比如将所有与细棒类似的物体归为一类，而且将这个归类过程推广到极致从而得到“直线”这个对象。而所谓的度量过程正是利用被归为同一类的对象的共同特征来实现的。

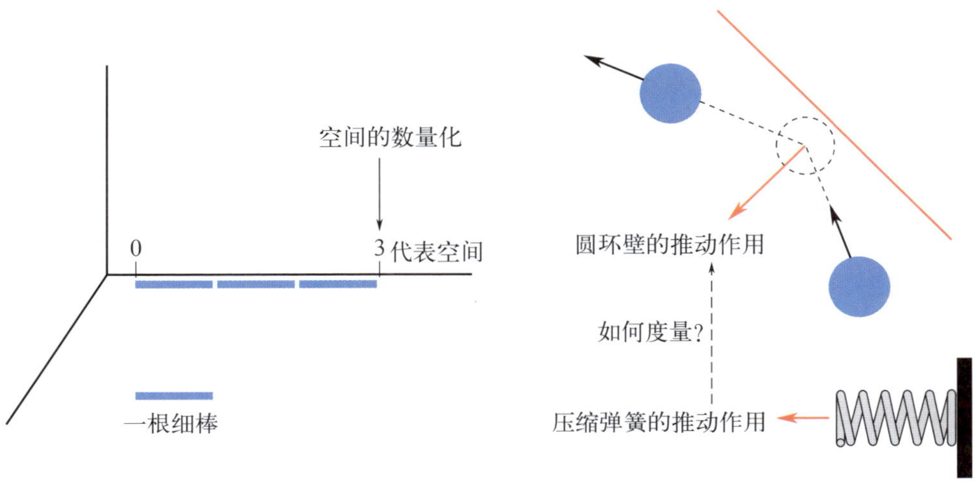

图5-7　将空间数量化的方法

可是，我们却很难采用类似方法将推动作用数量化。首先，我们应该选择哪个推动作用作为标准呢？毕竟不同类型的推动作用存在天壤之别。其次，即使找到一种推动作用（比如压缩的弹簧）作为标准，我们又该如何以此标准去度量其他推动作用呢？如图5-7右边所示。第6.6节将会谈到，如果不事先采用大量假设作为前提条件（比如牛顿第一、三定律），这个度量过程是无法实施的。也就是说，当思维将所有推动作用归为一类之后，从相互作用实现机制的角度很难找到它们的共同特征，进而无法采用这种共同特征对所有推动作用进行度量。

为了解决这个难题，牛顿的思维修改了分类的标准。具体来说，牛顿采用“物体的运动会发生改变”作为共同特征对推动作用进行重新归类。也就是说，只要物体的运动发生了改变，牛顿就认为该物体受到了推动作用。这样一来，在牛顿对推动作用重新归类之后，这个分类就有一个共同特征，即物体的运动会发生改变。于是，牛顿就可以采用这个共同特征对他重新归类的所有推动作用进行度量，也就是采用“小球运动改变的数量”去代表推动作用的数量，如图5-6中第二步所示。

也就是说，基于这个重新分类，牛顿将推动作用的数量定义为小球运动改变的数量。由于小球的运动很容易被数量化（比如数量化为动量，它等于物体质量乘以速度），这就使得推动作用也很容易被数量化。所以，牛顿的这个度量方法是高效的。即使在广义相对论中，它仍然是有效的。不过，这也带来了很大的副作用，那就是牛顿对相互作用进行过重新分类，而这个重新分类将原本不是推动作用的现象也归为推动作用了，后面会详细谈到这一点。

第三步，在第二步的基础上，牛顿构建出另外一个新概念——推动作用的大小，它定义为，推动者在单位时间内对小球运动造成的改变量，如图5-6中第三步所示。这个新概念后来有了一个大家无比熟悉的名字：力(Force)。当小球质量固定不变时，这相当于在利用“小球质量乘以小球加速度”来定义力$\boldsymbol{F}$这个概念，如图5-8所示。

牛顿自己非常清楚，他定义的这个力(Force)是他在对推动作用重新归类之后才能得到的，为此，牛顿特意将这样定义的力称为“运动的力”。经过几百年的演变，这个“运动的力”早已经被人们简称为“力”。然而，这一简称却改变了牛顿当初给出这个定义时的最初含义，导致很多误解，后面会谈到这一点。

就这样，通过构建出力$\boldsymbol{F}$这个概念，牛顿成功且高效地将推动作用数学化了。也就是说，力$\boldsymbol{F}$就是描述推动作用的一种数学语言。那么，利用力$\boldsymbol{F}$这个数学语言，牛顿就可以采用更加清晰简洁的方式对小球没有遵守“匀速直线运动”的行为进行拯救。拯救之后的结论就是：小球没有遵守“匀速直线运动”是由于小球受

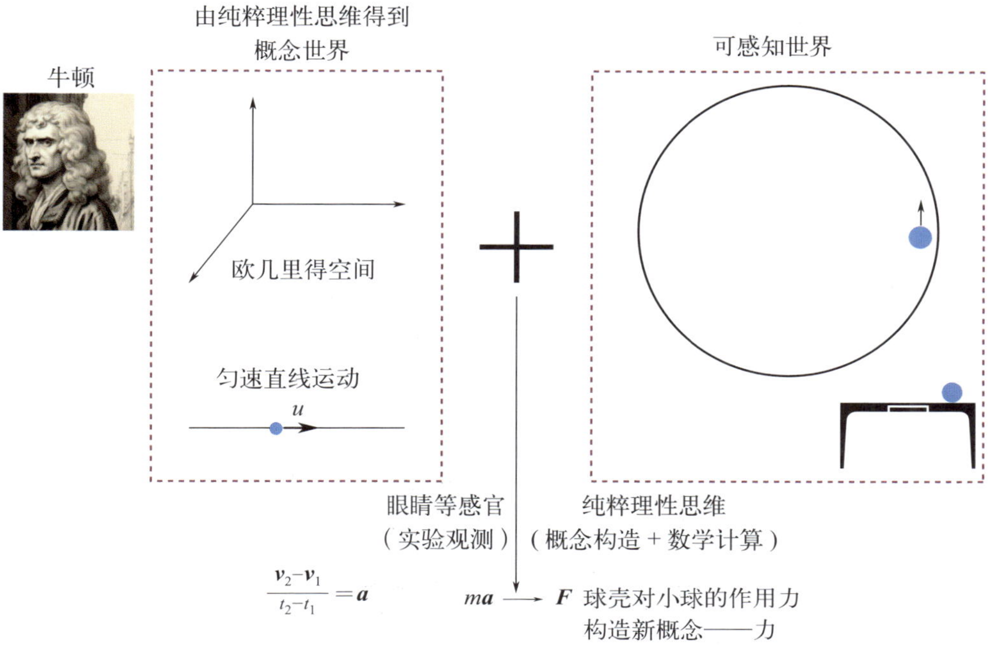

图 5-8　牛顿构建出力的概念

到圆环壁对它产生的作用力 $\boldsymbol{F}$，而这个作用力 $\boldsymbol{F}$ 就等于小球质量乘以其加速度，即 $\boldsymbol{F}=m\boldsymbol{a}$，其中 m 代表小球质量，$\boldsymbol{a}$ 代表小球加速度。

从以上这些构建过程可以看到，牛顿同时依靠了眼睛等感官（即对这个具体运动现象的实验观测）和理性思维（即概念构造+数学计算）才构建出力 $\boldsymbol{F}$ 的概念，即得到定义 $\boldsymbol{F}=m\boldsymbol{a}$。但牛顿接下来的推理又不得不完全依靠纯粹理性思考了。具体来说，由于定义 $\boldsymbol{F}=m\boldsymbol{a}$ 目前还只是针对圆环壁内小球这个特殊运动现象而言的，那么，力 $\boldsymbol{F}$ 的这个定义可以推广到其他运动情况吗？比如可以推广到行星运动中去吗？这个推广过程只能依靠理性思考中的归纳推理才能完成，即依靠思维的分类能力来完成，具体说明如下。

5.5　牛顿的理性思考 3——统一地面与天空

5.5.1　天空与地面属于同一个世界吗

在亚里士多德的宇宙图像中，地界与天界是两个完全隔离的不同世界，那么，在地面上得出的结论可以推广到天空吗？在牛顿的时代，这仍然是一个困扰大家的巨大谜题，赞成派和反对派各占一半，大家为此争论不休，如图5-9所示。

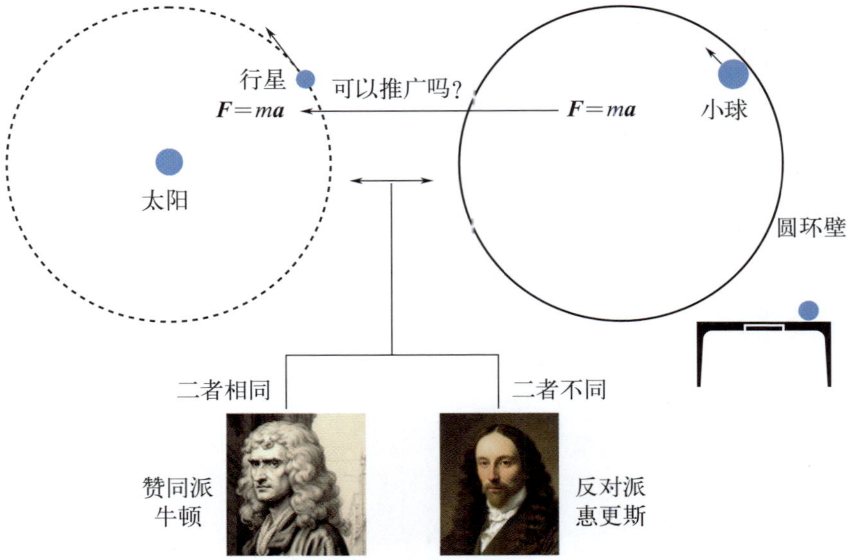

图5-9　赞成派与反对派

反对派（比如惠更斯、莱布尼茨）认为天上与地面属于不同的世界，行星绕太阳的转动与圆环壁内小球的运动有着本质不同，不能混为一谈。具体来说，在桌面上，小球会被圆环壁碰撞，正是这些碰撞迫使小球进行圆周运动，但在天上，行星并没有被圆环壁碰撞，那么，行星就没有受到任何推动者的推动作用。反对派所持的这些观点具有悠久的历史传统。实际上，亚里士多德当初构造出“推动者的推动”这个概念本来就不是为了解释行星的运动，因为依照亚里士多德的宇宙图像，行星的运动本身就是一种“合乎自然的运动”，即随其自然的运动，当然也就不需要推动者来推动了。

既然行星的运动没有推动者，那么也就没有采用ma（即行星质量乘以加速度）去将这个推动者数量化成F的需要了，进而更加没有采用推动者F去拯救行星不遵守“匀速直线运动”的需要了。也就是说，行星并没有受到一个大小为$F=ma$的推动者的推动作用。所以，牛顿的这个推广过程无法成立。

但赞成派（比如牛顿）则认为，尽管图5-9中的这两种运动现象存在这样的本质不同，但是，当真实具体的运动过程（即圆环壁内小球的运动和行星的运动）被数学对象代替（即小球和行星被几何点代替，运动路径被曲线代替）之后，如果只从数学上考虑，这两种运动现象就不再具有本质不同，可以归为同一类，那么，从图5-9右边得出的定义$F=ma$当然可以推广到左边。

5.5.2 统一天空与地面——牛顿的强制要求

很显然，在牛顿的这个推广过程中，思维的分类能力发挥了主导作用。具体来说，思维将图5-9的这两种运动现象归为同一类，从而将它们之间的差异性过滤掉了。但是，这种过滤无法通过具体的实验操作来实现，只有在思维中才能实现。那么，这些被过滤掉的差异性真的无关紧要、可以完全忽略吗？答案是否定的[1]。牛顿也非常清楚答案是否定的，但他还是将图5-9的这两种运动现象强制划归为同一类。所以，牛顿的这个强制要求就引入了人为主观选择的因素。也就是说，人为的主观因素被牛顿加入了这个推广过程。

牛顿当年这一看似无关紧要的主观选择，对后世影响之大已经无法用任何形容词来表达。比如说，在今天，大部分人都有了这样的观念：地球被太阳拉扯着，地球被太阳吸引着。大多数人终其一生都不会对这些观念产生怀疑，从而认为将天空与地面上的现象归为同一类是再明显不过的事情了。可是，要是没有牛顿当年这一主观选择，这样的观念连诞生的机会都没有，更别说每个人都将它视为常识了。正是由于牛顿的这一主观选择，即牛顿强制完成了这个从地面到天上的推广，原本不需要推动者的行星现在却需要一个推动者了，如图5-10所示。而在当时看来，这个推动者除了太阳，没有别的更好的选择，毕竟在空旷的天上除了行星就只有太阳了。

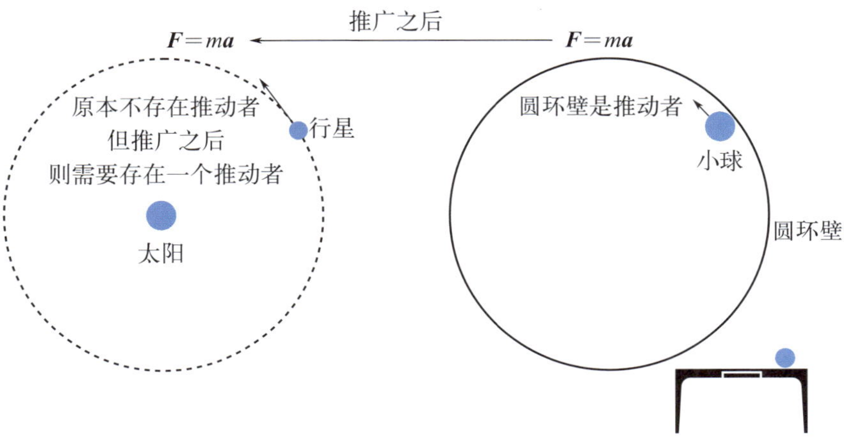

图5-10 牛顿的强制要求所产生的后果

---

[1] 后面将会谈到，这些差异性非常重要，不能忽略。另外，这些差异还会导致之后延伸的引力概念存在超距作用的问题。

同样，采用ma（即行星质量乘以加速度）也可以将这个推动者（即太阳）的推动作用数量化成F。这个F就是引力的概念，下一节将会对此构建过程进行详细说明。在今天，大家都认为科学知识是客观的，比如引力就是客观存在的，但真相并没有这么简单。引力这个概念所要描述的现象的确是客观存在的，但引力这个概念本身并不是客观的，它完全来自牛顿当年的这个主观选择[1]。

牛顿的这个主观选择成就了“引力”这个伟大的概念，但同时也为引力这个概念植入了无法避免且难以克服的“祸根”，那就是引力需要跨越虚空，进行超远距离的、无接触的推动作用。这是因为行星原本是不需要推动者的，但牛顿现在给它强行赋予了一个推动者。

当然，牛顿自己非常清楚这个主观选择就是在对世界进行强行分类，在给世界赋予一种强制要求。为了避免同行们对这一点的责难和攻击，牛顿特意将他著作的名字从《自然哲学》修改为《自然哲学之数学原理》，即牛顿强调他的这一主观选择只是对世界的数学描述赋予强制要求，并不是对世界本身赋予强制要求。而著作名称的这个修改可以视为现代科学与哲学正式分离的标志。

所以，正是牛顿的这一强制要求让柏拉图将世界划分为两个世界的思想在哲学界之外重新繁荣起来了，世界再次被明确地划分成理型世界和可感知世界。不过到了牛顿这里，理型世界主要由数学对象组成。而到了今天，这个理型世界有了一个新的名字——数学模型。这样一来，牛顿就可以为他的这个强制要求进行辩护，那就是他的强制要求只是针对世界的数学模型而言的，并不是针对真实世界本身。

不仅如此，牛顿还为这个强制要求找到了一位强大的支持者，那就是上帝。在牛顿的时代，大家都相信整个世界被上帝主宰着，行星有秩序的运动也是上帝的安排。在这样的历史背景下，牛顿认为这个主观选择所赋予世界的强制要求就是上帝为这个世界制定的law（规则）。这样一来，推广之后的定义$F=ma$就是上帝为行星运动制定的law（规则），甚至是为整个世界制定的law（规则）。于是，这个推广之后的定义$F=ma$有了一个大家无比熟悉的名字——牛顿第二定律（law），如图5-11所示。

尽管牛顿当初反复强调，他的这一强制要求只是针对行星运动的数学描述而言的，不是针对行星运动本身而言的。但是，后来的人们还是深深地误解了牛顿，即误以为这一强制要求就是针对行星运动本身而言的，也就是误以为行星的运动与圆环壁内小球的运动真的没有本质区别。一直到今天，大部分人仍然是这样误解的。

---

[1] 大家可以反思一下，在我们头脑里，还有哪些观念被我们坚信是客观存在的，但其实也只是来自人为的主观选择。

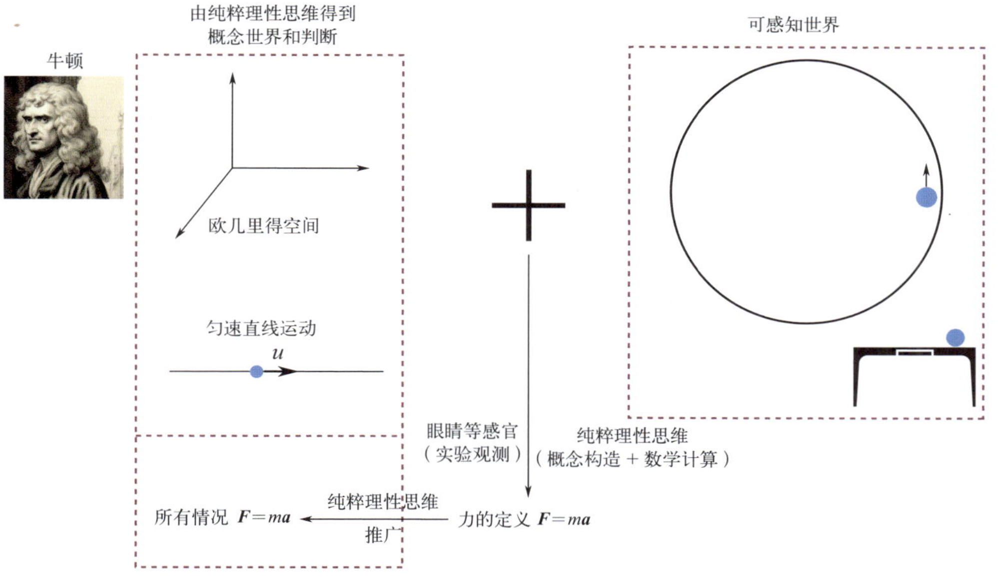

图5-11　采用归纳推理，牛顿推广了力 F 这个概念的外延

这种误解之所以能够平安无事地延续几百年，原因之一就是大家误以为实验观测的结果与牛顿第二定律是保持一致的，即牛顿第二定律得到了实验的验证。但实际情况并不是这样的，第6章将对此详细说明。

5.5.3　牛顿迈出的最重要一步

总之，依靠思维的分类能力，牛顿将天空与地面统一了，即将天空与地面归为同一类，从而把一个从地面上特殊现象中得出的结论（即小球质量乘以加速度等于圆环壁产生的作用力）推广成一条普遍结论（即任何物体的质量乘以加速度都等于该物体受到的作用力），推广成一个最终不可怀疑的对象，进而为世界构建出了一条新的秩序，一条只属于牛顿所构建的宇宙图像的秩序，即牛顿第二定律。为了适应这条新秩序，我们这个真实的世界需要被“扭曲”成牛顿的宇宙图像那个样子。

然而，牛顿第二定律中的人为构建成分并不是毫无踪迹可循，因为就在构建这条新秩序的过程中，具体来说就在统一天空与地面的过程中，牛顿所使用的人为强制要求为牛顿的引力理论埋下了“祸根”。这个祸根就是，牛顿的引力是一种可以跨越虚空进行超距作用的力量。爱因斯坦正是为了消除这个“祸根”，将牛顿当初引入的这个人为强制要求去掉了，然后采用另外一种完全不同的方式重新统一了天空与地面，第7章将对此详细说明。

5.6 自然规律是绝对客观的还是人为构建的

我们通常被这样告知：世界是充满秩序规律的，而且这些秩序规律都是客观存在的，现代科学的任务是去发现这些秩序规律，我们无法人为地去“创造”秩序规律，比如牛顿第二定律通常就被视为是这样的秩序规律。可是，牛顿在图5-10中的强制要求表明实际情况并没有这么单纯。

正如上一节谈到过的，行星绕太阳的运动本来并不在牛顿第二定律的管辖范围内，但牛顿却通过人为的主观选择强行把行星绕太阳的运动划归到牛顿第二定律的管辖范围中。也就是说，牛顿的思维对这个世界进行了一次重新分类，将之前大家认为属于不同类的现象归为同一类，即使这样做需要付出巨大代价。这个代价就是牛顿需要单独构建一个原本不需要存在的概念——引力，后面还会详细谈到这一点。

所以，牛顿第二定律的普遍有效性到底是一种客观存在呢，还是由牛顿的这个主观选择对世界的重新分类构建出来的呢？这个问题并没看上去那么显而易见和理所当然。这个问题也引发我们更进一步的反思：我们到底是在发现秩序规律呢，还是在构建秩序规律，从而让我们大脑的思维更方便地去理解这个世界呢？

类似这样的疑惑实际上弥漫在人类的整个知识体系之中。只是在理论物理学领域，类似这样的人为构建成分隐藏得非常深，很难被我们觉察到，但在其他学科领域，比如在经济学、社会学、历史学、心理学等人文领域，秩序规律中的各种人为的、历史的、社会的构建成分就很容易被觉察到。

正如第1章谈到过的，人类大脑思维的底层实现方式就是分类，这种实现方式又是由更底层的神经网络决定的。这样一来，最底层的分类过程将受到神经网络的巨大限制。这种限制导致我们的思维不可避免地存在一个人观视角。利用这些最底层的分类，思维可以组合出新一层的分类，这个组合过程为思维的分类带来了一定的自由性，不同人可以有不同的组合。这种自由性导致我们的思维不可避免地存在一个主观视角。

第1章还谈到过，语言是由记忆、意识、思维和符号共同作用的产物，所以，这些人观视角和主观视角已经隐藏在我们的语言之中，极难被觉察到。只要我们还在采用这些语言去描述世界，我们就无法彻底摆脱这些人观视角和主观视角，即便是现代科学所构建的宇宙图像也是如此。

所以，人类通过语言构建了一个以人为中心的世界，并从这个中心出发，站在人的视角去把这个世界秩序化了。具体来说，人类通过语言构建的世界是一个在人观视角和主观视角下的世界，在这些视角下，思维对世界完成了分类，并且从这些分类中挑选出一些特殊分类，如果这些特殊分类的包含范围足够广，那么这些分类各自拥有的共同特征就称为秩序、规律。比如说，将桌面上小球的运动与行星绕太阳的运动划归为同一类，这些归为一类的运动都有一个共同特征，这个共同特征就呈现为一种秩序，即牛顿第二定律。反过来，为了更有效率地对世界做出反应（即理解世界），思维总是倾向于划分出这种包含范围足够广的类。也就是说，思维总是倾向于采用秩序、规律去理解世界。

但是，“同一类”是一种客观存在吗？比如说，如果存在一种智能物种，他们的思维不是基于分类来实现的，那么“同一类”这个意识还会在他们的“大脑”中涌现出来吗？他们还会对世界进行分类吗？如果不会，那么所谓的秩序、规律更不会被他们意识到了。也就是说，在这种智能物种那里，人类大脑深信不疑的观念（比如秩序、规律）已经消解了，这个世界将会以完全不同的形式在他们的意识中呈现出来（图5-12）。

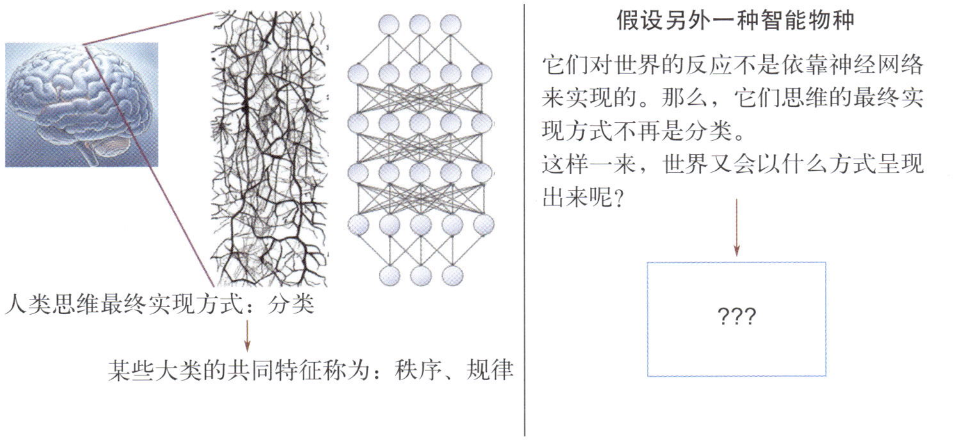

图5-12　在与人类思维不同的智能物种“看”来，世界还会以秩序和规律的形式呈现吗？

总之，现代科学所构建的宇宙图像在以往被视为是足够客观的，但它实际上包含着人观视角和主观视角，只不过这些视角隐藏在（或者说局限在）人类的思维和语言之中，极难被觉察到罢了，一些看似客观存在的秩序其实只是人类思维构建出来的，它们并不是完全客观的，而是携带有人为构建的成分。

从最早神话世界中类似人类社会秩序的等级秩序，到亚里士多德宇宙中的因果秩序，再到托勒密宇宙中的秩序、哥白尼宇宙中的秩序、开普勒宇宙中的秩序，人为构建的痕迹并没有逐步消失，而是被隐藏得越来越深，变得越来越不明显罢了。

到了牛顿构建的宇宙图像中的秩序，人为构建的成分已经隐藏得足够深，以至于它们在两百多年里都没有被人明显地觉察到，从而导致我们误以为牛顿宇宙图像中的秩序就是完全客观的。而在牛顿的同时代，尽管已经有人觉察到这些人为构建成分，但这些反对意见后来被牛顿理论的巨大成功给淹没了。

然而，人为构建毕竟是人为构建，始终无法成为客观存在。所以，这些人观视角和主观视角必定会引入虚构成分，而科学家们的任务就是去辨别出这些虚构成分，并消除它们，第6章将通过具体例子详细展示这一过程。

5.7　牛顿的理性思考4——构建万有引力的概念

第5.5节谈到牛顿在图5-11中的推广给宇宙图像带来了一个深刻改变，那就是将地界和天界统一了。这样一来，利用这条新公理（即任何物体的质量乘以加速度都等于该物体受到的作用力），再加上之前得出的两个不可怀疑的对象（即绝对空间和匀速直线运动），牛顿就成功拯救了行星不遵守“匀速直线运动”的行为，这个拯救过程如下。

第一步，根据这条新公理，牛顿利用“行星质量乘以其加速度”构建出行星所受到的作用力。牛顿将这个力视为一个新概念——引力，即行星受到太阳的引力作用。

第二步，依靠开普勒的观测结果（即开普勒三大定律），通过数学计算（即推理）得出：行星的加速度正比于太阳的质量，反比于行星与太阳之间距离的平方。

第三步，将这两步的结论综合在一起，牛顿找到了一种可以度量引力的崭新方法，那就是采用“行星质量乘以太阳质量再除以它们之间距离的平方”来度量引力的大小，如图5-13所示。

这样一来，利用引力这个新概念，牛顿就可以采用更加清晰简洁的方式对行星不遵守“匀速直线运动”的行为进行拯救，也就是让行星的运动合乎笛卡儿和牛顿重新构建的逻辑体系，即让行星的运动具有合理性。拯救之后的结论就是：行星不遵守“匀速直线运动”是由于行星受到了太阳引力的作用，而这个引力的大小等于行星质量乘以太阳质量再除以它们之间距离的平方。

不可否认的是，这个拯救过程的确让牛顿的宇宙图像变成了一个完整的因果关系网。但牛顿接下来的推理又不得不完全依靠纯粹理性了，那就是牛顿将引力这个概念推广到所有情况，即认为所有物质之间都存在引力。具体来说，引力这个概念

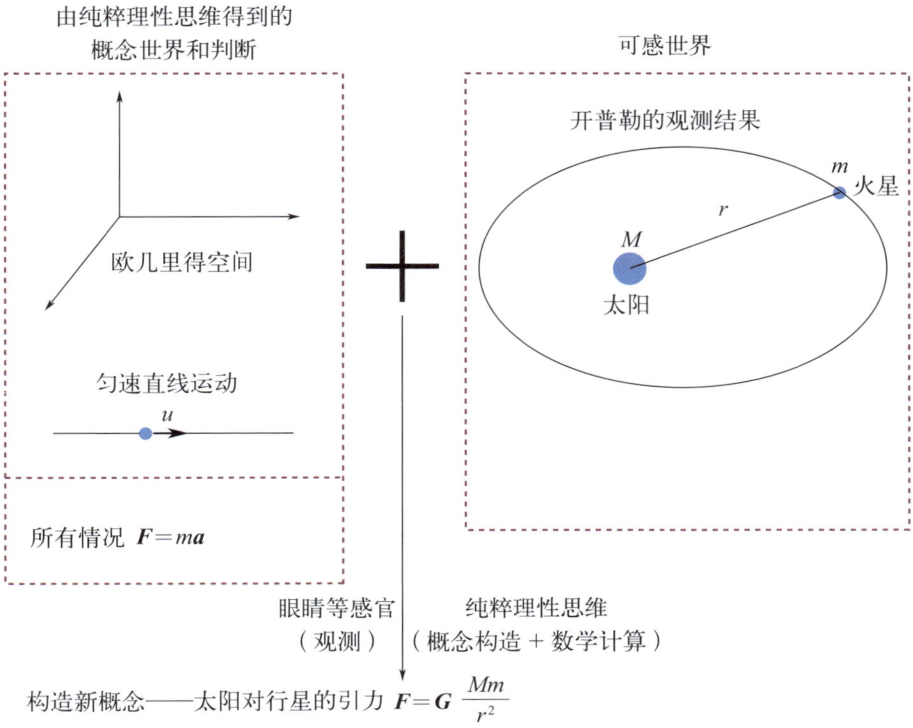

图5-13　牛顿构建出引力的概念

只是从行星运动现象中构建出来的，牛顿并没有对所有物质是否都具有这种引力进行实验验证，但牛顿却将这个结论推广到所有物质，即思维的分类能力再次发挥了巨大作用，比如将图5-14所示的两种现象归为同一类。

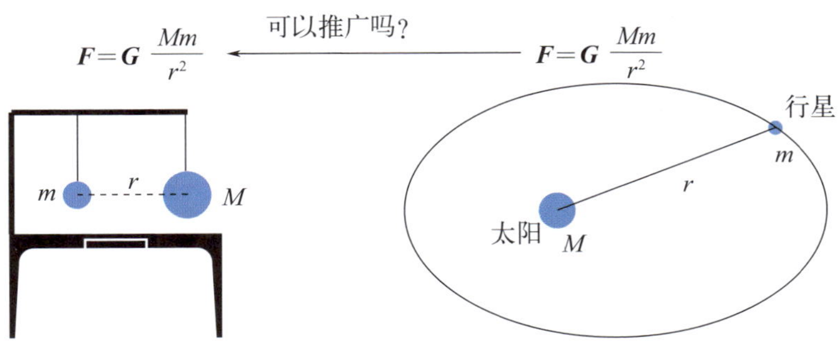

图5-14　牛顿的第二个推广过程

就这样，依靠思维的归纳推理（即思维的分类能力），牛顿将这个特殊结论（即行星受到太阳引力的作用）推广成一条普遍结论（即所有物体之间都存在引力），如图5-15所示。在中文的翻译中，这个推广之后的引力被称为“万有引力”，以表现它的普遍有效性。但是，在英文中，描述引力的词只有gravity或gravitation，并没有一个词与“万有引力”对应，“万有”的修饰来自中文的翻译过程。

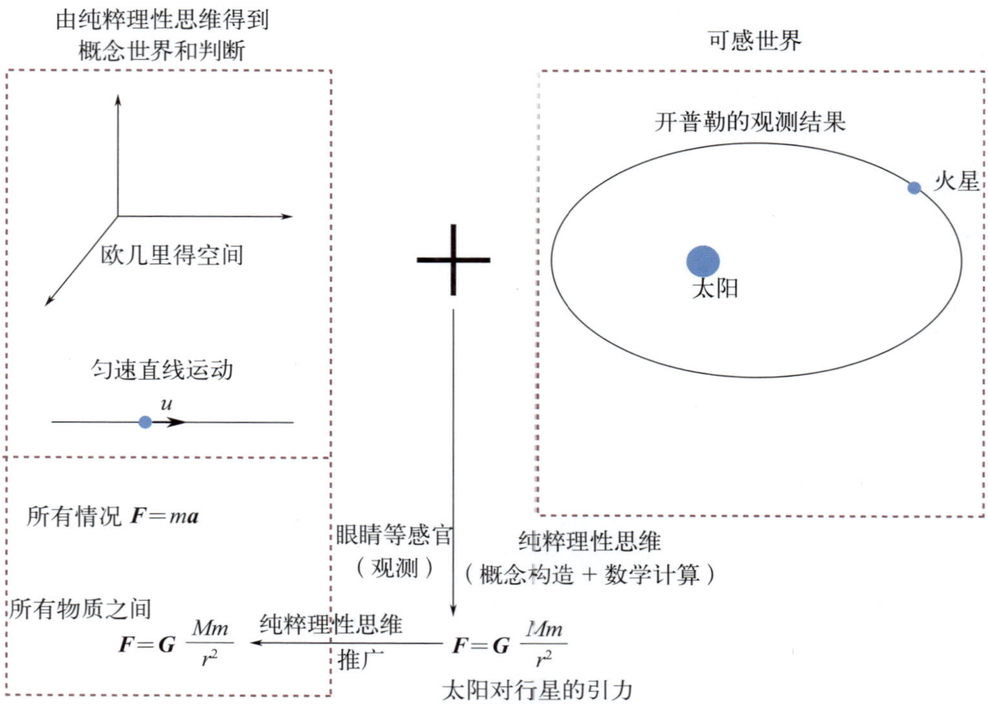

图5-15　采用归纳推理，牛顿推广了引力这个概念的外延

所以，为了获得引力概念的普遍有效性，牛顿将它的适用范围进行了推广。但是，任何推广（即分类范围的扩展）都会将推广前后的现象之间的差异性过滤掉，只保留它们相同的部分。比如说，在图5-14的推广过程中，太阳自转运动的信息、行星绕太阳运动的信息都被过滤掉了。这些过滤就会赋予引力这样一种性质：不管物体是静止的还是运动的，它们产生的引力都属于同一种，没有任何区别。

那么，过滤掉的这些差异性真的无关紧要、完全可以忽略吗？答案当然是否定的。不过这一次，牛顿并没有意识到他当初的这个归类过程所引入的虚构成分。在隐藏了两百多年之后，这个虚构成分才被爱因斯坦最先察觉到。爱因斯坦通过他那颗空前绝后的天才大脑推理出：牛顿当初的这个归类过程对真实世界进行了“修改”。具体来说，同一个物体在静止的时候和它运动的时候产生的引力并不是严格相等的，而是存在极其微小的不同，但牛顿当初的这个归类过程却将这个“微小不同”删除了，从而对真实世界进行了“修改”。而爱因斯坦的广义相对论就是试图对牛顿当初的这种“修改”进行复原。

总之，为了让结论获得普遍有效性，我们需要将结论的适用范围进行推广，也就是对分类范围进行扩展，从而将大量不是完全相同的现象归为同一类。这种扩展必将过滤掉被归为同一类的现象之间的差异性。但是，在现实世界中，很多差异性是无法通过实验操作去除掉的，这样一来，将同一类现象之间的差异性过滤掉（即去除掉）的操作只有在思维中才能完成。而这种只有在思维中才能实现、在现实世界中无法实现的去除过程必将引入大量虚构成分，这些虚构成分就是人为构建的成分。这种虚构成分在推广过程中都存在，只是有些虚构成分隐藏得很深，还没有被我们觉察到。

5.8 牛顿的宇宙图像——理性思维构建的产物

就这样，同时依靠眼睛等感官（即观察和测量）和理性思维（即概念构造+人为选择+数学计算），牛顿构建出牛顿第二定律和万有引力定律。第5.3节谈到过，完全依靠理性思考所得出的“匀速直线运动”后来成为了牛顿第一定律。第5.2节谈到过的牛顿第三定律也是完全依靠理性思考得到的。另外，第5.3节谈到过的绝对空间也是完全依靠理性思考得到的。

当牛顿将构建出来的绝对空间、这三条定律和万有引力定律组合在一起的时候，又一个伟大的历史时刻诞生了，因为人类重新编织出了一套更加严谨、更加完美、更加真实的推理体系来描述我们这个世界，如图5-16所示。到了18世纪，牛顿构建的这个新推理体系已经完全取代了亚里士多德编织的形式逻辑推理体系。一场彻底改变人类思想的革命在持续了几百年之后终

牛顿的推理体系——牛顿力学

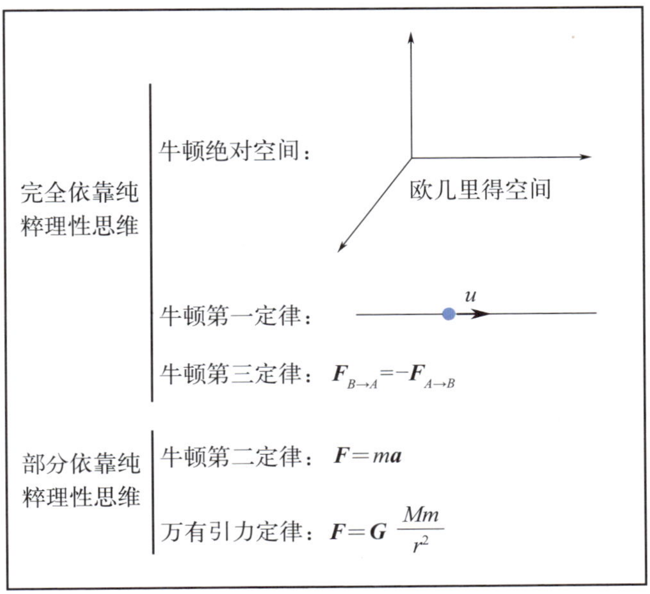

图5-16 牛顿编织出的推理体系

于完成了。这场革命的深刻性将人类文明史直接分割成两大部分：古代与现代。在今天，牛顿的这个推理体系有一个大家无比熟悉的名字：牛顿力学。

然而，在牛顿构建宇宙图像的过程中，虽然采用了现代科学的方法，即采用数学计算代替形式逻辑推理，从而避免推理过程出现错误，也采用实验观测结果作为推理依据，从而避免完全依靠理性思考，但是，这些代替和改进无法得到彻底实施，牛顿仍然不得不依靠纯粹理性思考才能完成一些推理过程。比如说，前面章节详细说明了，在得出“绝对空间、牛顿三大定律、万有引力定律”过程中，纯粹理性思考如何发挥主导作用。所以，即使在牛顿构建的这幅宇宙图像中，柏拉图式的纯粹理性思考仍然还有大量保留。当然，这些纯粹理性思考为宇宙图像引入了虚构成分，下一章将对此详细说明。

5.9 第三次反思——牛顿力学的地基如何被构建出来

在牛顿的宇宙图像中，纯粹理性思考仍然还有大量保留。那么，构建方式3.0版本即现代科学方法所保留的这些纯粹理性思考可靠吗？或者说，如何来确保它们的可靠。

现代科学方法自身给出的解决方案是：将这些由理性思考所得到的概念对象和定律作为公理，并以这些公理作为出发点进行计算推理，然后，再将这些计算结果与实验观测进行核对验证。如果验证通过，那么，在已知的实验观测范围内，这些理性思考就是可靠的，如图5-17所示。如果验证没有通过，那这些纯粹理性思考就需要重新思考，比如绝对空间这个概念就需要被抛弃，然后重新构建新的概念来代替它。

当然，也许在未来某一天，我们可以将宇宙图像的构建方式从3.0版本升级为4.0版本。到那时候，我们就可以更加彻底、更加完美地解决这个问题。不过在目前，我们仍然还得依靠由3.0版本给出的这个解决方案。

幸运的是，在牛顿之后的一百多年里，人们在地面和天空进行过大量的实验观测，这些实验观测与人们从牛顿力学计算出的结果保持高度一致。特别是卡文迪许的扭秤实验（如图5-17右下角所示）对地面上两个物体间的引力进行了“直接测量”[1]，测量

---

[1] 这不是严格的直接测量，因为直接测量到的实际对象是图5-17中小球m对扭秤摆臂的作用力$\boldsymbol{f}$，它的反作用力$-\boldsymbol{f}$（已使用牛顿第三定律）与大球M对小球m的引力$\boldsymbol{F}$是一对平衡的力（已使用牛顿第二定律）。所以，在使用牛顿第二、第三定律之后，我们才可以说这个实验直接测量到了引力，第6章还会详细谈到这一点。

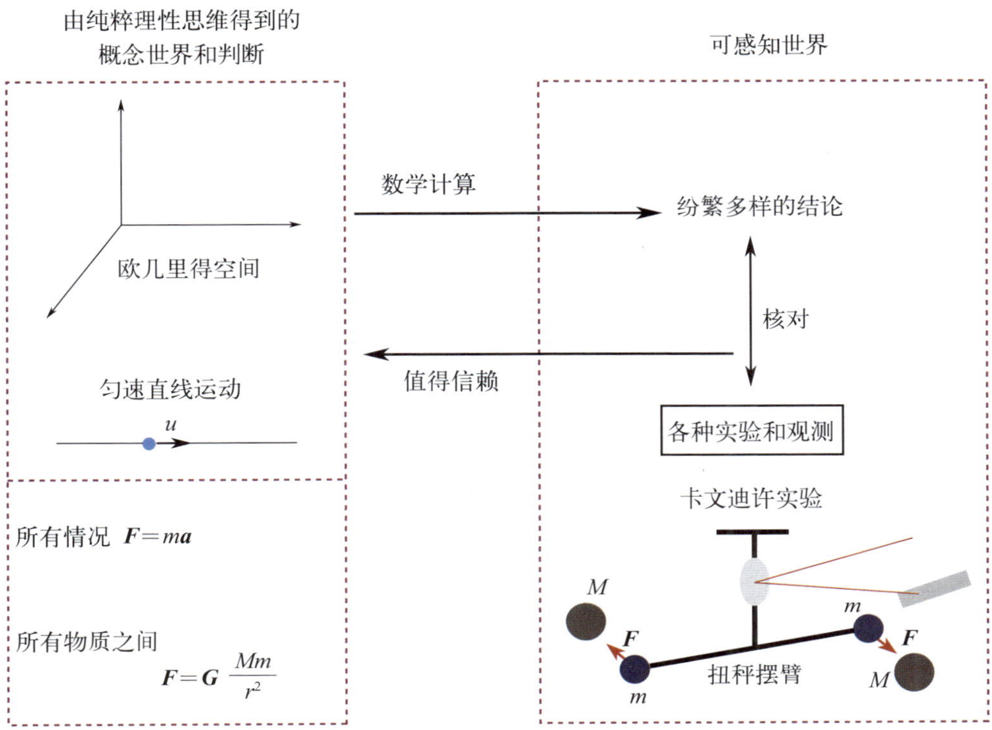

图5-17 认知方式3.0版本中理性思考可靠性的检测

结果与万有引力定律高度一致。另外，海王星的发现更是让牛顿宇宙图像的威望达到前所未有的高度。具体来说，人们首先根据天王星的“晃动”，利用牛顿力学计算出在天王星旁边必定存在一颗尚未发现的天体，并且精确预言了该天体的位置，到了1846年，天文学家在这个位置果真观测到一颗天体，它就是海王星。

在这一百多年里，牛顿力学计算出的结果几乎都是无比精确地接近实验观测结果。这种无比精确性在人类之前的所有理论中都没有出现过，从而开始让人们相信牛顿所构建的宇宙图像就是真理的化身。这个“相信”过程按如下顺序在人们大脑中构建起来。

第一步，这种无比精确性让人们相信牛顿完全依靠理性思考构建出的两个概念对象，即“绝对空间”和“匀速直线运动”是真实存在的，也就是相信完全脱离所有物质的绝对空间是真实存在的，相信如果整个世界只剩一个孤零零的物体在空间中运动，那么该物体只能做匀速直线运动。

第二步，在相信以上两个概念对象之后，为了表述物体偏离直线运动的现象，牛顿构建出力 $\boldsymbol{F}$ 这个概念。而在地面上对各种偏离直线的运动进行实验验证之后，人们发现实验结果的确与力$\boldsymbol{F}$这个概念保持一致[1]，这让人们相信“力$\boldsymbol{F}$”这个对象是真实存在的。

第三步，在相信力$\boldsymbol{F}$这个对象之后，也就是当人们的理性思维已经装配了力$\boldsymbol{F}$这个概念之后，物体沿曲线运动的现象在理性思维中就有了全新的呈现方式，那就是人们开始相信：物体之所以偏离直线运动，必定是该物体受到一个外力的作用。甚至对于人类从未踏足过的天空，人们也开始相信：行星之所以偏离直线运动，也必定是行星受到一个外力的作用，而且这个外力就来自太阳。

第四步，在相信行星必定受到来自太阳的外力作用之后，为了表述太阳能够跨越上亿公里的距离，在没有接触碰撞的情况下就能够对行星产生外力作用，牛顿构建出引力这个概念，以此来描述这种极其特别的、不可思议的外力作用。

第五步，卡文迪许的扭秤实验表明，地面上两个物体之间的相互作用与万有引力定律是高度一致的。这让人们相信引力这个对象的确是真实存在的，也就让人们相信任意两个物体之间的确存在着引力，从而相信太阳的确对行星产生了引力作用。

第六步，当相信以上这些概念和结论之后，人们就可以毫不费力地相信：地球之所以围绕太阳旋转，那是因为地球受到了太阳引力的作用，也就是相信牛顿所构建的宇宙图像，相信太阳系就是这样的。

就这样，我们的理性思维通过以上一步步构建，最终构建出第二次反思所谈到的那个“为什么”，即地球为什么会围绕太阳旋转，也就是我们是如何相信太阳系就是这样的。

这就是对第二次反思的回答。不过，需要特别指出的是，牛顿的构建过程完全建立在“绝对空间和匀速直线运动”这两个根基之上，另外还使用了“绝对时间”的概念。如果没有这些根基，引力这个概念就不会衍生出来，比如广义相对论就可以不需要引力的概念。

我们还可以继续深入反思下去吗？比如继续追问：绝对空间、绝对时间是真实存在的吗？它们是如何被思维构建出来的？惯性定律是真实存在的吗？它又是如何被思维构建出来的？牛顿第二定律和万有引力定律能被实验验证吗？力$\boldsymbol{F}$以及引力是真实存在的吗？

这些反思就是在追问：牛顿力学的整个地基是如何被思维构建出来的，它们是否可靠。下一章就来详细讨论这个问题。

[1] 但这是在使用绝对空间和牛顿第一、第三定律之后的结论，第6章会详细谈到这一点。

第6章

牛顿的宇宙图像真实存在吗——虚构成分的不可避免

6.1 经验与先验、客观与主观

第3.6节谈到过，人类大脑思维的底层实现方式就是分类，而逻辑推理是基于分类演化出来的功能。那么，当思维利用推理对世界做出理解之前，大脑就需要对世界完成初始分类。第1章谈到过，一部分初始分类将受到神经网络的巨大限制。这种巨大限制给分类过程带来的约束就称为人观成分，而基于这些带有约束的分类进行的推理就称为人观视角。

利用这些初始分类，思维才可以组合出更高层次的分类，所以，人类对世界的理解无法逃脱这些初始分类，即无法逃脱人类自身的人观视角。另外，利用这些初始分类组合出更高层次分类的过程具有一定的自由性，比如不同人的思维可以进行不同的组合。这种自由性称为主观成分，而基于这些分类进行的推理就称为主观视角。

所以，人类思维对世界的分类将不可避免地带有人观成分和主观成分。由于语言是由记忆、意识、思维和符号共同作用的产物，这使得一部分人观成分和主观成分已经隐藏在语言自身之中。这样一来，当我们采用语言描述世界时，这些成分将不可避免地弥漫在整个知识体系，另外一部分人观成分和主观成分则隐藏在思维做出的判断之中。

这些人观成分和主观成分并不是来自外界事物对神经网络的直接刺激，所以，这些成分也称为先验成分，而外界事物的直接刺激给分类过程带来的约束则称为经验成分。当然，仅仅凭借思维本身，它很难觉察出自己在分类时受哪种成分的影响更大。

这个外界事物自身被称为客观，即康德所谓的“物自体”。但是，当它一旦通过刺激信号（不管是直接地，还是通过观测设备间接地）进入神经网络，然后被思维分类之后，它就不再是客观的，而是携带有人观成分和主观成分，即携带有先验成分。所以，思维的任何一个分类是无法做到绝对客观的，它必定同时包含先验成分和经验成分。第3.2节谈到过，当理性思维进化出来之后，这些分类就对应着概念。所以，每个概念将不可避免的同时包含先验成分和经验成分。

我们的困难在于，仅仅凭借思维本身很难觉察出它们之间的区别，特别是人观成分与经验成分之间的区别。这需要极其敏锐的洞察能力才行。

比如说，当一块方形石头反射的光线进入视网膜、LGN、大脑视觉皮层的神经网络之后，有些神经元细胞会对石头上的竖直线条（即高边）做出反应，有些神经元细胞会对石头上的水平线条（即长边或宽边）做出反应，如图6-1所示。这个反应过程就是思维所完成的最初的分类过程，即对石头的长、宽、高边进行分类。这个分类过程既受到神经网络的约束，又来自石头的直接刺激，所以无法在它们之间做出区分，即无法对这个分类中的人观成分和经验成分进行严格区分。也就是说，我们很难辨别出长、宽、高概念中的哪部分是人观的，即先验的，哪部分是经验的，因为它们是相互依赖、一起出现的。我们很难在先验与经验、主观与客观之间画出一条清晰的边界。

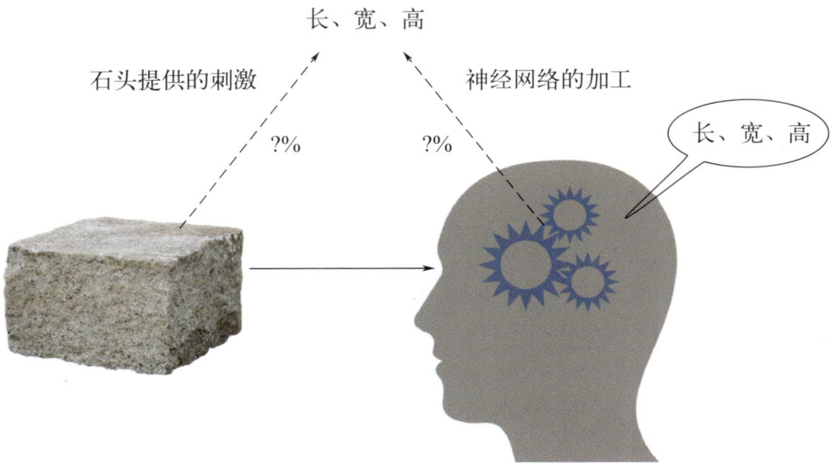

图6-1 大脑对一块石头的加工

但是，接下来，在这些初始分类的基础上，思维所进行的新一层分类就能体现出主观成分与经验成分之间的区别了。下面以绝对空间和绝对时间为例进行说明。

6.2 绝对空间的先验成分

第3.2节谈到过，在形成概念的过程中，思维需要将分类推广到极致，即将分类范围从部分推广到所有，从有限推广到无限。比如说，即使将图6-1中的石头拿走，也就是没有光线对视网膜产生直接刺激的情况下，思维凭借记忆还会将此块区域的“长宽高”与石头的长宽高归为同一类。当思维将分类过程推广到这样极致的程度之后，“空间”的概念就诞生了，它就对应这个分类，如图6-2第二排所示。这样一来，即使这块石头被拿走了，此块区域的“长、宽、高”仍然属于这个分类，于是，我们可以说出这样的语言：“此块区域的空间。”

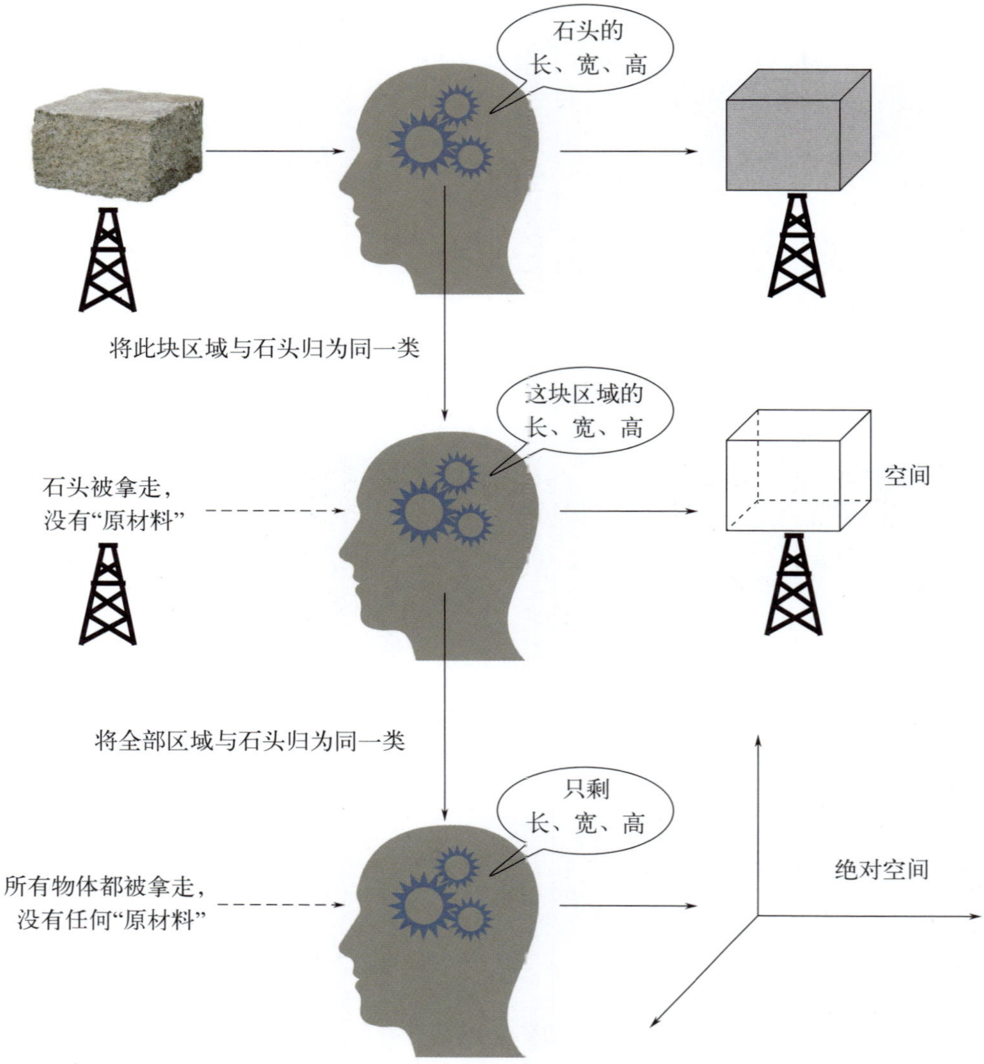

图6-2　理性思维如何加工出绝对空间的概念

然而，这个分类并不是来自外界事物直接刺激的约束（因为石头已经被拿走），即不是来自经验。所以，这个分类过程给“空间”这个概念引入了主观成分，或者说先验成分。

当然，思维还可以将分类过程推广到更加极致的程度，那就是不仅将这块石头拿走，而且还将世界上所有物体都拿走，然后，思维凭借记忆将全部区域的“长宽高”与石头的长宽高归为同一类。当思维完成这样的极致推广之后，“绝对空间”的概念就诞生了，如图6-2第三排所示。

很显然，这个分类也无法来自外界事物直接刺激的约束（因为所有外界事物都被拿走了，而且，这样的场景在现实中根本无法实现）。所以，这个分类过程给“绝对空间”这个概念引入了主观成分，或者说先验成分，即绝对空间只是一个先验概念[1]。

对于理性思维的这些分类过程，牛顿当初就已经觉察到了。比如说，在《自然哲学之数学原理》中，牛顿明确地将石头的长、宽、高称为相对空间、表象空间，以此来区分所有物体都拿走之后仍然存在的绝对空间（也被牛顿称为真实空间）。

总之，理性思维在这个分类过程中将会引入大量主观成分，因为在这个分类过程中，理性思维将不可避免地添加或丢弃一些信息，下面列举其中四种。

第一，一块石头必定待在一个确定的地方（假如在A处），那么石头的长、宽、高就只是A处的长、宽、高。但是，当世界上所有物体都被拿走之后，A处到底在哪里已无法确定，那么，在理性思维的这个分类过程中，A处这个信息就被丢弃了。这样一来，长、宽、高就不再是某一确定位置的长、宽、高，而是被篡改成为所有位置的长、宽、高。也就是说，通过这个分类过程，理性思维加工出的绝对空间在所有位置都是完全一样的，比如空间长度在所有位置都是完全一样的。

第二，在理性思维的这个分类过程中，这块石头是否在运动的信息也被丢弃了。这样一来，长、宽、高就不再与运动有关。也就是说，通过这个分类过程，理性思维加工出的绝对空间与运动无关，比如空间长度与运动无关。

第三，当世界上所有物体都被拿走之后，这块石头到底是昨天的石头还是今天的石头也已经无法确定，那么，在理性思维的这个分类过程中，这个信息也被丢弃了。这样一来，长、宽、高就不再与时间有关。也就是说，通过这个分类过程，理性思维加工出的绝对空间与时间无关，比如空间长度与时间无关。

第四，这块石头旁边有可能还存在其他物体，但是，在理性思维的这个分类过程中，思维会将除这块石头之外的其他物体全部丢弃掉。这样一来，长、宽、高就与旁边其他物体无关。也就是说，通过这个分类过程，理性思维加工出的绝对空间与其他物体无关，比如空间长度不会被旁边物体影响。

---

[1] 康德所谓的先验性更加彻底，比如康德认为这块石头的长、宽、高等概念都是先验的，而非来自经验。

以上四个结论都是思维在分类过程中丢弃信息所引发的。所以，它们都是理性思维给绝对空间这个概念引入的主观成分，或者说先验成分。也就是说，它们来自理性思维的加工，而非来自真实世界的直接刺激。正如第1.10节谈到过的，这些主观成分就是语言中的虚构成分。后面将会谈到，爱因斯坦最先觉察到了这些主观成分，并将它们去掉了，比如爱因斯坦发现空间长度在不同位置可能不一样，空间长度还与运动、时间以及周围物体相关。

另外，当我们采用“直线”去代表空间时，“直线”这个概念中的先验成分就会被带入空间。比如说，直线是连续和无限的，从而使得空间也是连续和无限的，直线上的点还使“空间点”成为一种存在。

6.3 绝对时间的先验成分

第1.9节谈到过，在思维对空间相关对象已有分类的基础上，凭借记忆，思维将不同时刻的分类结果再次分类之后，类似于“走”这样的语言才能形成，在此基础上，“时”的语言才形成了。

这个再次分类过程也将受到神经网络的巨大限制，因为正如第1.9节谈到过的，在大脑神经网络这个层面上，被我们称为“时间”的对象会展现出某种顺序，而神经网络的运行过程正是依照这个顺序开展的，那么，这个再次分类过程就已经遵循了时间所制定的这个顺序。

这种巨大限制对思维的分类带来的约束，就是隐藏在类似于“走”这样语言中的人观成分。我们也很难将这些人观成分与经验成分区别开来。也就是说，在类似于“走、动、变”这样的语言中，我们很难辨别出哪部分是先验的，哪部分是经验的，如图6-3所示，它们也是相互依赖、一起出现的。

在“走、动、变”这些语言的基础上，通过思维将分类过程推广到极致，“时间”的概念就诞生了。具体来说，第1.9节谈到过，“时”这个字最初代表太阳的“走动”，而理性思维会将所有物体的“走动”归为同一类。即使一个物体被拿走了，也就是没有外部物体对视网膜产生直接刺激的情况下，思维凭借记忆仍然还会将此物体的“走动”与太阳的“走动”归为同一类。当思维将分类推广到这样极致的程度之后，“时间”的概念就诞生了，它就对应这个分类。

思维还可以将分类过程推广到更加极致的程度，那就是将世界上所有物体都拿走，然后，思维凭借记忆将某个假想物体的“走动”与太阳的“走动”归为同一

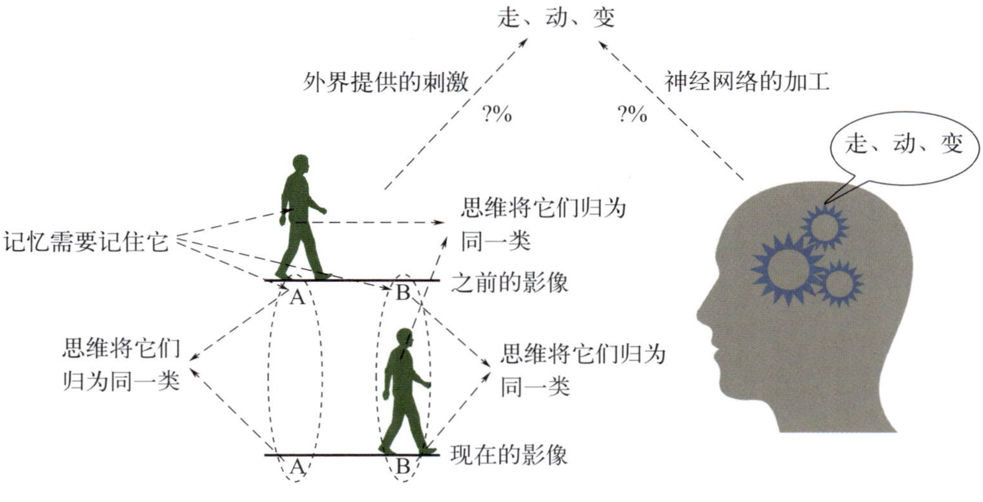

图6-3 大脑对运动的加工

类。当思维完成这样的极致推广之后，“绝对空间”的概念就诞生了。

很显然，这个分类过程也无法来自外界事物直接刺激的约束（因为所有外界事物都被拿走，而这个假想物体只是来自我们的记忆），所以，这个分类过程给“绝对时间”这个概念引入了主观成分，或者说先验成分，即绝对时间只是一个先验概念。

与思维得出绝对空间的分类过程一样，思维在完成这个分类的过程中，也会丢失掉这个假想物体所在位置、运动情况、所处时间、旁边物体等信息，从而给绝对时间这个概念引入四种主观成分，它们分别是：时间在所有位置都是一样的，时间与物体的运动无关，时间无论在什么时候都是一样的，时间不会被周围物体影响。正如第1.10节谈到过的，这些主观成分就是语言中的虚构成分。爱因斯坦最先觉察到了它们，比如爱因斯坦发现时间在不同位置可能不一样，时间的快慢与运动、在什么时候流逝以及周围物体都相关。

另外，由于时间是思维在与空间相关对象基础上再次分类得到的，于是，在形成与这些分类对应的语言符号时，思维会采用空间相关对象去代表这些分类，比如1.5节详细谈到过的，思维会采用表述空间位置关系的“后”去代表时间的一种性质，从而让这种性质以“时间的先后”这样的语言被表述出来。也就是说，在表述时间的过程中，思维常常采用空间去代表时间。

这种代表过程也会引入某种主观成分，不过，目前的我们还没有找到克服它的办法。当然，这也意味着，如果空间的性质发生了改变，那么时间也会随之调整。比如说，如果空间是离散的，那“前后、上下”等相关语言就失效了，那么“时间的先后”等相关语言也将随之失效。

另外，当我们采用空间中的“直线”去代表时间时，“直线”这个概念中的先验成分就会被带入时间。比如说，直线是连续的，从而使得我们认为时间也是连续的。直线的两边是无穷长的，从而使得我们可以说出“无穷远的未来、无穷远的过去”这样的语言。采用直线上的“点”去代表“时刻”，从而使得“时刻”成为一种可以被思维确切把握到的存在，也使得时间可以“暂停”。但这些都是先验的，也是虚构的。

6.4 绝对空间和绝对时间能被实验验证吗

由于绝对空间和绝对时间是世界上所有物体都被拿走之后的一种存在，很显然，这样的存在无法被任何实验仪器直接测量验证。这是因为直接测量的实验场景要求将所有物体拿走，而所有物体当然包括实验仪器自身，可实验仪器被拿走之后，测量也就无法实施了。也就是说，直接测量绝对空间和绝对时间在逻辑上就无法实施。

那么，它们可以被间接验证吗？这个问题对于牛顿来说无比重要，因为绝对空间这个对象是牛顿构建其宇宙图像的第一出发点，如果绝对空间不存在，那么牛顿构建的宇宙大厦就坍塌了。这就类似于如果地球不是宇宙的中心，那么亚里士多德构建的宇宙大厦也会坍塌一样。所以，牛顿必须找到一个能证明绝对空间存在的实验，而牛顿找到的实验其实很简单，每个人都能做这样的实验。

这个实验是这样的，当我们静止站在地面上时，手臂是向下垂的，而当我们的身体原地转动起来之后，手臂就甩起来了，不再向下垂，如图6-4所示。对于这个现象，我们从来没有觉得它不可思议，因为我们都认为这是由于我们身体相对于地面的转动造成的。接下来，牛顿开始他的实验，那就是假想把地球以及除了我们身体之外的所有物体都拿走，如果仍然感觉到我们的手臂甩起来了，那我们应该如何解释这个实验现象呢？牛顿的回答是：我们的手臂之所以还能甩起来，仍然是由我们身体的转动造成的。可是现在，所有物体都被拿走了，即没有了参照物，那我

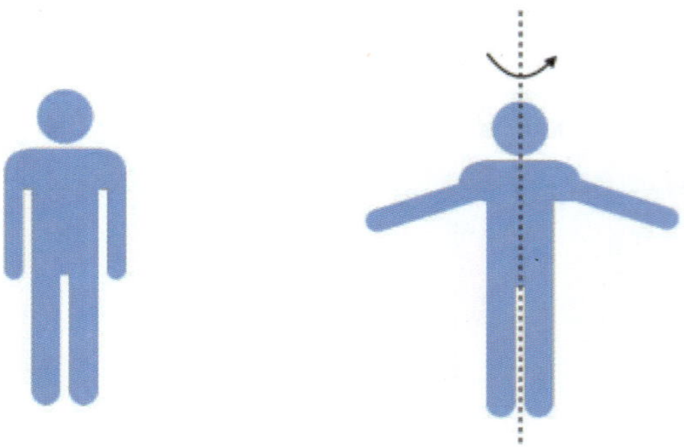

图6-4　牛顿企图证明绝对空间存在的实验方案

们的身体又是在相对谁转动呢？牛顿的回答就是：我们的身体就是在相对于绝对空间转动，即绝对空间就是新的参照物。这样就证明了绝对空间的存在。

但是，这个实验是在假设地球被拿走之后进行的，那么，它的验证结果能够推广到地球存在的情况吗？答案是否定的，即这个实验无法证明当地球存在时，绝对空间也是存在的。然而，牛顿却通过自己的主观选择完成了这个推广。也就是说，牛顿的思维对世界完成了一次分类，那就是将地球存在时的空间与地球不存在时的空间归为同一类，即将它们完全等同起来了（今天大多数人的思维仍然还在进行这样的分类）。这样一来，在牛顿构建的宇宙图像中，在任何场景下，绝对空间都是存在的。然而，我们应该清晰地认识到，真实世界是在经过牛顿的这次分类之后才呈现出这样的图像。如果你没有觉察到思维所完成的这次分类，那你就会将牛顿构建的宇宙图像视为真实的世界。

另外，牛顿的这个实验只是在试图验证绝对空间是否存在，并没有验证绝对空间的性质，比如空间长度是否在所有位置都相同，空间长度是否与运动无关。

对于绝对时间的存在，牛顿并没有提供实验方案进行论证。对绝对时间进行验证的实验很晚才出现，比如两百多年后的庞加莱才开始严肃认真地思考：绝对时间能否被实验验证？在尝试多种验证方案之后，庞加莱得出结论：绝对时间的同一时刻无法被验证。也就是说，庞加莱认为无法通过任何实验精确地证明两个地点的时刻正好处于同一个时刻，即无法证明绝对时间与位置是无关的[1]。

不过，紧随其后的爱因斯坦改进了庞加莱的实验方案，却得到相反的结论，那就是：两个地点的时刻是否正好处于同一个时刻，不仅与位置有关，而且还与两个地点的相对运动有关。这样一来，由理性思维加工出来的、与空间位置无关的、与运动状态无关的绝对时间概念就被推翻了。也就是说，庞加莱和爱因斯坦的实验不仅没有验证牛顿的绝对时间，反而推翻了牛顿的绝对时间，即绝对时间被证伪了，从而直接开启了狭义相对论的革命。

6.5 一条定律如何被思维构建出来——牛顿惯性定律的先验性和主观选择

在构建好绝对空间和绝对时间这个地基之后，牛顿开始在此地基上构建他的第

---

[1] 庞加莱验证时间同一时刻实验方案的详细说明可参见《破解引力——广义相对论的诞生之路》第6章。

一定律。这个构建过程同样会引入大量的先验成分，甚至包含牛顿的主观选择，详细说明如下。

第5.3节谈到过，只有在绝对空间中，即在将所有物体都拿走之后的空间中，一个孤零零的物体才不会受其他任何物体的干扰，那该物体的运动状态才是最简单的，即保持静止或匀速直线运动。但是，这种运动场景只有在我们思维之中才能存在，无法在真实世界中存在。然而，牛顿却通过他大脑思维的分类能力，将真实世界中的所有运动过程与这种运动场景归为同一类，从而构建出牛顿第一定律（后面会对此归类过程进行详细说明）。这个归类过程就会引入大量的主观成分，或者说先验成分。这些成分当然也是虚构成分，它们完全来自理性思维的这个构建过程。

由于这种运动场景在真实世界中永远无法出现，那么我们也就永远无法对它进行直接验证。也就是说，牛顿第一定律无法得到实验的直接验证。当然，很多人会立刻反驳道，牛顿第一定律不是非常符合我们眼睛所看到的运动现象吗？不是很容易被实验验证吗？

进行这样反驳的大脑可能没有觉察到，从实验现象变成实验结论的过程中，我们的理性思维已经对实验现象进行过大量的改造（即重新分类）。比如说，在今天，被大家经常用来证明牛顿第一定律的实验来自伽利略，但很遗憾，这个实验需要被改造之后才能证明牛顿第一定律的存在，具体说明如下。

6.5.1 伽利略的实验

伽利略的实验方案是这样的，让一个小球从斜面滚下来，然后进入水平面运动，如果水平面没有摩擦，那么小球就会以匀速运动的方式一直在水平面上运动下去，如图6-5所示。可是，这个实验真的能证明"匀速直线运动"的存在吗？答案是否定的，理由如下。

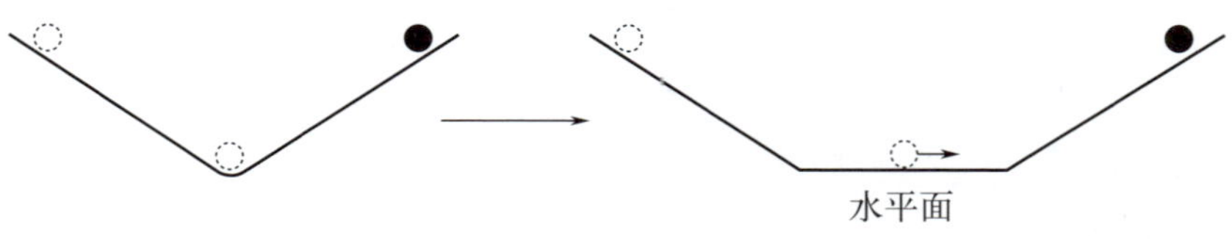

图6-5　历史上著名的实验方案

首先，水平面并不是一条严格的直线，因为地球是个球体，所以水平面实际上是一个球面。那么，从伽利略的这个实验得出结论是"匀速圆周运动"是存在的，而非"匀速直线运动"，如图6-6（a）所示。

第二，为了克服水平面不是严格直线的这个缺陷，假设我们的工程技术已经足够强大，可以制造出一个完全严格的平面，如图6-6(b)所示。但这样实验的结果却是：小球在这个平面上运动速度会越来越慢，然后静止，再然后就是以越来越快的速度运动回来。这是因为在这个过程中，小球受到了地球引力作用。这样一来，实验的这个改进方案也无法证明“匀速直线运动”的存在。

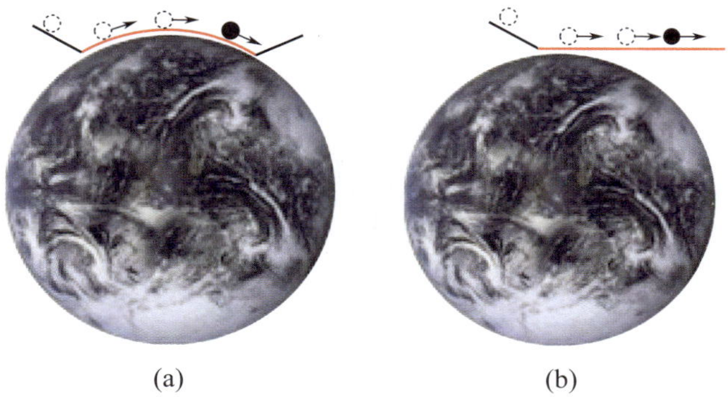

图6-6　伽利略的实验方案以及改进版本

所以，根据伽利略的实验方案，我们无法得出“匀速直线运动”存在的结论。也就是说，伽利略的实验无法证明牛顿第一定律。

6.5.2　思维对伽利略实验的改造

既然伽利略的实验无法证明牛顿第一定律，那为什么还有很多人将该实验视为牛顿第一定律的观测证据呢？答案就在于大家在使用伽利略实验的过程中，思维已经对实验本身进行过大量改造（即重新分类），从而才构建出“匀速直线运动”这个结论。这个改造通过三个假设来完成，如图6-7所示。

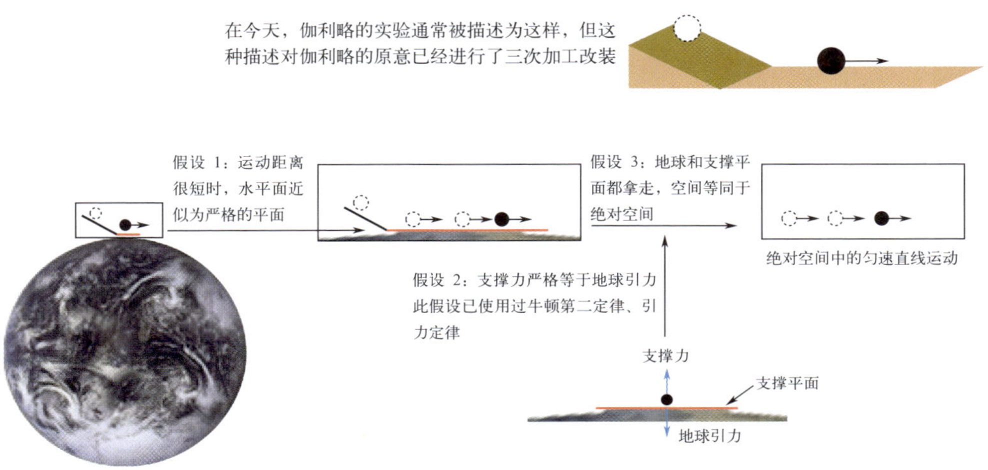

图6-7　理性思维对伽利略实验的加工改造过程

第一个假设：如果小球运动的距离非常短，那么可以假设这段距离对应的水平面（实际是曲面）等同于严格的平面，即将弯曲的水平面替换成严格的平面。这个假设就是思维通过重新分类来实现的，即思维将水平面划归到平面这个类之中。但是，伽利略当初并没有采用过这个假设。

第二个假设：假设水平面对小球的支撑力严格等于小球受到的引力[1]。只有在这样假设之后，小球受到的合力才等于零。这等同于将地球和支撑平面同时拿走。这又进一步等同于只剩下小球这个孤零零的物体了。这样一来，我们就可以做出第三个假设。

第三个假设：假设小球所处的空间等同于牛顿的绝对空间，即思维将水平面处的空间划归到绝对空间这个类之中。

就这样，通过这些假设，伽利略的实验过程才被改造成：小球先从斜面滚下来，进入严格的平面，然后就会沿直线匀速运动下去。也就是说，通过这些改造，我们的思维将小球在水平面的运动等同于在什么物质都没有的绝对空间中的运动，从而让我们误以为伽利略的实验可以验证牛顿第一定律。

然而，这个改造过后的实验场景也只有在思维之中才能存在，无法出现在真实世界。为了让这种只能在思维之中出现的实验场景变得合理，大脑的思维创造了一个新概念——理想情况或思想实验，即我们可以将这个在真实世界中无法出现的实验场景称为理想情况或思想实验。所以，每当听到“只考虑理想情况”这句话时，我们就要高度警觉了，因为思维这时候正在对实验现象进行疯狂改装，即进行重新分类，而这些重新分类可能丢弃或添加一些看似无关紧要、实则改变了本质的信息。

另外，在逻辑上，以上这些假设也无法成立。比如说，在第二个假设中，牛顿第二定律已经被使用过了。具体来说，在采用第一个假设之后，小球只在水平方向存在运动，在竖直方向没有运动，即小球在竖直方向加速度为零，从而根据第二定律推导出“支撑力严格等于引力，即小球受到的合力等于零”这个假设。可是，正如第5章谈到过的，必须在牛顿第一定律的基础上才能使用牛顿第二定律，但这里却先采用牛顿第二定律反过来去证明牛顿第一定律的存在。

总之，无论在真实世界中还是在逻辑上，这些假设根本无法严格成立，它们只存在于我们的思维中。也就是说，牛顿第一定律只有在思维中才能得到严格验证。所以，这些假设必然引入大量的主观成分，或者说先验成分。实际上，这些先验成

[1] 但实际情况却是支撑力约小于引力，因为小球的圆周运动已经抵消了一部分引力。

分很容易被觉察到，下面对此详细说明。

6.5.3 先验成分的明显表现

上面谈到的三个假设，表面上看起来无关紧要、完全可以接受，但实际上，在使用这些假设的前后，整个实验场景已经发生了本质的改变。只是在小球运动距离足够短、运动速度足够慢的情况（这正是大家常常采用的情况）下，我们还没有觉察到这些本质改变而已。当小球速度足够快时，这个本质的改变就会表现得无比明显。

比如说，当小球速度快到可以离开地面，在空中绕地球匀速圆周运动时，前面谈到的三个假设还能继续使用吗？ 如图6-8所示。

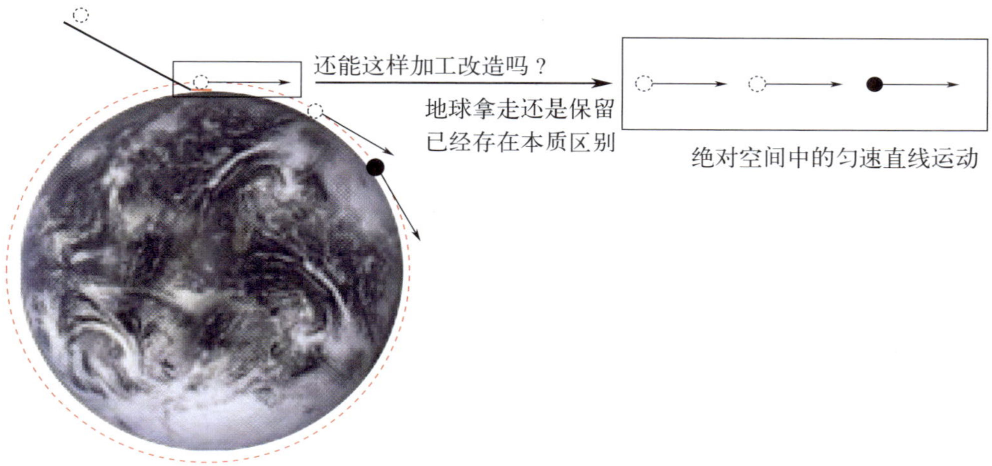

图6-8　改造过程带来的本质改变

如果答案是肯定的，那么我们可以看到图6-7的改造过程所引入的主观性是多么明显。比如说，图6-8左边明明是匀速圆周运动，右上明明是匀速直线运动，但这些改造过程却将左边的运动改造成了右边的运动。也就是说，思维加工出的结论（即右边的运动）与实际现象（即左边的运动）存在明显差别。

面对这种差别，与历史上所有类似情况一样，我们首先会尝试对实际现象进行拯救，就柏拉图、托勒密当初对行星运动的拯救一样。这一次，理性思维通过构造一个新概念有效地拯救了这个差别。这个新概念叫作“倾向”，拯救过程就是：虽然图6-8左边小球的实际运动是匀速圆周运动，但小球却具有匀速直线运动的倾向。如果我们只关心小球运动的倾向，那么左边的小球的运动仍然可以替换成右边小球的运动，替换之后的结果如图6-9所示。

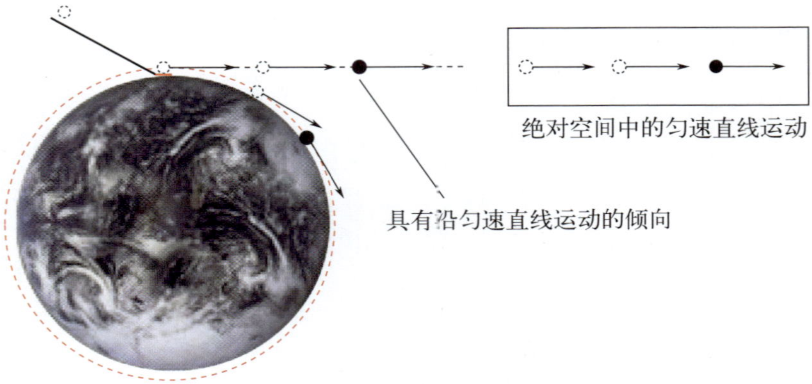

图6-9　思维构造出“倾向”这个概念来拯救实验现象

所以，通过构造出“倾向”这个概念，思维自己弥补了只能在思维中出现的运动场景（即理想情况，对应图6-8右边）与真实运动场景（对应图6-8左边）之间的差别，为它们构造出了一个共同特征——匀速直线运动，从而可以将这两种运动归为同一类。

但是，这个运动倾向真的存在吗？如果真的存在，这种运动倾向只有唯一的方式吗？对此，我们先来看看图6-8中所提问题的否定回答。

如果答案是否定的，即从图6-8左边的运动现象无法得出右边的结论，那么，左边的匀速圆周运动与右边的匀速直线运动就是两种完全独立的、不相关的运动。这样一来，我们就没有理由必须以“匀速直线运动”作为共同特征来对运动进行归类了。也就是说，在这两种运动中，谁的重要性或优先级更高一些需要依靠我们的主观选择来赋予了。那么，我们应该选择哪一种呢？

牛顿当初的主观选择是“匀速直线运动”。但是，爱因斯坦认为牛顿的这个主观选择并不是最佳的选择策略，最佳策略应该是：当地球不存在时就选择“匀速直线运动”，当地球存在时应该选择“匀速圆周运动”[1]。而这个不同的选择就会构建出不同的惯性定律，具体说明如下。

6.5.4　主观选择的引入——从“匀速直线运动”到牛顿惯性定律

根据牛顿的选择，匀速直线运动的优先级是最高的。既然优先级是最高的，那

[1] 当然，如果小球初始速度或方向改变了，小球的运动会变成椭圆运动，那么爱因斯坦的选择也会随之调整为椭圆运动。

么所有物体都应该优先按照匀速直线运动进行运动，直到受到外界干扰才会偏离这种运动。也就是说，所有物体都具有一种潜在的匀速直线运动的倾向。于是，我们开始相信，图6-10中小球真的具有沿切线方向飞出去的倾向。这种倾向有一个大家非常熟悉的名字——惯性，而物体由于这种倾向产生的运动就称为惯性运动。

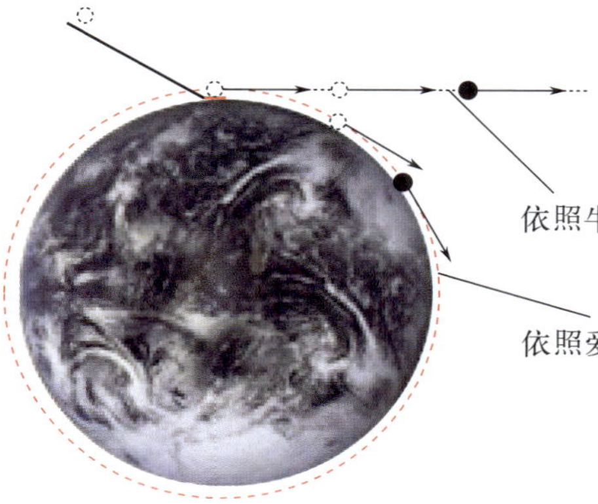

图6-10　惯性定律包含一定的主观选择性

就这样，依靠牛顿的这个主观选择，再借助于“倾向”这个概念，思维将所有运动过程与绝对空间中一颗孤零零小球的运动过程归为同一类，即让它们拥有一个共同特征，这个共同特征就是“匀速直线运动”。反过来，正是通过这个分类让这个共同特征在这个分类中具有普遍性，而这个普遍性就让这个分类成为世界的一种秩序，即所有物体都具有保持静止或匀速直线运动的倾向。由于这种倾向被称为惯性，所以这种秩序就称为惯性定律，它就是牛顿第一定律。

在今天，大多数人对图6-10左边小球具有沿切线方向飞出去的这个倾向已经深信不疑，认为这已经是一种常识。不过很遗憾，这个倾向只是思维为了弥补理想情况（与图6-9右边对应）与真实情况（与图6-9左边对应）之间差别，从而让思维能够完成这个分类而构造出的辅助概念，它并不是真实存在的。这可以从两个方面得到说明。第一，这个倾向无法被实验直接测量验证，下一小节会谈到这一点；第二，如果采用爱因斯坦的选择策略，这个倾向可以变成其他运动方式，不一定非得沿切线方向飞出去。

具体来说，根据爱因斯坦的选择，当地球存在时，图6-10中的匀速圆周运动的优先级才是最高的，它才是小球优先选择的运动。除非受到外界的干扰，小球才会偏离这种运动。所以，图6-10中小球具有的潜在运动倾向是匀速圆周运动，而不是沿切线方向飞出去。也就是说，当地球存在时，图6-10中小球的惯性运动是匀速圆周运动，而不是匀速直线运动。

所以，爱因斯坦的这个选择实际上是采用“匀速圆周运动”作为共同特征对图6-10中的运动进行重新分类，而在重新分类之后的世界中，图6-10中小球的运动倾向是匀速圆周运动，而沿直线飞出去的倾向就不存在了。

6.5.5 牛顿的惯性定律能被实验验证吗

当地球存在时，小球的惯性运动不是匀速直线运动，而是匀速圆周运动或其他运动。大家或许觉得这是一个违反常识、颠覆三观的结论，比如大家可以这样反驳：在地面的桌面上，一根绳子拴住一个小球，然后让这个小球转动起来，如果突然剪断这根绳子，那么小球就会沿切线方向飞出去，而不是沿圆周进行运动，如图6-11所示。这个实验不是明确地证明了惯性运动应该是匀速直线运动吗?

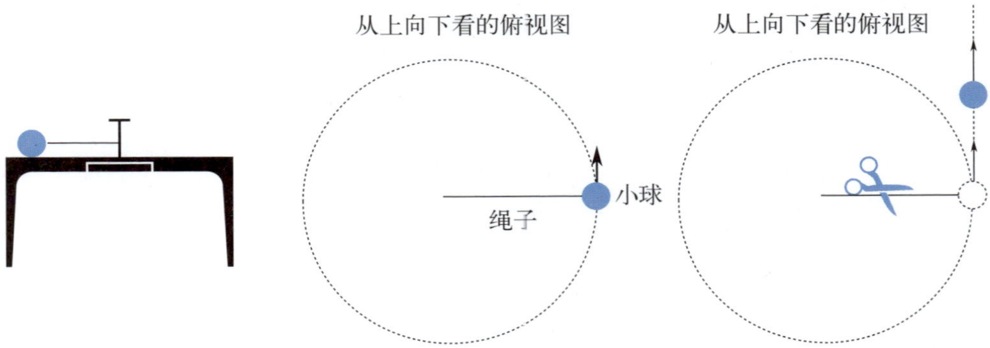

图6-11 验证“匀速直线运动”存在的另外一种实验方案

这个实验的确证明了桌子上的这颗小球具有保持匀速直线运动的倾向，比如在剪断绳子的那一刻，小球由于这个倾向（即惯性）会沿切线方向飞出去。但问题的关键在于这个实验过程可以应用到图6-10中小球上吗？答案是否定的。

具体来说，在图6-11中，我们可以通过剪断绳子，让小球受到的拉力瞬间消失，从而完成实验的验证。但是，在图6-10中，我们不可能用剪刀把地球对小球的引力剪断，让小球受到的引力瞬间消失，从而完成实验的验证。我们唯一可以让引力消失的方法就是将地球拿走。先不说这在实际操作上能否做到。即使能做到，我们还将面临一个更大的问题，那就是当地球被拿走之后，整个实验场景已经被完全破坏，因为只剩下一个小球在空中了，如图6-12所示。那么，这个实验本身就已经不存在了。

所以，当地球存在时，小球具有沿切线方向飞出去的倾向，是一个无法通过实

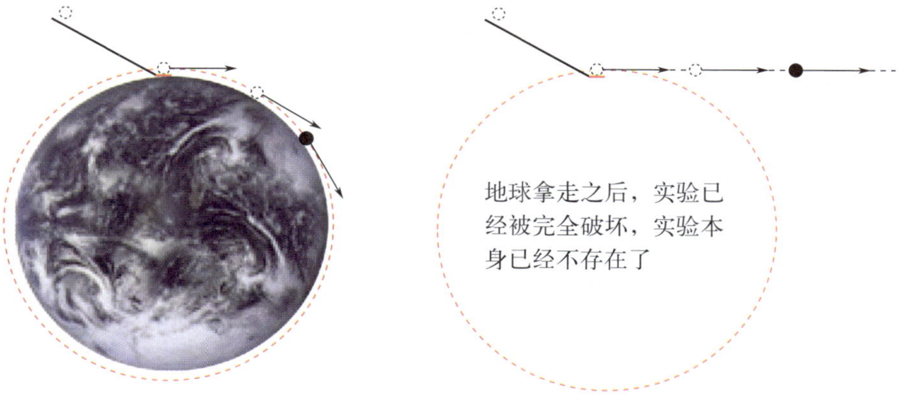

图6-12　直接验证小球具有沿切线飞出去倾向的实验无法进行

验直接验证的结论。大家之所以相信小球具有这个倾向，那是因为思维对世界的一些初始分类已经填充了我们的大脑，比如思维已经将图6-13左边小球在绳子拉扯下的旋转运动与图6-13右边小球围绕地球的旋转运动归为同一类。正是在完成这个分类之后，我们才会觉得图6-13左右两边的运动没有本质区别。这样一来，既然左边小球具有沿切线飞出去的倾向，那么右边小球也应该具有沿切线飞出去的倾向。

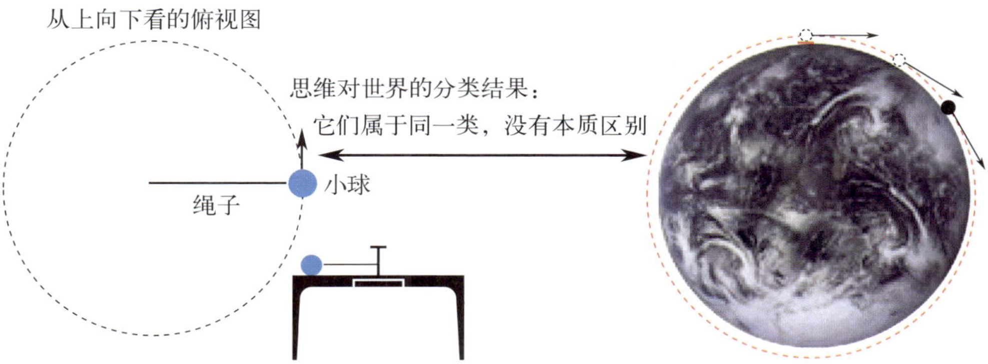

图6-13　来自理性思维的构造

6.5.6　通过对世界分类来构建秩序规律

如果你仍然相信图6-13右边的小球具有沿切线飞出去的倾向，或者仍然认为物体的惯性运动必定是匀速直线运动，认为这些结论都是常识和显而易见的，那么你应该还没有觉察到，你的思维已经预先完成了前面提到的这些分类。然而，这些分类过程并不是全部来自外部世界的约束，而是还会受到我们主观选择的影响。

所谓的常识只是基于这种分类推理出来的结论。通常情况下，大多数人无法觉察到在得出所谓的常识之前，思维已经对这个世界完成过哪些分类了，这些分类的过程又受到了哪些主观选择的影响。正如1.10节谈到过，思维的这些分类必定会引入虚构成分，这些虚构成分就包含这些主观选择和前面谈到的先验成分，第6.8节将会对这些虚构成分进行详细说明。

当然，也许有人还会提出这样的反驳：正是由于图6-13右边小球具有沿切线飞出去的倾向，它才需要地球产生引力将小球拉回到圆形轨道上来，而引力是真实存在的，所以这个倾向也是真实存在的。在支持这种反驳的大脑中，引力的概念已经被事先填入了。但引力这个概念同样是基于图6-13的这个分类才能构造出来的，正如5.5节已经谈到过的，牛顿当初是先假设小球具有沿切线飞出去的倾向，然后在此基础上才构建出引力这个概念。所以，如果图6-13右边的小球本身就不具有沿切线飞出去的倾向，而是具有保持匀速圆周运动的倾向，那么引力的概念也就不会诞生了。也就是说，不需要引力的概念，我们就能对图6-13右边小球的运动进行理解，而且，这种理解更加简单方便，即选择匀速圆周运动作为图6-13右边小球的惯性运动才是更佳的选择。而这正是爱因斯坦的选择。

另外，如果采用时空弯曲的观念去看待惯性运动，那么爱因斯坦的选择很明显才是更加接近真相的选择，具体说明如下。当时空没有弯曲时（比如地球不存在时），小球的惯性表现为沿直线匀速运动的倾向。当时空发生弯曲时（比如地球存在时），小球的惯性就不再表现为沿直线匀速运动的倾向。至于具体表现成沿什么运动的倾向，这取决于时空如何弯曲以及小球的初速度。但是，牛顿却通过主观选择强行要求：不管在什么情况下，小球的运动倾向都必须是匀速直线运动。这种强行要求就是牛顿的惯性定律所包含的主观选择。

总之，牛顿在构建出惯性定律的过程中，思维已经对这个世界进行过大量的分类。正是基于这些分类，牛顿的惯性定律才作为一种秩序呈现出来了。但是，在这些分类过程中，思维引入了大量的先验成分和主观选择。

采用庞加莱的话来说，这些先验成分和主观选择表现为“牛顿的惯性定律只不过是大家的一种约定而已”。也就是说，牛顿的惯性定律只是在科学家群体里达成了一致意见的“协商结果”，而不是实验事实。只是由于这个协商过程是由当时独特的历史背景所铸造，且在科学家群体的无意识中完成的，从而在很长一段时间之内，没有人觉察到牛顿惯性定律所包含的社会构建性。最早觉察到这一点的人是马赫和庞加莱，详细说明参见《破解引力——广义相对论的诞生之路》第6章。

所以，牛顿惯性定律的这个例子让我们看到，那些曾经让我们无比坚信的知识

（比如图6-12中小球具有沿切线飞出去的倾向）有可能只是来自理性思维的构建，而非真实存在。但即使是这样，这些知识仍然满足现代科学方法的标准，仍然是科学的知识，因为将图6-12中小球具有沿切线飞出去的倾向作为前提条件，我们计算出的结果与实验观测是吻合的。

除了牛顿的惯性定律，牛顿的力$\boldsymbol{F}$和牛顿第二定律也是来自理性思维的构建，而非真实存在，具体说明见下节。

6.6 牛顿第二定律能被实验验证吗？

牛顿对定义$\boldsymbol{F}=m\boldsymbol{a}$的推广，或者说牛顿第二定律可以被实验直接验证吗？答案也是否定的。无法直接验证的一个根本原因在5.4节构建力$\boldsymbol{F}$概念的第二步已经谈到过，那就是$\boldsymbol{F}=m\boldsymbol{a}$中的力$\boldsymbol{F}$无法被测量仪器直接测量到。这也是牛顿当初为什么不得不退而求其次，只能采用小球质量乘以加速度（即$m\boldsymbol{a}$）对力$\boldsymbol{F}$的大小进行度量的原因。

当然，肯定有人会立刻反驳道，牛顿第二定律不是很容易被验证吗？比如下面这个实验，如图6-14（a）所示。用一个弹簧测力计拉住一个小球加速运动，这个弹簧测力计不就能测量出小球所受到的作用力吗？然后再测量出小球的质量m和加速度$\boldsymbol{a}$，这样不是很容易就能验证$\boldsymbol{F}=m\boldsymbol{a}$吗？

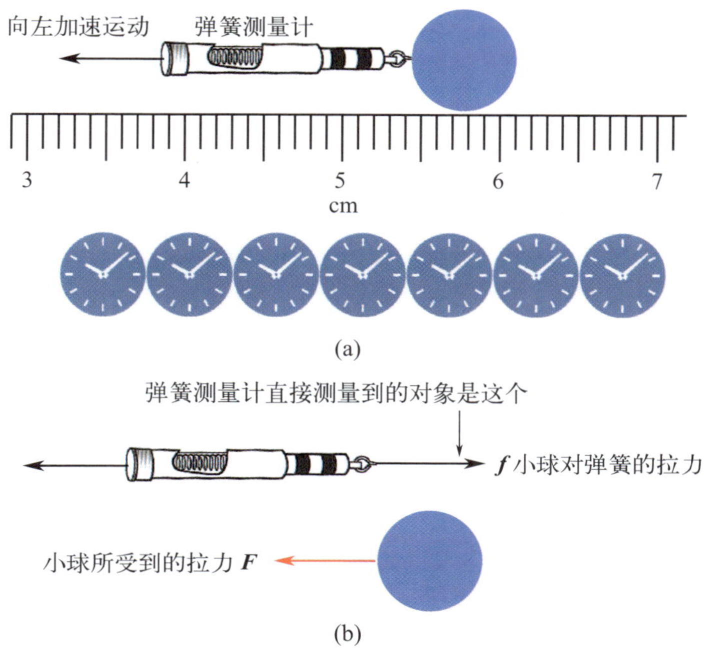

图6-14 验证牛顿第二定律$\boldsymbol{F}=m\boldsymbol{a}$的实验

这个实验并没有直接验证$\boldsymbol{F}=m\boldsymbol{a}$，原因在于弹簧测力计所测量出的力并不是$\boldsymbol{F}=m\boldsymbol{a}$中的力$\boldsymbol{F}$，即

不是小球所受到的拉力F，而是小球对弹簧的拉力f，如图6-14（b）所示。力f只是力F的反作用力，而不是力F的本身。我们之所以认为这个实验可以验证牛顿第二定律$F=ma$，那是因为我们已经先使用过牛顿第三定律，即已经使用过$F=-f$。

也就是说，如果要想通过实验直接验证牛顿第二定律，我们必须先验证牛顿第三定律才行。但是，要想验证牛顿第三定律，我们又必须先使用牛顿第二定律才行，详细说明如下。

6.6.1 牛顿第三定律已经使用过定义$F=ma$

在第5.2节谈到过，笛卡儿当初依靠理性思考得出这样一个结论：当球A与球B发生碰撞时，球A损失的运动与球B获得的运动同样多，即运动的总量在碰撞前后保持不变。这个结论就是著名的动量守恒定律。它的普遍有效性直到今天仍然成立❶。

也就是说，碰撞过程的本质就是球A与球B相互转移运动的量，而且在转移过程中，运动的量（比如动量）不能出现丢失。那么，怎样才能保证动量不丢失呢？答案就是在碰撞过程中，球A损失动量的快慢与球B接收动量的快慢正好完全一样。

很显然，动量在球A与球B之间转移得越快，这个碰撞过程就越剧烈。所以，转移动量的快慢就代表碰撞的强烈程度。那么，碰撞的强烈程度该如何度量呢，也就是如何将它数学化为具体的数值呢？答案就是直接利用“转移动量的快慢”来度量，如图6-15所示。这样度量出来数值就是5.4节谈到力F❷。

所以，正是在使用了力F的定义$F=ma$之后，动量守恒定律才蜕变成牛顿第三定律的形式，即球B受到作用力大小正好等于球A受到作用力大小。也就是说，牛顿第三定律是在使用过牛顿第二定律的基础上形成的。或者说，牛顿第三定律只不过是采用$F=ma$对动量守恒定律进行重新表述之后的形式❸。

这样一来，要想直接验证牛顿第二定律，需要先验证牛顿第三定律，但牛顿第三定律又已经使用过牛顿第二定律。这当然就形成一个无法解决的循环。

这一循环之所以会形成，其根源就在于$F=ma$只不过是一个定义，并不是真正

---

❶ 不过，在相对论中，动量守恒定律需要与能量守恒定律组合在一起才有效。

❷ 具体来说，动量等于质量m乘以速度v，所以，“转移动量的快慢”可以简化为小球质量乘以小球加速度，即ma，即度量出来的数值就是$F=ma$。

❸ 关于牛顿第三定律诞生的历史过程，可以参看《破解引力——广义相对论的诞生之路》第2章。

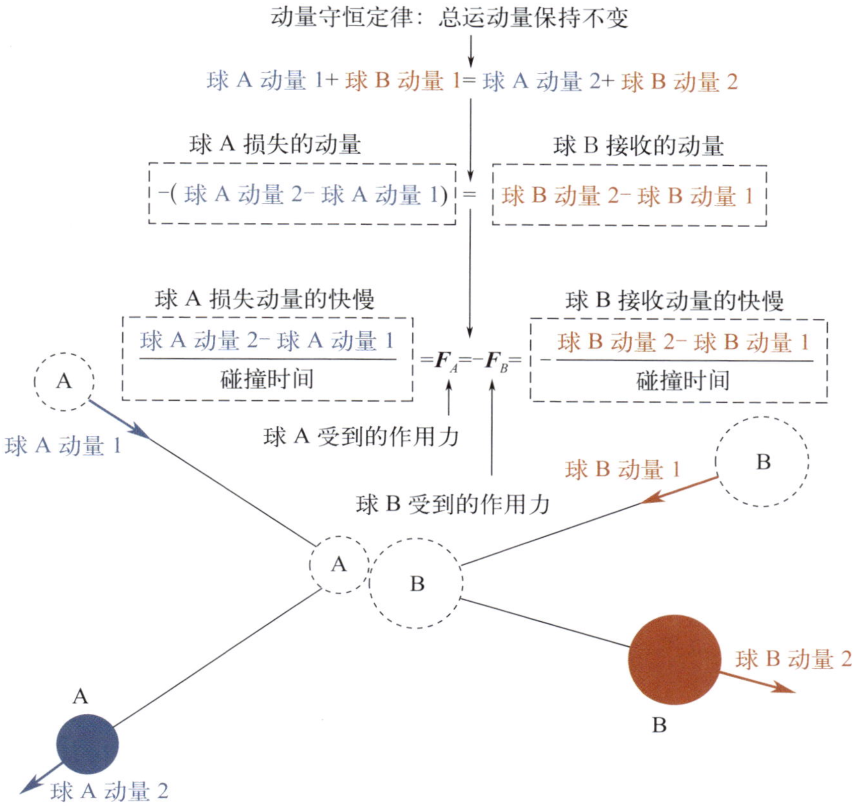

图6-15　牛顿第三定律已经使用过定义 $F=ma$

的公理（即判断）。这个定义只负责将碰撞作用的大小数学化，即将碰撞作用大小数量化成具体的量，这个量就是 ma。而且，如果不事先采用牛顿第三定律（即作用力大小等于反作用力大小）的情况下，这还是唯一能够将碰撞作用大小数量化的方法。

比如说，对于图6-15中球B受到的碰撞作用，除了采用 ma，没有其他方法还能将它数量化成具体的量了，如图6-16（a）所示。也许大家觉得可以在球B和球A之间放置一个弹簧测力计，那么，弹簧测力计测量出的数值不就可以将球B受到的碰撞作用数量化吗？如图6-16（b）所示。但是，弹簧测力计也只是将小球B对弹簧的反作用数量化成数值了，并没有将球B受到的推动作用本身数量化成数值，如图6-16（c）所示。也就是说，弹簧测力计直接测量到的对象是小球B对弹簧的反作用力，而不是小球B受到的作用力本身。

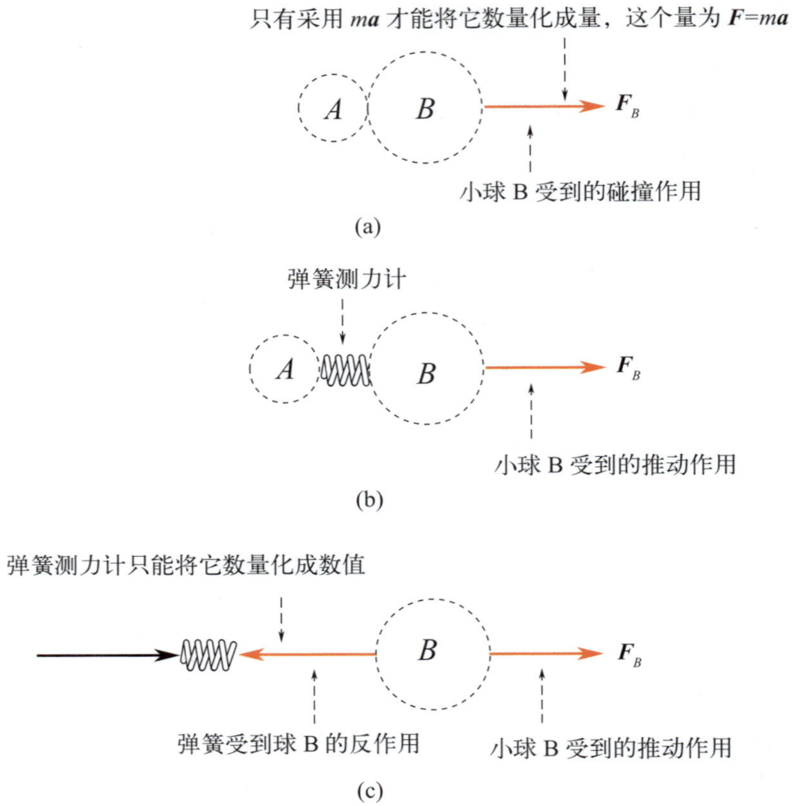

图6-16　弹簧测力计直接测量的对象并不是小球B受到的作用力

所以，弹簧测力计（或者其他测量仪器）无法直接测量到球B所受到的作用力***F***。也就是说，牛顿构建出的这个概念对象——力***F***无法被任何测量仪器直接测量到。而且，这是一个无法解决的困难，因为这个困难来自测量在逻辑上的无法实施，而非测量仪器的不够精确。逻辑上无法实施的根源在于***F=ma***只是一个定义。

6.6.2　牛顿定义的力*F*无法被直接测量到

在图6-14和图6-16的例子中，力***F***无法被任何测量仪器直接测量到的问题隐藏得很深，很难引起大家的注意，原因是我们需要很强的洞察力和反思能力才能觉察到：对于我们亲眼观察到的现象，思维实际上已经对它们进行过大量的加工处理（即大量的初始分类），然后才将它们呈现在我们的意识之中，从而让我们误以为亲眼看到的结果就是这个现象的实际情况。

但是，如果按照牛顿的强制要求对定义***F=ma***进行推广，即从桌面推广到天空，认为行星也受到力***F***的作用，那么，行星所受到的这个力***F***无法被任何测量仪器直接测量到的问题就不再隐藏得很深，而是以无比明显的方式凸显出来了。如果将行星的运动换成一颗自由下落运动的苹果，那么，这个问题还会变得更加明显。也就是说，我们无论采用什么测量仪器，都无法直接测量到一颗正处于自由下落过程中的苹果所受到的作用力$\boldsymbol{F}$，如图6-17（a）所示。

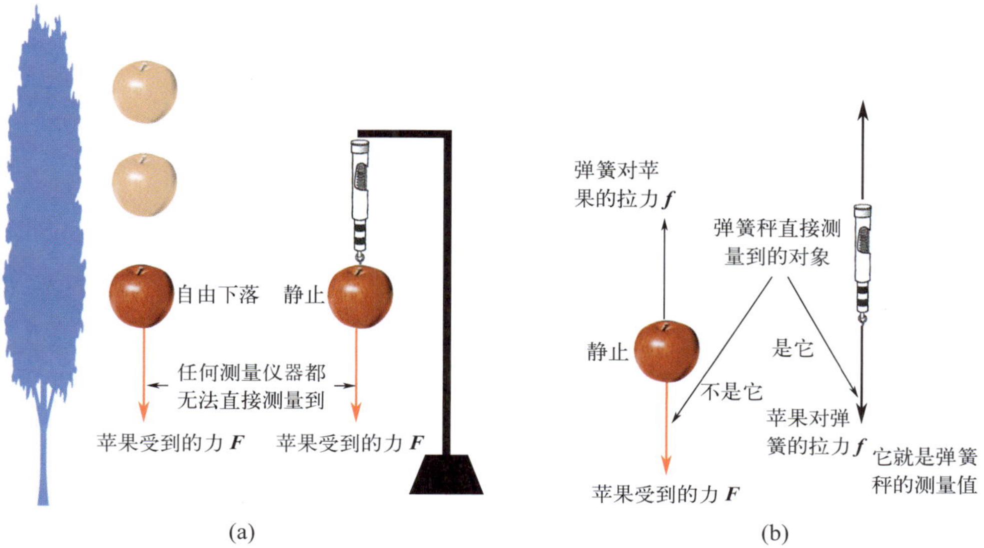

图6-17　任何测量仪器都无法直接测量到苹果受到的作用力F

当然，肯定有人还会反驳道，如果用一个弹簧秤挂着这颗苹果，这个弹簧秤不就能测量出苹果所受到的作用力$\boldsymbol{F}$了吗？如图6-17（a）右侧所示。但实际结果并不是这样的，具体说明如下。

首先，如果用弹簧秤挂着苹果，苹果将处于静止状态，那么，苹果静止时的测量结果可以推广到自由下落中的苹果上吗？毕竟挂在弹簧上的苹果与自由下落的苹果是两个完全不同的状态[1]。所以，在得出结论之前，我们的思维已经对实验现象完成了一次初始分类，那就是将挂在弹簧上的苹果与自由下落的苹果归为同一类，而我们的结论是基于这个初始分类推理出来的。这个初始分类等同于图5-10所做的推广。

其次，即使苹果静止时的测量结果可以推广到自由下落中的苹果上，那么弹簧秤直接测量到的对象也只是苹果对弹簧秤的拉力$\boldsymbol{f}$，而不是苹果自身所受到力$\boldsymbol{F}$，

[1] 在广义相对论中，它们的区别表现得更清晰，因为在四维弯曲时空中，静止苹果的世界线是曲线，而自由下落苹果的世界线则是直线。

如图6-17（b）所示。我们之所以误认为弹簧秤直接测量出的结果f就是苹果所受到的力F，那是因为我们事先就已经将牛顿第二定律推广到这颗苹果，而且还使用过牛顿第三定律，具体说明如图6-18所示。

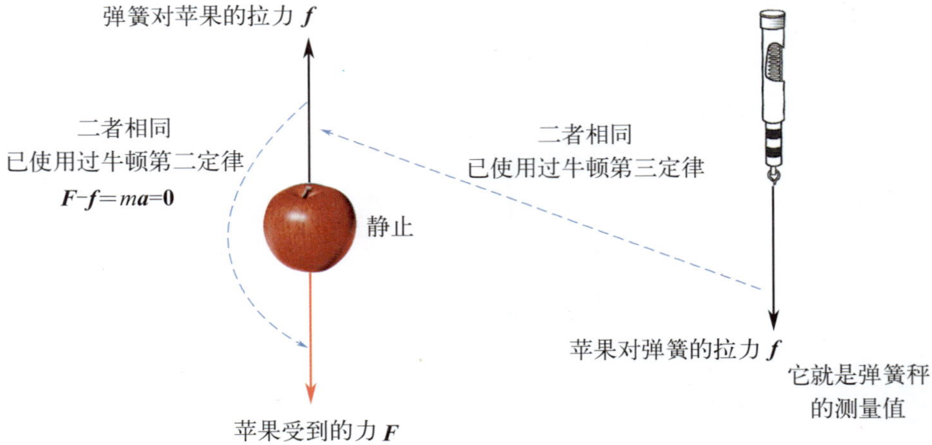

图6-18　测量过程默认使用过牛顿第二定律和牛顿第三定律

正是基于这些初始分类和牛顿第二、三定律，弹簧秤测量出的数值f才代表苹果受到的向下作用力F。所以，用弹簧秤就可以测量出苹果受到的力F——这个结论并不是一个实验事实，而是基于这些初始分类，并利用牛顿第二、三定律推导出的推论。那么，利用这样的测量结果又怎么能反过来去验证牛顿第二定律呢？具体来说，要想验证自由下落的苹果是否满足牛顿第二定律，我们就需要对苹果受到的力F进行测量，但要想测量出苹果受到的力F，我们又必须先使用牛顿第二定律。

这样的验证过程并不是真正的验证，它只不过是同义的反复。这就好像为了证明$A=B$，我们使用了$B=A$，而为了证明$B=A$，我们又使用了$A=B$。当然，这样的验证过程也不会“出错”，这就是为什么实验现象与牛顿第二定律从来没有出现过矛盾的原因[1]，就好像$A=B$的这个证明过程也不会“出错”一样。但是，我们不能说牛顿第二定律已经得到了实验的验证，就好像我们不能说$A=B$已经得到了证明一样。

不仅如此，另外一个困难更加无法解决，那就是牛顿第二定律$F=ma$中的加速

[1] 即使在广义相对论中，实验现象与牛顿第二定律仍然没有出现过矛盾冲突，只是牛顿第二定律需要回到它最原始的定义方式，即一个物体受到的力等于该物体丢失或接收动量的快慢。

度$\boldsymbol{a}$是小球在绝对空间中的加速度。也就是说，在使用牛顿第二定律之前，我们已经预先假定：小球总是具有保持静止或匀速直线运动的倾向。所以，牛顿第二定律是建立在牛顿惯性定律基础之上的。这样一来，如果要通过实验直接验证牛顿第二定律，我们必须先验证牛顿第一定律是成立的，或者先证明绝对空间是存在的。但遗憾的是，牛顿第一定律也无法被实验直接验证，第6.5节已经详细谈到过这一点。

行星的运动与苹果的自由下落是类似的，我们同样无法直接测量出行星受到的力$\boldsymbol{F}$，从而无法通过实际测量来真正验证行星绕太阳的运动是否满足牛顿第二定律，如图6-19所示。这样的企图也将不可避免地陷入同义反复的逻辑循环。至于这些实验的验证过程为什么会陷入这个无解循环，前面已经提到过了，根源就在于牛顿第二定律$\boldsymbol{F}=m\boldsymbol{a}$只不过是力$\boldsymbol{F}$的定义而已，它本身并不是一个真正的判断。所谓的定义就是思维在采用某个标准对世界进行分类，第5.4节详细说明了牛顿如何采用“物体的运动会发生改变（即$m\boldsymbol{a}$）”作为标准对推动作用进行重新归类，而所谓的判断则是考察某个事物是否属于已经划分好的某个分类。

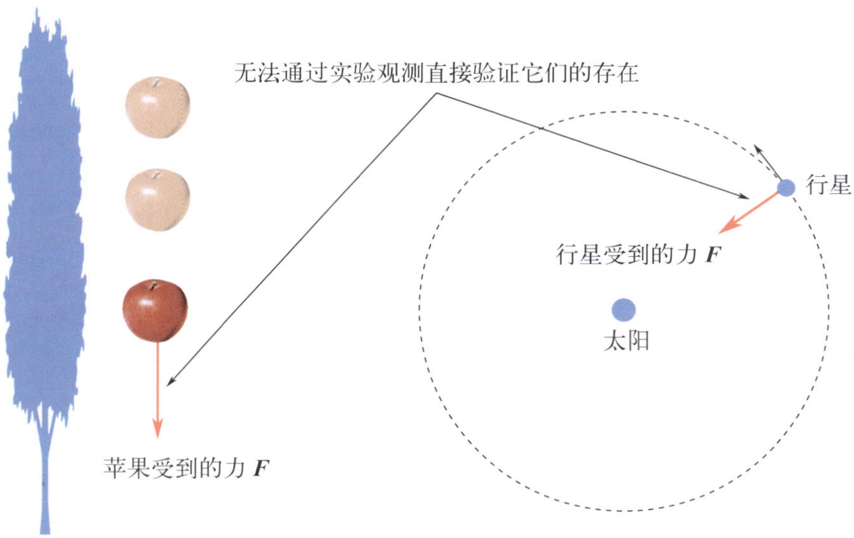

图6-19　牛顿的推广并非来自对实验观测的归纳总结

总之，任何企图采用实验来直接验证牛顿第二定律，从而验证牛顿在图5-10所做的推广都是无效的，这样的验证并不是真正的验证，因为在验证过程中，我们将不可避免地事先采用图5-10所做的推广和牛顿的三大定律。

6.7 我们自以为成功的验证实际是无效的

就像大家通常听说的那样，物理定律不可能凭空产生，物理定律是从实验现象中归纳出来的。但是，从这些实验现象中归纳出来的定律，为什么就不能反过来被这些实验直接验证呢？比如说，牛顿第二定律似乎也可以从大量实验现象中归纳出来，但这些实验现象为什么就无法反过来直接验证牛顿第二定律呢？到底哪个环节失效了呢？

这个问题的症结在于，牛顿第二定律（比如牛顿在图5-10所做的推广）并不是基于真正的实验事实所归纳出来的结论，而是基于被思维加工过的“实验观测”所得出的结论。思维的这些加工过程必定会引入大量主观选择和先验成分，它们都是虚构的。比如第6.6.2节谈到过的，对于弹簧秤挂着一颗苹果的实验现象，我们得到的实验观测结果为：弹簧秤测量出苹果的受力为$\boldsymbol{F}$。但实验观测结果对应的实验事实只不过是弹簧秤测量出了苹果对弹簧的拉力$\boldsymbol{f}$，如图6-20所示。

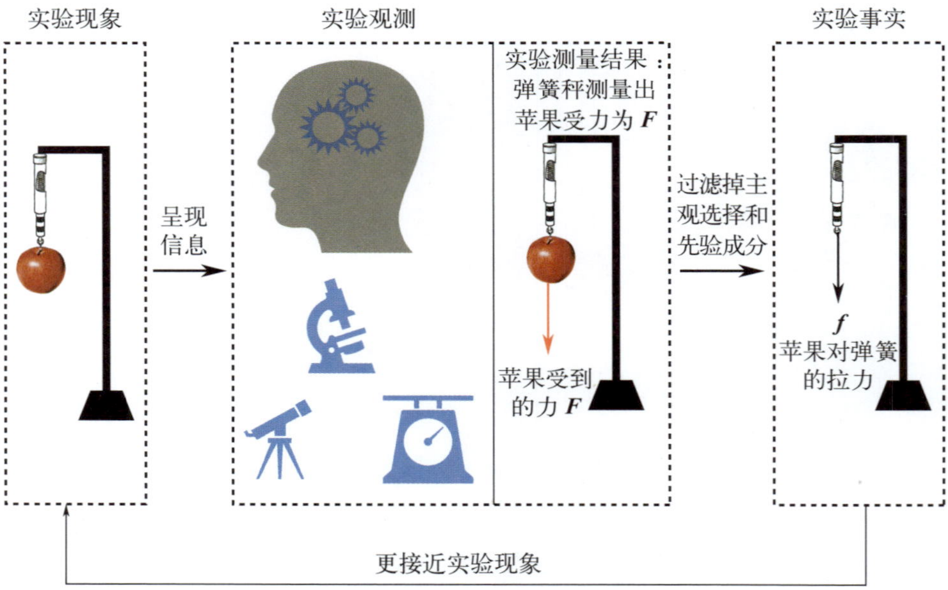

图6-20 实验测量并不等同于实验现象

思维加工过程引入的很多虚构成分是难以察觉的。当没有觉察到这些虚构成分的时候，我们就会误以为这些实验观测结果就是实验事实本身，进而让我们误以为归纳出了一个符合实验现象的结论。

所以，从实验现象得出实验结论（即物理定律）的过程中，我们必须要严格区分三个对象：实验现象、实验观测、实验事实。

实验现象是指事物自身的存在，它们是还没有进入大脑和观测设备之前的存在。所以，它们是绝对客观的。采用康德的术语来说，实验现象就是“物自体、自在之物”。

实验观测是按照预先设定的目标从实验现象中获取的信息，它们只有通过思维和仪器设备加工才能得到。那么，它们不再是完全客观的，原因来自三个方面。

第一，前面章节详细谈到过，人类大脑思维的底层实现方式就是分类，而推理是基于分类演化出的功能。在思维利用推理对世界做出理解之前，大脑就需要对世界完成初始分类，然后，通过在初始分类的基础上得到更多更高层次的分类，思维就完成了对外部世界的逐步理解。大量初始分类已经隐藏于我们的语言，比如前面谈到的“时间、空间”。这些初始分类是极难察觉的。没有隐藏在语言之中的初始分类也是难以察觉的，比如第6.5节谈到过的，思维将所有运动过程与绝对空间中一颗孤零零小球的运动过程归为了同一类。

我们对外部世界（比如一个实验现象）的理解将不可避免地需要基于这些初始分类。如果完全抛弃这些初始分类，思维将无法启动。然而，正如前面谈到过的，这些初始分类将不可避免地引入主观选择和先验成分。这导致我们对外部世界（比如一个实验现象）的理解必然携带着大量主观选择和先验成分。

比如说，我们在测量小球速度时，我们已经引入这样一个先验成分：每个位置的时间是完全相同的，如图6-14所示。再比如说，将一块方形石头从地面搬到桌子上之后，我们已经引入这样一个先验成分：这块石头还是那块石头，它的长、宽、高是完全相同的。再比如说，当我们说所有物体都具有沿直线运动的倾向时，我们已经引入这样一个先验成分：所有运动过程与绝对空间中一颗孤零零小球的运动过程是同一类。再比如说，当我们说自由下落的苹果受到外力$\boldsymbol{F}$作用的时候，我们已经引入这样一个先验成分：弹簧挂钩上的苹果与自由下落的苹果是同一类。

总之，我们对外部世界（比如一个实验现象）的理解无法完全摆脱主观选择和先验成分。它们只是隐藏得太深，还没有被我们觉察到而已。而这些主观选择和先验成分基本都是虚构的。

所以，在对实验进行测量时，我们的大脑已经被语言以及大量知识初始化过了，但语言以及这些知识却携带着主观选择和先验成分，即携带着虚构成分，从而导致测量结果也携带着虚构成分，那么，从这些测量结果归纳出来的物理定律也就携带着这些虚构成分。这样一来，采用这些测量结果反过来去验证这些物理定律就无法发现这些虚构成分，从而无法对物理定律进行真正的验证。

也就是说，一方面，在这些虚构成分的基础上，我们才能得到这些测量结果。另外一方面，也正是在这些虚构成分的基础上，我们才能构建出所谓的秩序、定律。那么，采用这样的测量结果去验证这样的秩序、定律，我们就无法检验出这些秩序、定律所携带的这些虚构成分，即采用“虚构”去验证“虚构”无法发现这些“虚构”本身。或者说，只有在这些初始分类（它们是这些虚构成分的来源）的基础上，这样的验证过程才能出现，才算是有效的，但这样的验证无法证明这些初始分类是否可靠。

第二，对我们大脑进行初始化的这些语言以及知识是有限的。这种有限当然会对实验观测形成束缚。比如说，几万年前的一位原始人从苹果下落现象中永远无法得到匀加速下落的结论，因为他们的知识积累非常有限。

第三，人类感官系统和观测设备的局限会导致我们只能获取部分信息，而不是全部信息。这导致我们的实验观测只能获取实验现象的某个侧面，而非全部。

所以，由于以上这三个方面的影响，我们“看”到的世界（比如实验观测结果）并不一定是完全客观的存在。

实验事实则是我们将实验观测结果中的这些主观选择和先验成分排除掉，最后得出更加接近实验现象的结果，它们是相对客观的。但是，想要完全排除掉所有主观选择和先验成分是做不到的，因为任何测量都需要大量的主观选择和先验假设才能开展，只是有些主观选择和先验假设还没有被我们觉察到而已。比如说，我们在测量苹果下落距离的过程中，已经假设苹果树顶的1m和苹果树下的1m是同样长的。在长达几百年的岁月里，从来没有人觉察到过这一先验假设。觉察到它们就已经如此困难了，更不用提将它们排除掉。所以，我们不可能将实验观测结果中的所有主观选择和先验成分完全过滤掉，我们只能将那些已经被觉察到的成分过滤掉，从而竭尽全力去接近实验事实，进而尽量去还原实验现象[1]。

总之，绝对客观的实验现象是我们无法触及的。用康德的话来说，“实验现象”就是“物自体”，而“物自体”是不可知的。虽然我们可以获取实验观测结果，但它又不是完全可靠的，因为它携带有大量主观选择和先验成分。实验事实才是我们真正需要的，但得到实验事实又需要一颗极其敏感的大脑，因为只有一颗极其敏感的大脑才能洞察到那些难以觉察的“主观先验污染”，并想办法将它们过滤掉。

因此，实验事实才是最重要的，它们才是我们去构建宇宙图像的根据。现代科学所构建出来的宇宙图像应该是实验事实的总和，当然，也只能是实验事实的总

[1] 一百多年前，胡塞尔的现象学就提出了一套更广泛的现象还原方法。不过胡塞尔的现象是指外界事物在大脑中的最初呈现，而这里所说的还原是尽可能对外部事物进行还原。

和，无法是实验现象的总和。那么，苹果和行星受到力$\boldsymbol{F}$的作用是实验事实吗？也就是说，它们是真实存在的现象吗？

6.8　牛顿的引力真实吗

6.8.1　过滤掉测量力F所引入的主观选择和先验成分

图6-18谈到过，如果一把弹簧测力计挂着一颗苹果，只有在事先采用牛顿第二、三定律之后，我们才能测量到苹果所受力$\boldsymbol{F}$。也就是说，这个测量结果已经包含牛顿第二、三定律这些知识。那么，这些知识携带有主观选择和先验成分吗？

第6.6节谈到过，牛顿第三定律本质上是动量守恒定律，而动量守恒定律已经经受了几百年的实验验证，这表明主观选择和先验成分在该定律中很难被察觉到，或者说，我们可以暂时先不考虑它们。但是，牛顿第二定律则完全不同，第6.6节已经详细谈到过，牛顿将定义$\boldsymbol{F}=m\boldsymbol{a}$推广到行星的过程无法得到实验的真正验证。当我们觉察到这一结果时，这个推广过程所引入的主观选择和先验成分就暴露出来了。那么，我们需要将这些虚构成分从实验观测结果中过滤掉，才能得到更加接近实验事实的结果，从而更加接近真相。

过滤掉这些虚构成分的方法很简单，那就是我们在实验观测的过程中不采用牛顿第二定律。那么，这样做得到的结果是什么呢？答案就是：无论采用什么测量仪器，我们都无法测量到苹果所受的力$\boldsymbol{F}$，如图6-21所示。所以，这个答案才是更加接近实验事实的结果，才更加接近真相。

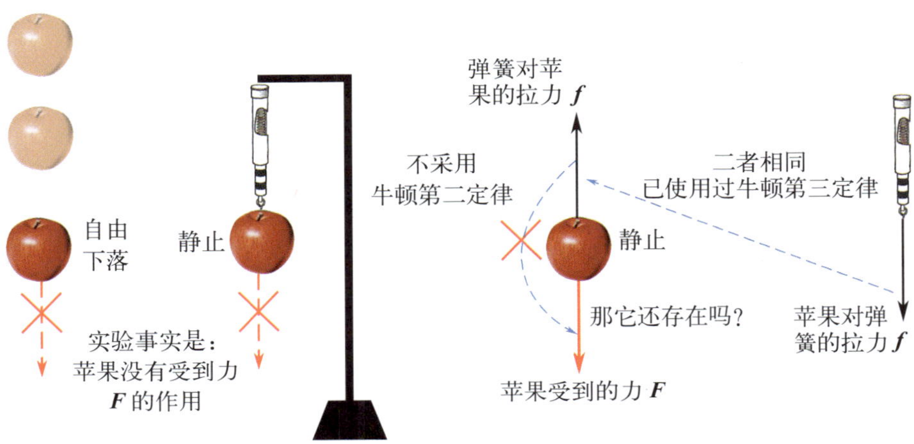

图6-21　更加接近真相的结论

6.8.2　牛顿推广之后的力*F*并不存在

如果一个对象无法被测量到，那它还是真实存在的吗？在我们构建宇宙图像的过程中，这可能是最难以回答的问题了。

这个问题涉及一个更基本的问题，那就是“什么才叫‘真正的存在’”。第3.2节谈到过，这个问题是伴随理性思维而来的，或者说，它是由理性思维引发的。对于不是基于理性思维来理解世界的智能物种来说，这个问题并不会出现。那么，仅仅依靠理性思维自己，它将无法回答自己引发的这个问题。这就是为什么哲学家们已经为它冥思苦想、唇枪舌剑了两千多年，却依然没有达成最后的共识。当然，这两千多年的争论已经形成各种不同的答案。

比如说，按照实证主义哲学流派的观点，如果一个对象无法被测量到，那这个对象就是不存在的。所以，在弹簧测力计挂着一颗苹果的这个实验现象中，实验事实是：苹果没有受到力*F*的作用，因为它无法被直接测量到[1]，如图6-22（a）所示。

这个结论也适用于行星，因为如果抛出一颗苹果的速度足够快，那这颗苹果也会成为地球的“行星”。所以，在行星运动的这个实验现象中，过滤掉主观选择和先验成分之后的实验事实也是：行星没有受到力*F*的作用，行星的惯性运动是围绕太阳转动，而不是沿直线方向飞出去，如图6-22（b）所示。

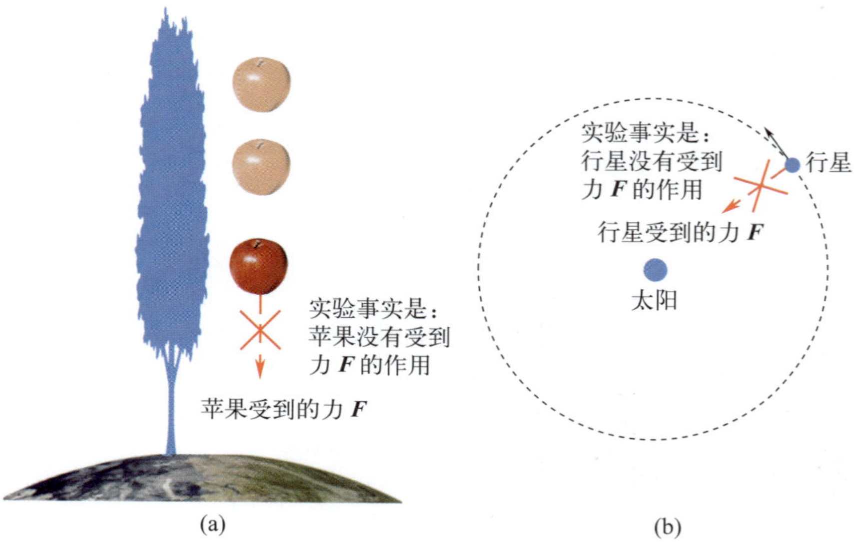

图6-22　更加接近真相的结论

---

1. 不过，在历史的早期，人们误以为弹簧测力计显示的读数就是苹果受到力*F*的测量结果，从而误以为苹果受到的力*F*就是真实存在的。

当然，肯定有人会立即反驳：如果苹果没有受到力$\boldsymbol{F}$的作用，那苹果为什么还会从树上掉下来呢？苹果为什么还会在空中加速下落呢？

进行这样反驳的大脑已经被一个初始分类初始化过了。这个初始分类就是：所有运动过程与绝对空间中一颗孤零零小球的运动过程是同一类，即所有运动都具有保持静止或匀速直线运动的倾向，或者说，如果物体没有受到外力作用，那它应该保持静止或匀速直线运动。也就是说，进行这样反驳的大脑已经被牛顿的惯性定律初始化过了。

但是，第6.5节已经详细谈到过，牛顿的惯性定律也无法被实验直接验证，那么，它所引入的主观选择和先验成分也暴露出来了。所以，我们也需要将这些虚构成分从实验观测结果中过滤掉，才能得到更加接近实验事实的结果，从而更加接近真相。

6.8.3 新的惯性定律

过滤的方法同样很简单，那就是我们先将牛顿的惯性定律完全忘记，即先将这个初始分类从我们的大脑中完全抹掉。也就是说，我们不要认为所有运动过程与绝对空间中一颗孤零零小球的运动过程是同一类。那么，当我们再来观察一颗苹果自由下落这个现象时，我们看到的实验事实就是：在地面上，一个没有受到外力$\boldsymbol{F}$作用的苹果总是保持加速运动。也就是说，在地面上，苹果总是具有保持加速运动的倾向，而不是具有保持静止或匀速直线运动的倾向。这样一来，我们就得到了一条全新的惯性定律。它才是这个实验现象的真相，如图6-23所示。

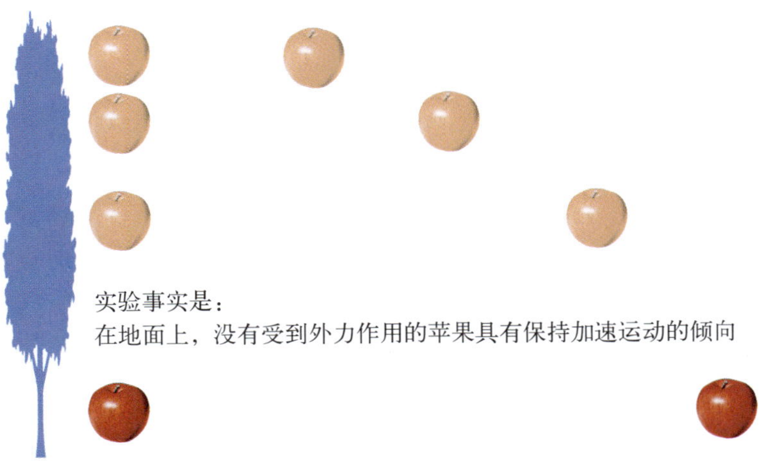

图6-23　过滤掉主观选择和先验成分之后，我们得到的新惯性定律

当然，肯定还有人会继续反驳：这些新的惯性定律和牛顿的惯性定律不就矛盾了吗？进行这样反驳的大脑已经被另外一个初始分类初始化过了。这个初始分类就是：地球附近的空间与将所有物体都拿走之后的空间是同一类。

6.8.4 牛顿的惯性定律引入的主观选择

第5.3节谈到过，牛顿第一定律的严格表述应该是：在所有物体都拿走之后的虚空中，即在牛顿所谓的绝对空间中，一个孤零零的物体总是保持静止或匀速直线运动[1]。因为只有在空无一物的虚空中，我们才能严格做到牛顿第一定律所要求的前提条件，即该物体没有受到任何外界干扰。

但是，在地面的上空，苹果不再是孤零零的一个物体，苹果的下方已经存在地球。也就是说，地面上的空间不再是绝对空间，所以牛顿第一定律的严格表述在这里已经不再适用。然而，正如第6.4节谈到过的，完全依靠主观的判断，我们做了一个先验的近似，那就是将地面上的空间近似为绝对空间，而且还认为这个近似是足够精确的，甚至连牛顿本人也是这么认为的。

然而，大家并没有觉察到，这一看似合理、无关紧要的近似却已经从本质上对牛顿第一定律的严格表述进行了篡改，即将适用条件从“空无一物的绝对空间”篡改为“地球上方的空间”。或者说，我们将地球所处的空间篡改成将所有物体都拿走之后的空无一物的虚空。正如第6.5节谈到过的，牛顿通过构造出“倾向”这个概念修补了这个篡改。在修补之后，牛顿第一定律才变成了大家熟悉的表述方式：所有物体都具有保持静止或匀速运动的倾向。当然，这也是牛顿当初在《自然哲学之数学原理》中的表述。

所以，当我们在地面上的空间中继续使用牛顿第一定律时，这条定律的严格内容实际上已经被我们主观地篡改了，而我们对此却毫无察觉。这些篡改就是我们引入的主观选择，第6.5节从另外一个角度已经详细谈过这个篡改过程在历史上是如何演变出来的。

总之，图6-23所示的新惯性定律和牛顿第一定律的严格表述都是成立的，并不存在矛盾，因为它们的适用条件是不同的。而牛顿的惯性定律之所以与图6-23所示的新惯性定律矛盾，那是因为我们已经对牛顿第一定律的严格表述进行了篡改，即

---

[1] 后来的爱因斯坦将这个严格表述进行了扩充，从而得到了广义相对论中的运动学第一定律，详细说明可以参见《破解引力——广义相对论的诞生之路》和《时空是怎样弯曲的——图解广义相对论》。

将适用条件从“空无一物的绝对空间”篡改成“地面上方的空间”，如图6-24所示。也就是说，我们需要对真实世界进行篡改，才能让篡改之后的世界正好符合我们基于牛顿的惯性定律构建起来的宇宙图像。

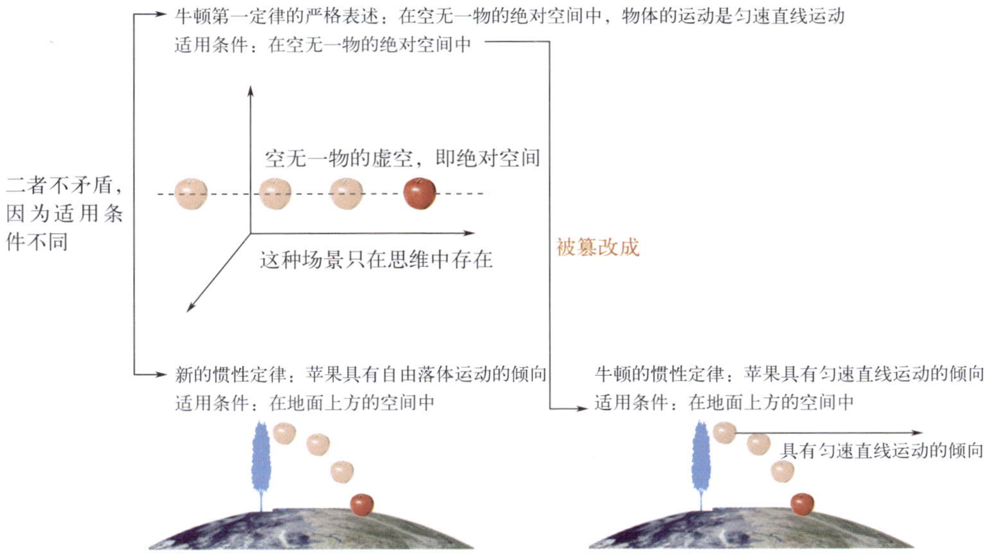

图6-24　新的惯性定律与牛顿的惯性定律

6.8.5　我们还引入了其他主观成分吗？

当然，大家还可以这样继续反驳：在地面的一张桌子上，一根绳子拴住一颗小球，小球做圆周运动，当剪断这根绳子，小球不是沿直线飞出去了吗？比如图6-25所示。这难道不是证明了即使在地面上方的空间中，小球的惯性运动仍然是匀速直线运动吗？

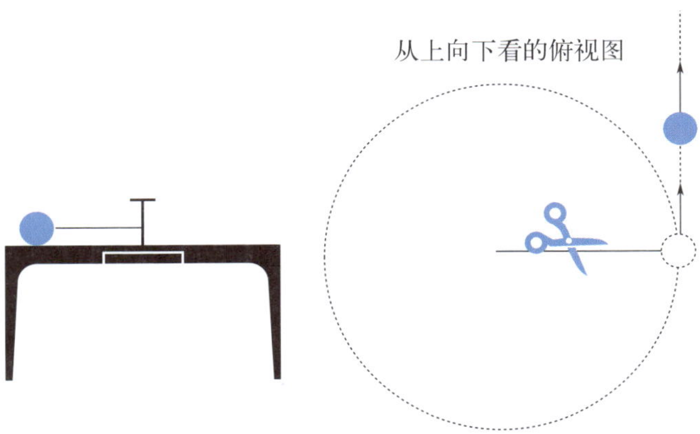

图6-25　用来证明牛顿惯性定律的实验

在进行这样反驳的大脑中，有一个事实被忽略了，那就是在桌子上这颗小球一直受到了桌子的支撑。也就是说，这颗小球并不是没有受到外力的作用，而是一直受到了桌子支撑力的作用。既然小球一直受到外力的作用，那么，这颗小球的运动当然就不再是惯性运动，而是受迫运动。

当然，大家还可以继续反驳：尽管这颗小球受到了桌子的支撑力，但支撑力只是作用在竖直方向上，而在水平方向上，这颗小球并没有受到外力的作用；同时，小球在水平方向上的运动是沿直线飞出去，那么，这个沿直线飞出去的运动（即匀速直线运动）就应该视为地面上空间中的惯性运动。

进行这样反驳的大脑已经被另外两个初始分类初始化过了。一个初始分类就是：水平方向的空间和竖直方向的空间是同一类，没有本质的区别。另外一个初始分类就是：在竖直方向上，每个高度的时间都属于同一类，没有本质的区别。

但事实却不是这样的，因为爱因斯坦后来发现，竖直方向上的“1m”比水平方向上的“1m”要长一点，而且越靠近地球越长。在同一水平面上，尽管各处的时间流逝快慢是相同的，但在竖直方向上，越靠近地球，时间就流逝得越慢[1]。

所以，思维的两个初始分类引入了另外两种主观成分，即认为水平方向的空间和竖直方向的空间没有本质区别，认为竖直方向上每个位置的时间没有本质区别。这些主观成分当然也是思维的分类过程所引入的虚构成分[2]。从笛卡儿到爱因斯坦的几百年里，从来没有人觉察到过这些虚构成分。但是，正是基于对世界的这种虚构，我们才会误以为图6-25的实验可以证明“在地面上的空间中，惯性运动就是匀速直线运动”。

6.8.6 惯性的真相

既然图6-25不能证明地面上的惯性运动就是匀速直线运动，那么它告诉我们的实验事实到底是什么呢？毕竟小球的确沿切线方向飞出去了。

这个问题的答案就是：惯性也是可以分解的，就好像运动可以分解、力可以分解一样。具体来说，在地面上的空间中，一个物体的总惯性可以分解为水平方向的惯性和竖直方向的惯性，水平方向的惯性是保持静止或匀速运动，而竖直方向的惯性则是保持加速运动。正是这两种惯性按照不同比例的合成，导致地球上空中的惯性运动呈现出多种运动形式，比如自由落体运动、抛物线运动、匀速圆周运动、椭

❶ 有关时间和空间在水平方向和竖直方向上差异的详细说明参见《时空是怎样弯曲的——图解广义相对论》一书。

❷ 这种虚构是由笛卡儿引入的，而两千多年前的亚里士多德还没有这样的偏见。

圆轨道上非匀速运动等，如图6-26所示。

图6-26　地球上方空间中的各种惯性运动

在图6-25的实验中，桌面的支撑力克服了小球在竖直方向上的惯性，从而导致小球只表现出水平方向上的惯性，即保持静止或匀速运动。但是，在爱因斯坦之前，几乎所有人（当然也包括牛顿本人）都误以为小球在水平方向上的惯性就是小球的全部惯性，而实际情况是：水平方向上的惯性只是小球总惯性分解出来的一部分惯性而已，小球在竖直方向的惯性运动是自由落体运动。

早在两千多年前，亚里士多德就将小球具有自由落体运动的性质称为重性。所以，重性和惯性实际上只不过是同一种性质由于历史发展形成的两个名字而已[1]。这个结论被爱因斯坦最先觉察到了，不过爱因斯坦在最开始仍然没有摆脱引力思想的束缚，因而以上升到原理的高度来表述这一结论，也就是采用等效原理（即重性等效于惯性）来表述这一结论。

另外，当地球存在时，苹果的总惯性将会发生改变。这就意味着另外一个新结论：一个物体（比如这颗苹果）的惯性不仅由该物体自己决定，而且还由旁边的物体（比如地球）决定。至于惯性到底如何被旁边的物体决定，爱因斯坦找到了一个极其巧妙的回答，那就是利用时空的弯曲[2]。

以上谈到的这些结论才是惯性的真相。这个真相是将实验观测结果中那些主观选择和先验成分过滤之后呈现出来的。也就是说，通过将思维在形成概念和判断时引入的主观选择和先验成分过滤掉，剩下的部分才是更加接近实验事实的结论。这些过滤过程就是对实验现象进行还原的过程。

我们常常觉得亲眼所见就是真相，但以上揭露惯性真相的过程清晰地表明实际

❶《破解引力——广义相对论的诞生之路》和《时空是怎样弯曲的——图解广义相对论》从另外一条逻辑演化道路推导出了这个相同结论。

❷ 详细说明可参见《破解引力——广义相对论的诞生之路》和《时空是怎样弯曲的——图解广义相对论》。

情况并非如此，因为从亲眼所见到大脑得出结论的过程中，思维需要依靠大量难以觉察的初始分类才能启动，而这些初始分类将不可避免地引入大量虚构的主观偏见和先验预设。另外，这个揭露过程还清晰地表明：由于这些不可避免的主观偏见和先验预设，我们的思想是如此轻而易举就能被别人左右，而且对此毫无觉察。只有主动去识别并过滤掉这些主观偏见和先验预设，我们才能尽量还原出真相，才能尽量不被别人左右。可惜，没有人可以绝对做到这一点，只要我们还在使用人类的大脑和人类的语言进行思考，每个人或多或少都会受到“欺骗”。

6.8.7 引力只是一个逻辑实体

前几节的讨论表明：如果将绝对空间、绝对时间、牛顿第一定律、牛顿第二定律所引入的这些虚构成分都去掉，那么我们得出的实验事实就是：

（1）苹果和行星都没有受到力$\boldsymbol{F}$的作用，即引力的概念不存在了；

（2）苹果的自由下落和行星的运动只不过是它们的惯性运动而已。

反过来，这些讨论也表明：正是这些虚构成分导致牛顿构建的宇宙图像存在巨大的逻辑推理空缺，而牛顿通过构造引力的概念非常好地弥补了这个推理空缺。所以，如果把这些虚构成分都过滤掉，那么，引力概念存在的逻辑空间就被全部压缩掉了，即引力概念就没必要存在了。也就是说，如果思维对世界的分类过程从来都没有引入过这些初始分类，即引入过这些虚构成分，那么“引力”这个词将不会出现在人类的语言系统之中。

所以，引力这个概念只是思维构建出来，用于弥补推理空缺的逻辑实体，而非真实的物质实体[1]，它在真实世界中并不存在。后来，广义相对论将这些虚构成分都剔除掉了，从而将引力概念存在的逻辑空间全部压缩掉了。于是，即使不再采用引力这个概念，广义相对论构建的宇宙图像仍然是自洽的、闭合的，没有留下需要弥补的逻辑推理空缺，而且比牛顿的宇宙图像更精确。

6.9 引力到底存不存在

那么，引力——这个逻辑实体真的就不能被视为真正的存在吗？实证主义的老冤家——理性主义当然会提出反对意见，反对理由如下。

[1] 当然，物质实体这个对象依赖另外一个先验预设：实体是构造世界的基石，世界是由永恒不变的实体构造的。也就是说，我们继承了亚里士多德的思想。

第一，没有任意一个概念对象是可以被直接测量到的。正如第3.2节谈到过的，概念对象是由思维将分类范围从部分推广到所有，从有限推广到无限得到的，而我们的测量只能针对这个分类中的某个具体对象进行，无法对整个类进行。那么，我们只能采用对某个具体对象的测量来代表对整个类的测量，这个代表过程将不可避免地需要依靠大量先验预设。也就是说，所有测量都不可避免地需要事先引入大量先验预设才能得到，即所有测量结果严格来讲都是间接测量，只是很多间接因素还没有被我们觉察到而已。

比如说，采用钟表测量时间的过程仍然只是对时间进行间接测量，因为这个测量已经引入这样一个先验预设：钟表指针的转动过程完全等同于时间流逝的过程。相对论正是在这个预设的基础上构建起来的，即将钟表的测量值等同于时间本身。另外，我们也没有一种仪器能够对“时刻”和“空间点”进行直接测量，那么，严格来讲，“时刻”和“空间点”也只是一种逻辑实体，但在我们当今构建的宇宙图像中，“时刻”和“空间点”都被视为一种真正的存在。

所以，如果严格按照实证主义的标准，即只有能被直接测量到的对象才算真正的存在，那就没有一个对象可以算真正的存在了。反过来说，很多在今天被视为真正存在的物质实体（比如电子），在未来或许也会被视为类似于引力那样的逻辑实体，比如当我们在未来知道了更底层的初始分类之后，我们就会发现今天所谓的物质实体（比如电子）也不过是思维从更底层的初始分类上构建起来的逻辑实体。甚至连“时间”这样的对象或许也是这样构建出来的。

第二，有些对象虽然无法被直接测量到，但这种局限并不是来自测量在逻辑上的无法实施[1]，而是由于我们的测量技术还不够先进。那么，这样的对象是否算真正的存在呢？实证主义的判断标准就很难给出肯定或否定的回答了。比如说，实证主义的代表人物马赫当年就因为原子无法被我们直接测量到，就否认了原子的真实存在。然而，随着观测技术的提高，在今天，原子存在的真实性已经与苹果存在的真实性差不多了。

第三，有些对象虽然无法直接测量到，但我们暂时还找不到它们的替代品，比如像时空、电磁场、电子、光子这样的对象，它们还没有像引力那样具有时空弯曲这样完美的替代品，但我们的宇宙图像又需要它们才能形成一个完整的逻辑体系。所以，在我们构建的宇宙图像中，即使这些对象携带有主观选择和先验成分，它们也不得不

[1] 牛顿的绝对空间和引力、爱因斯坦的时空、被视为基本粒子的夸克等对象的无法直接测量就来自逻辑上的无法实施。

被视为真实存在的。不然，我们所构建的宇宙图像就没有任何真实的部分了。

不过，这样一来，矛盾就无法避免了。一方面，有些对象无法被我们直接测量到，另一方面，我们构建的宇宙图像又需要它们的存在。为了拯救这种矛盾，人类理性又创造出一个新概念：模型，一个根植于柏拉图的“理型”的观念。拯救之后的结论就是：按照理性主义的标准，引力是真实存在的，只不过是以模型的方式存在着，即引力只是我们这个真实可感世界的一个模型（图6-27）。

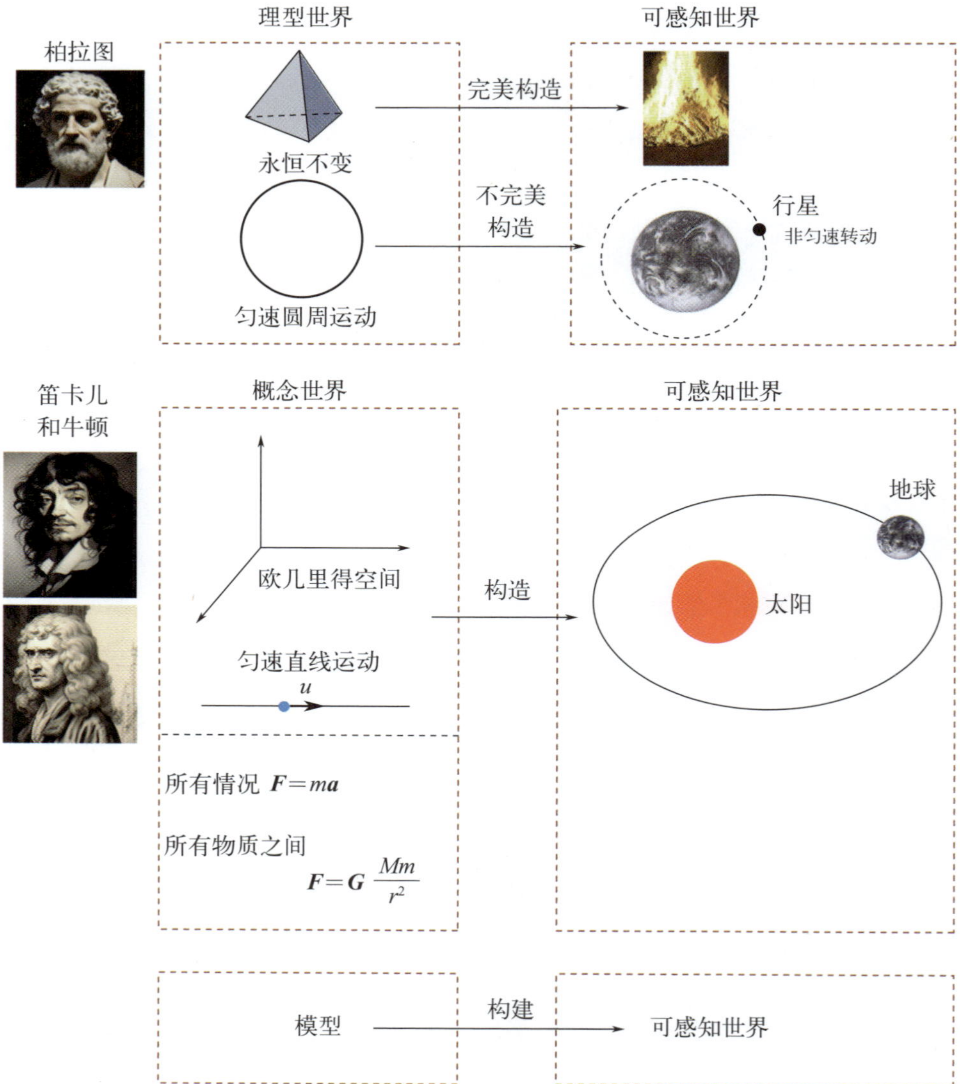

图6-27　引力只能作为一种模型而存在

所以，引力到底存不存在呢？

从绝对的层面来讲，我们无法说出什么才算绝对真正的存在，因为任何语言都无法对真实世界进行毫无偏差的刻画，“引力”这个语言当然也做不到。正如第1章谈到过的，我们的语言不可避免地携带有虚构成分，即我们对世界的描述将不可避免地带有虚构成分。另外，第6.7节也谈到过，我们的测量结果也将不可避免地带有虚构成分，即无法对实验现象进行毫无偏差的还原，这导致测量结果无法完全检验出语言中的虚构成分。

这样一来，我们只能退而求其次，从相对的层面来讨论这个问题。比如从最浅显的层面来说，这个问题就是在问：到底是实证主义的标准正确呢，还是理性主义的标准正确呢？答案是它们都正确，只是我们需要在不同时候采用它们。

当我们需要去开疆拓土的时候，我们应该采用实证主义的标准去打破旧有的体系。而当我们需要固守城池的时候，我们就采用理性主义的标准去守护新建立的体系。想当年，爱因斯坦、波尔、海森堡等人正是采用实证主义的标准，扫除了那些并不真实存在的对象（比如绝对时间、绝对空间、电子轨道等），打破了牛顿力学的壁垒，开拓出相对论和量子力学的新天地。而今天的我们又在采用理性主义的标准，还在努力捍卫着相对论和量子力学的城池，即认为时空、电子、光子这些对象都是真实存在的。而当人类在未来需要去打破相对论和量子力学所筑起的城池时，他们又应该回过头来采用实证主义的标准或其他标准，认为时空、电子、光子这些对象并不是真实存在的，而是从更底层的基础上构建出来的逻辑实体，或者以其他方式构建出来的对象。

第 7 章

爱因斯坦的宇宙——理性思维的巅峰

前面章节谈到，人类构建宇宙图像的过程将不可避免地引入主观选择和先验成分。这些虚构成分导致我们对真实世界进行了修剪，而修剪之后的世界就正好符合我们构建的宇宙图像。但是，这个修剪过程只是对世界在当时的已知部分进行的，当未知部分开始展现出来的时候，这个修剪过程和宇宙图像都需要重新调整。

比如说，随着观测精度的提高，我们发现水星的实际运动与开普勒的观测结果并不相同。也就是说，水星的实际运动并没有严格符合牛顿构建的宇宙图像。那么，我们就需要对修剪过程和宇宙图像都进行重新调整。宇宙图像的重新调整过程就是找出之前引入的主观选择和先验成分，并将它们消除或修复。

这样一来，我们就需要去反思，当初构建宇宙图像时，在加工出那些先验概念和判断的过程中，思维到底遗漏、丢弃、添加、篡改了哪些信息。比如说，绝对空间、绝对时间、质点、轨道、三大定律和万有引力定律中包含哪些主观选择和先验成分。

正是这种反思推动着人类知识的不断深入和进步。当然，这种反思也是人类认知活动中最困难的部分，因为它要求思维去反思自己是如何进行思维的，比如要求思维对思维过程的每一个细节进行盘查。每当盘查出问题并将其修复后，人类的整个思想和知识系统都会随之更新。在人类漫长的历史长河中，只有极少数人会进行这种盘查。这一次，历史将这个艰难任务交给了爱因斯坦，而爱因斯坦没有辜负历史的重托，将人类理性思维的威力提升到前所未有的高度。

7.1 爱因斯坦的理性思考1——时空

第6.2、6.3节谈到，牛顿在加工出“绝对空间和绝对时间”的过程中丢弃了大量信息，比如物体所在位置、运动情况、所处时间、旁边物体等信息。也就是说，空间的长、宽、高和时间的流逝过程本来是与这些信息相关的，但牛顿的思维在分类过程中却将它们过滤掉了。

爱因斯坦的伟大功绩就是将这些曾经被我们无意间丢弃的信息找回来了。在找回之后，爱因斯坦发现：时间、空间和物质将不可避免地相互交织在一起，它们之间并没有清晰的边界，世界无法严格划分成“物质+时间+空间”。具体来说，时间和空间无法绝对地分离成两个完全独立、不相关的部分，而是一个整体，这个整体叫“时空”，这个时空又与物质相互交织在一起。爱因斯坦采用一个引力场方程来描述它们如何相互交织（图 7-1）。

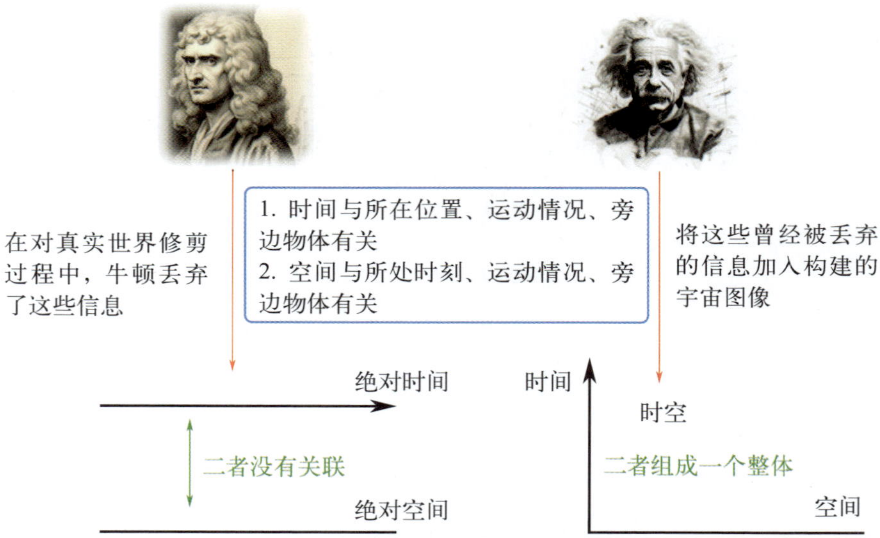

图 7-1　爱因斯坦找回了思维过程曾经丢掉的信息

尽管爱因斯坦将牛顿在构建宇宙图像时丢弃的这些信息找回来了，但爱因斯坦无法将所有主观选择和先验成分都找出来，并进行弥补。比如说，将所有物质拿走之后，爱因斯坦的时空也是存在的。在这一点上，爱因斯坦并没有突破牛顿所铸造的思想牢笼，即牛顿认为将所有物质拿走之后，空间仍然存在。再比如说，爱因斯坦的时空仍然是连续的，仍然可以采用几何对象来代替。在这一点上，爱因斯坦也没有突破牛顿所铸造的思想牢笼。另外，就在加工出“时空”这个新概念的过程中，思维又会引入新的主观选择和先验成分。比如说，第 1 章谈到过，正是基于空间，“时间”这个语言才形成了，但爱因斯坦却以平等的地位将时间和空间结合在一起，那么这也会引入目前难以察觉的主观选择和先验成分。所以，“时空”这个概念仍然包含有主观选择和先验成分，仍然是一个先验概念。

总之，在抛弃牛顿宇宙图像中的先验概念（即绝对时间和绝对空间）之后，爱因斯坦重新构建出下一代先验概念（即时空）。时空就是爱因斯坦重新构建宇宙图像的第一个部件。这种重新构建过程就是物理学革命的过程。

不过，“时空”这个概念对思维的分类能力提出极大挑战。第 6.2 节谈到过，当思维将分类过程推广到非常极致的程度之后，“空间”和“时间”的概念才诞生，而“时空”的概念则要求思维在这个极致程度上还要将分类过程进一步推广，比如需要将时间和空间归为同一类。分类过程推广的极致程度越高，这个概念对我们而言就越抽象、越难以理解。于是，对大多数人来说，理解牛顿的绝对空间和绝对时间已经够困难了，要理解爱因斯坦的时空更是难上加难。

7.2 爱因斯坦的理性思考2——最节省的运动

依靠理性思考，柏拉图认为“匀速圆周运动”是最简单、最完美的运动。柏拉图认为造物主在创造世界时，没有理由不选择这个最简单、最完美的构造部件（即匀速圆周运动），而去选择复杂的部件（即其他复杂运动）。所以，天体运动就应该由这个最完美的匀速圆周运动来构建。

作为柏拉图理性主义的复兴者，笛卡儿认为“匀速直线运动”才是理性思维最容易把握到的对象，才是最简单、最清晰、最明确的概念。笛卡儿认为我们推理的出发点就应该是这些最简单、最清晰、最明确的概念，这样推导出的结论才是可靠的。如果一开始就选择复杂的、模糊的概念作为推理的出发点，那么推导出的结论必然是不可靠的。所以，世界上所有物体的运动就应该在这个最简单、最清晰、最明确的运动概念的基础上进行构建。也就是说，世界上所有物体的运动应该在“匀速直线运动”的基础上进行构建。

牛顿继承了笛卡儿的思想，并采用完整的数学计算将笛卡儿的这个构想变成了一座坚实的理论大厦，这座大厦在今天被称为牛顿力学。

作为笛卡儿和牛顿的继承者，爱因斯坦不仅依靠理性思维构建出全新的概念——四维时空，而且还依靠理性思维构建出一个全新的运动概念——最节省的运动。

什么叫最节省的运动呢？在三维纯空间中，如果一束光从A点传播到B点，那么这束光总是选择AB两点之间最短路径来传播。这条最短路径就称为最节省的路径。后来，人们将这个结论推广到所有物体，爱因斯坦将这条最节省的路径从三维空间推广到四维时空。在四维时空中，这条最节省的路径就是四维时空中的直线（也称为测地线）。

同样，爱因斯坦也相信物体没有理由不选择最节省的路径进行运动，而去选择更浪费的路径，就像柏拉图当初相信造物主没有理由不选择最完美的匀速圆周运动一样，就像笛卡儿和牛顿当初相信没有理由不从最简单、最清晰、最明确的匀速直线运动出发去构建宇宙图像一样。所以，爱因斯坦也认为所有运动就应该在最节省的运动的基础上进行构建。于是，四维时空中的“直线运动”成为了爱因斯坦构建宇宙图像的第二个部件，如图7-2所示。

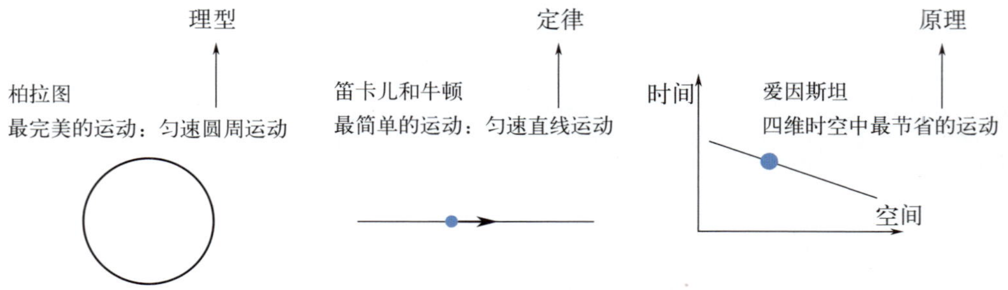

图7-2　爱因斯坦的理性思考

柏拉图将“匀速圆周运动”视为最完美的理型，它存在于那个脱离可感世界而独立存在的理型世界之中。在柏拉图看来，理型世界就是真理，所以匀速圆周运动就是真理。

笛卡儿将最简单、最清晰、最明确的概念“匀速直线运动”视为来自心灵的直接洞察，所以它就是最终不可怀疑的真理。笛卡儿理念的继承者牛顿将这个不可怀疑的真理称为牛顿第一定律。

与柏拉图、笛卡儿和牛顿不同，爱因斯坦不再将这个最节省的运动称为理型，也不再将这个最节省的运动称为心灵的直接洞察，或者称为定律（即上帝为世界制定的law）。对于这个构建宇宙图像的新部件，爱因斯坦给了它一个新称呼——原理，即爱因斯坦将“物体总是选择最节省的路径来运动”称为原理，全称是“作用量原理”。

在今天，“作用量原理”已经成为理论物理学家心中一种新的执念，即认为一切理论都必须从作用量原理出发进行构建，就像柏拉图当初对匀速圆周运动的执念，从而认为一切天体运动都必须由匀速圆周运动构建一样，也像牛顿当初对匀速直线运动的执念，从而认为一切运动都必须在匀速直线运动基础上进行构建一样。

耗费了两千多年的时光，人类才意识到柏拉图当初的执念并不是世界的真相。又耗费了几百年的时光，人类才意识到牛顿当初的执念也不是世界的真相。不知道又需要耗费多少年，人类才能发现今天理论物理学家们的这个执念其实也不是世界的真相，只是暂时的“一厢情愿”。也就是说，作用量原理依然包含有主观选择和先验成分，只是我们目前还没有觉察到它们到底是些什么而已。

总之，很显然，爱因斯坦继承和发扬了柏拉图、笛卡儿的理性主义，而爱因斯坦的作用量原理，也与柏拉图的理型世界、笛卡儿的心灵洞察、牛顿的定律(law)一样，来自我们理性思维的构建。

7.3 爱因斯坦构建宇宙图像的过程——并不需要引力的概念

四维时空和最节省的运动就是爱因斯坦重新构建出的下一代新概念和判断，它们成为了爱因斯坦构建宇宙图像的两大部件。比如说，爱因斯坦采用四维时空中的直线就完美地构造出天体的运动，如图7-3（c）所示。

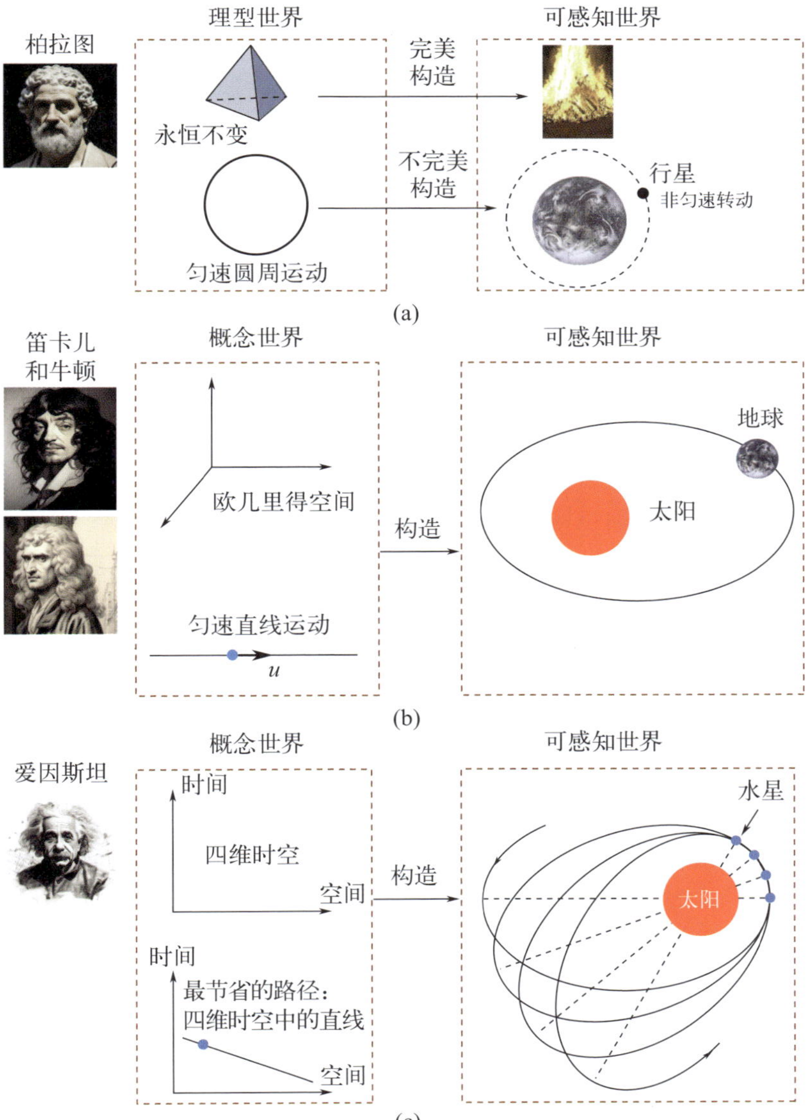

图7-3　柏拉图、笛卡儿和牛顿、爱因斯坦对宇宙图像的构建

牛顿当初构建宇宙图像所采用的两大部件分别是绝对空间和匀速直线运动，如图7-3（b）所示。但是，行星的运动却是曲线运动，那么，为了能够在直线运动基础上构建出描述行星的曲线运动，牛顿构建了引力这个概念。然而，在爱因斯坦构建的宇宙图像中，行星的运动本身就是四维时空中的直线运动，即行星的运动本身就是最基本的运动了。也就是说，没有引力这个概念，爱因斯坦的宇宙图像就已经可以完整地描述行星的运动了。

爱因斯坦的宇宙图像之所以不再需要引力就能完整地描述行星的运动，完全是由于时空具有一种我们之前从来没有想到过的特性——时空的弯曲。

当时间和空间相互交织在一起组成整体即时空之后，时空存在弯曲就难以避免了，因为在时空的不同区域，时间和空间相互交织在一起的方式可以不相同。时空在不同区域的这种不相同就表现为时空的弯曲。也就是说，由于不同区域不同的相互交织，一块区域的时间和空间与另外一块区域的时间和空间不再是完全一样的。这种不一样的表现就是：相对于一块区域的时间，另外一块区域的时间流逝的快慢改变了；相对于一块区域的空间，另外一块区域的空间的长度也改变了。

比如说，同一根细棒越靠近太阳，它的长度就越长。在越靠近太阳的区域，同一段时间间隔的长度就越长，即越靠近太阳的时间流逝得越慢。空间长度和时间流逝快慢的这种改变就表现为时空的弯曲。图7-4就是太阳竖直方向上的一维空间和一维时间所组成的二维时空面的弯曲。

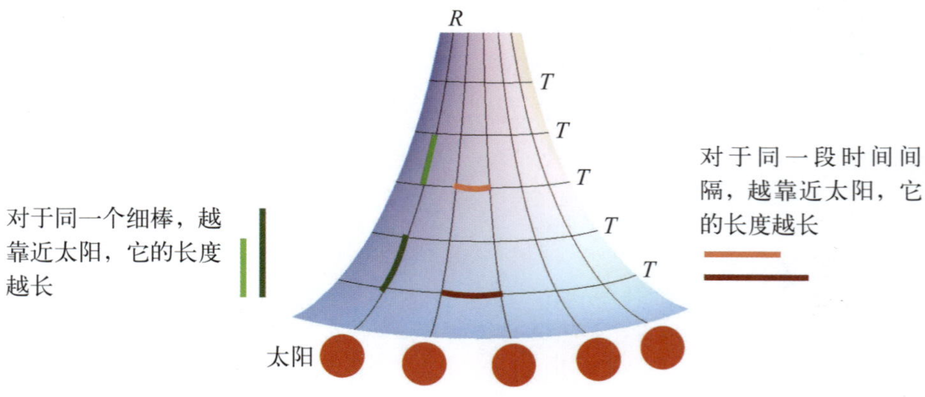

图7-4　时空的弯曲

如果时间流逝快慢不改变，只有空间长度存在改变，这也会表现为时空的弯曲，比如宇宙空间的膨胀就属于这类弯曲。有关时空如何弯曲的更多详细说明可参见《时空是如何弯曲的——图解广义相对论》一书。

时空的弯曲当然会产生很多效应，其中一个效应就是时空中的直线会随着时空的弯曲而发生“弯曲”。比如说，行星在四维时空中留下的痕迹就是一条直线（即图7-5中蓝色线），而时空的弯曲就会让这条蓝色线看上去表现为“弯曲”的螺旋线。这条蓝色线在三维纯空间上的投影就是行星的运动轨道（即图7-5中绿色线）。所以，行星的轨道只不过是时空弯曲的一种反映。

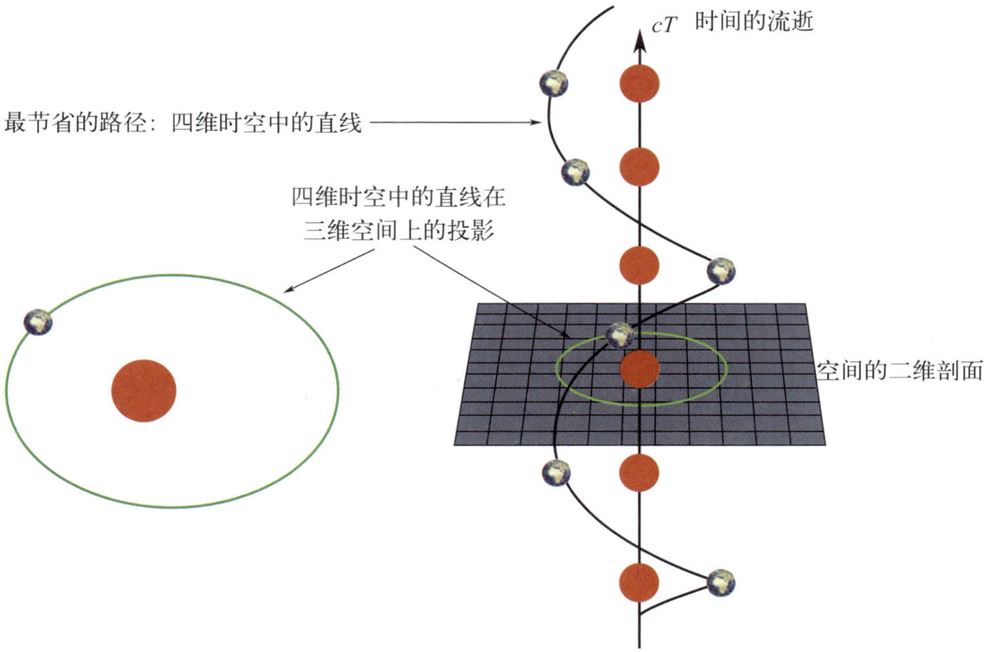

图7-5　行星绕太阳旋转是时空弯曲的表现

在三维纯空间中，行星的轨道是曲线（即图7-5中绿色线），它已经偏离直线运动，似乎不再是最简单、最基本的运动了。但在四维时空中，行星留下的痕迹线（即图7-5中蓝色线）却是直线，即行星的运动已经是最简单、最基本的运动。既然行星的运动已经是最基本的运动，那就不需要外力来维持了，即不需要引力的概念。

这个结论反过来让我们更加清晰地认识到：引力这个概念，完全是由于采用“三维绝对空间，以及绝对空间中匀速直线运动”去构建宇宙图像而不得不衍生出来的辅助概念。正是有了引力这个辅助概念，牛顿构建的宇宙图像才能形成一个完整的逻辑体系。然而，即使没有引力这个概念，爱因斯坦所构建的宇宙图像就已经是一个完整的逻辑体系了。

7.4 最大范围的推广——构建整个宇宙的图像

那么，四维时空为什么存在弯曲呢？答案就是物质和时空存在相互影响。通过多年的不断探索，爱因斯坦找到了可以精确描述这种影响的方程，它就是引力场方程，如图7-6所示。这是爱因斯坦向人类作出的最伟大贡献。

思维的分类能力可以轻松地将整个宇宙(Universe)与太阳系归为同一类，于是，爱因斯坦很自然地将他从太阳系得出的结论推广到整个宇宙。比如说，爱因斯坦将四维时空的概念推广到整个宇宙，同时也将从太阳系推导出的引力场方程推广到整个宇宙，如图7-6所示。

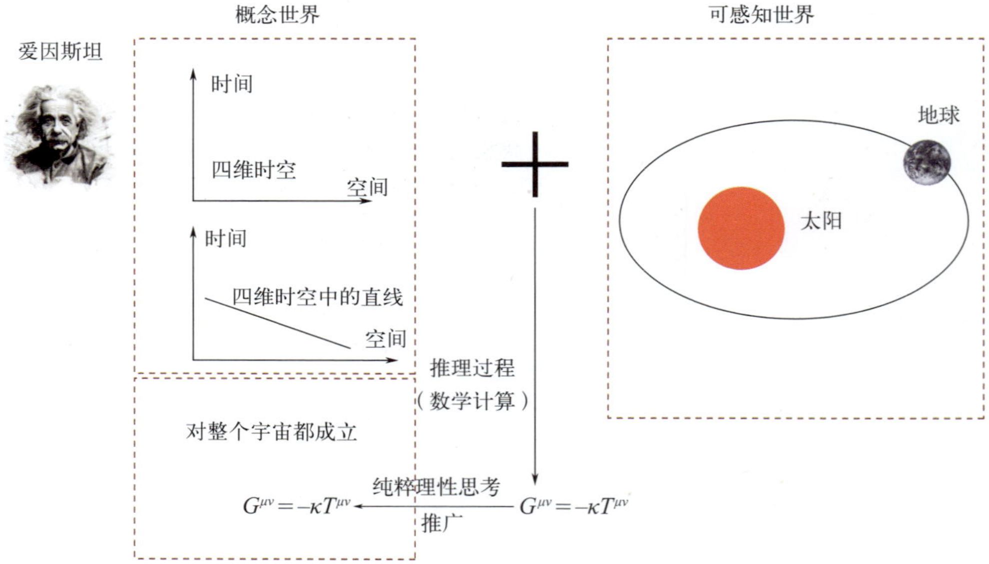

图7-6　爱因斯坦的推广，即对整个宇宙进行分类

对于人类而言，爱因斯坦的这些推广极其重要，因为正是有了这些推广，人类才能够对整个宇宙进行严格的计算。而在此之前，人类只能对太阳系进行严格计算，无法对整个宇宙进行计算。这是因为如果将万有引力定律推广到整个宇宙，那么，这个推广就会导致荒谬的结论。比如说，如果宇宙到处都均匀地分布着星系物质，那么根据万有引力定律的计算，任何一个位置的引力都是无穷大。但是，采用爱因斯坦的理论对整个宇宙进行计算时，则不会存在这样的无穷大。

当我们可以对整个宇宙进行精确计算后，人类对宇宙的理解立刻取得了突飞猛进的发展。只用了短短一百年的时间，人类就为宇宙(Universe)构建了一幅宏伟的图像。《揭秘宇宙——宇宙的起源与演化》一书对这幅图像进行了详细说明。

当然，将整个宇宙与太阳系归为同一类也会引入主观选择和先验成分。比如说，由于太阳系是有边界的，那么，整个宇宙也应该有边界。所以，正是基于思维的这个分类，我们可以说出“宇宙的边界”这样的语言，并且认为这样的语言是完全有效的，就正如“太阳系的边界”这样的语言是完全有效的一样。

可是，正如第1.9节谈到过的，正是基于空间有边界的这个前提，通过思维的分类能力，“空间”这个语言才形成了。也就是说，“空间的边界”只不过是在形成“空间”这个语言过程中由思维的分类过程所引入的对象，它在真实世界或许没有对应物。但是，当思维将整个宇宙与太阳系归为同一类之后，“空间的边界”就可以替换成“宇宙的边界”。由于我们相信宇宙(Universe)是真正存在的，于是，我们也相信“空间的边界”或者“宇宙的边界”这样语言在真实世界存在着对应物，即我们相信“宇宙的边界”这样的语言是有效的。既然这样的语言是有效的，那我们当然就能问出这样的问题：“宇宙的边界在哪里？”

然而，我们应该觉察到，当我们说出这样的语言时，思维已经对这个世界进行过大量的初始分类。这些初始分类限制了我们只能说出这样的语言。也就是说，我们的思维（或者说语言）限制了我们对外部世界的理解。比如说，我们的思维无法理解“既不是有界，也不是无界”是什么样的存在（如果“存在”这个词在这里还有效的话）。

不过，与“空间的边界”有关的主观选择和先验成分隐藏得太深，它们难以觉察和分析，但爱因斯坦的这个推广所引入的其他主观选择和先验成分则开始明显地表现出来了。比如说，将引力场方程从太阳系推广到整个宇宙之后，我们发现宇宙(Universe)并没有恰好符合这个方程所描述的宇宙（Cosmos）图像，比如宇宙空间的加速膨胀现象就没有很好地符合我们所构建的宇宙图像。于是，为了修补这些主观选择和先验成分，我们开始对整个宇宙(Universe)进行重新修剪，并调整宇宙（Cosmos）图像，从而让修剪之后的宇宙(Universe)符合调整之后的宇宙（Cosmos）图像，比如通过引入暗能量对宇宙(Universe)进行重新修剪。

这些修剪和调整过程就是今天的“拯救现象”运动。具体来说，我们需要“拯救”宇宙空间加速膨胀这个现象，就好像两千年前的古希腊人需要“拯救”行星的逆行运动一样。详细说明可以参见《揭秘宇宙——宇宙的起源与演化》一书。

第 8 章 微观宇宙图像的构建——量子力学

8.1 构建微观宇宙图像的部件

爱因斯坦洞察出绝对空间、绝对时间、三大定律和万有引力定律所包含的主观选择和先验成分，并将它们消除之后，通过构建出新的概念（比如时空、时空中的直线、时空弯曲）将宇宙图像重新构建了。这幅重建之后的宇宙图像就是广义相对论所绘制的图像。但是，爱因斯坦并没有完全消除掉所有主观选择和先验成分，比如仍然保留着质点、轨道等概念。这些概念当然包含着主观选择和先验成分。同样，如果将这些主观选择和先验成分也消除掉，那么我们也需要重新构建出新的概念才能对宇宙图像进行重建。重新构建出来的这些新概念就是“态”和“最节省的运动”。

具体来说，当我们的视野从太阳系扩展到整个宇宙（Universe）时，牛顿构建的对象（即绝对空间、绝对时间、匀速直线运动、引力）被爱因斯坦构建的新对象（即时空、时空中的直线、时空弯曲）替代了。当我们将视野从太阳系缩小到10^{-10}m尺度时，牛顿构建的对象（即绝对空间、质点、轨道、匀速直线运动、$\boldsymbol{F}=m\boldsymbol{a}$）被量子力学构建的新对象（即态、最节省的运动）替代了，详细说明如下。

首先，微观世界与宏观世界的存在方式完全不同，比如一个电子与一颗子弹的存在方式就完全不同。

牛顿的宇宙图像采用一个几何点来描述一颗子弹的存在方式，这个几何点在今天称为质点，尽管牛顿当初并没有这样称呼过它。几何点当然是理性思维构建出来的对象，因为几何点在体积上是无限小的，在空间位置上是无限精确的，从而运动速度也是无限精确的。这三个“无限”只能依靠理性思维才能把握到，眼睛等感官（即实验观测）永远无法达到这样的无限程度，这导致我们永远无法证明质点是真实存在的。

不过，随着实验范围从宏观扩展到微观，实验观测却证明了质点是不存在的，因为一个电子无法同时具有无限精确的位置和无限精确的运动速度。这样一来，质点这个概念就无法再描述一个电子的存在方式了。于是，为了描述电子的存在方式，物理学家重新构建出一个全新概念——态(state)。同样，态的概念完全来自理性思维的构建，因为在可感知世界中，并不存在一个对应物与“态”直接对应。这导致我们无法通过实验直接测量这个对象。

第二，在牛顿的宇宙图像中，描述物质运动、相互作用的语言，即“匀速直线运动和$\boldsymbol{F}=m\boldsymbol{a}$”都是建立在质点这个基础上的。但在微观世界，既然质点已经被态的概念替代，那么，描述物质运动、相互作用的语言也需要重新构建了。

对于微观世界的运动过程，人们也认为物质没有理由不按照最节省的方式进行运动。也就是说，微观物质也总是选择最节省方式进行运动。同样，人们也将这个结论（它是一个新的判断）称为原理，全称也叫作“作用量原理”。

态和作用量原理（即最节省的运动）就是人们重新构建出来的下一代新概念和判断，它们就是构建微观宇宙（Cosmos）图像的两大部件。具体来说，正是在时空、态和作用量原理的基础上，物理学家构建出了微观世界的图像，如图8-1所示。这个微观宇宙图像就称为量子力学。

这个重新构建过程是群体智慧的结晶，他们包括普朗克、爱因斯坦、玻尔、德布罗意、海森堡、薛定谔、玻恩、泡利、狄拉克等人。当然，这个重新构建过程也是物理学革命的过程。

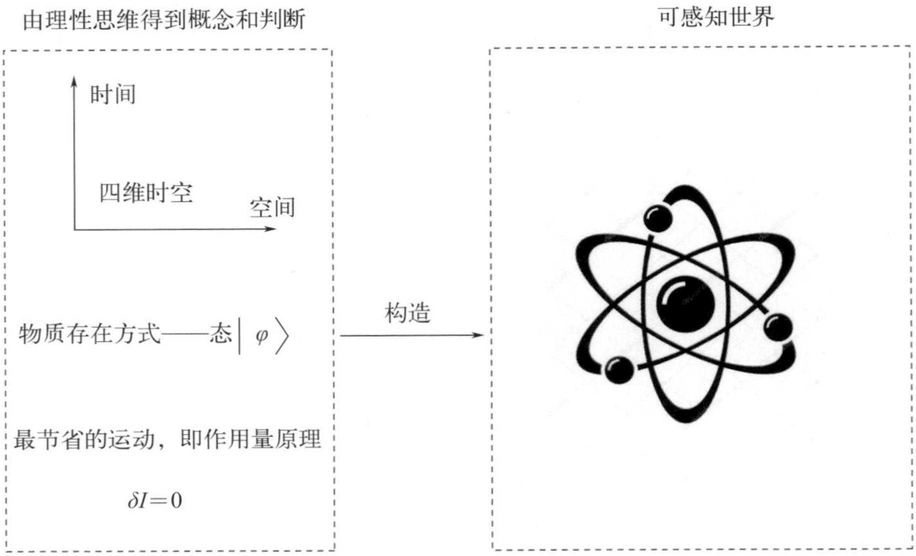

图8-1　微观宇宙图像的构建

8.2　我们能构建出更微观的宇宙图像吗

与牛顿构建宇宙图像不同，在构建微观宇宙图像的过程中，我们越来越需要依靠数学语言，文字语言的局限和无力感越来越明显。比如说，仅仅依靠文字语言，笛卡儿和牛顿就能构建出绝对空间、绝对时间、匀速直线运动等概念和判断，牛顿第二定律和第三定律的构建过程也依靠了文字语言。但是，仅仅依靠文字语言，我们完全无法构建出态（state）——这个描述微观物质存在方式的概念。也就是说，我们无法采用文字语言准确地去理解态（state）这个概念，即无法采用文字语言准确理解微观物质的存在方式。我们只能采用数学语言（比如希尔伯特空间）才能理解态（state），从而理解微观物质的存在方式。反过来，当我们试图采用文字语言去理解这些只有通过数学语言才能准确把握的对象时，我们的理解就无法达成一致，即可以形成不同的理解方式。这些不同的理解方式称为量子力学的不同诠释方案，比如最著名的诠释方案就是哥本哈根学派的诠释。

第1.10节已经谈到过文字语言的这种局限的根源，第4.2节谈到过数学语言为什么具有突破这个局限的能力。但是，宇宙图像构建过程的这种转变还是让我们感受到了一些悲观，因为如果文字语言已经完全失效，仅仅依靠数学语言，我们很难找出下一个能够类比世界的数学结构。比如说，如果空间和时间在更“小”的尺度不再是连续的，而是间断的，那么现有的文字语言将全部失效，这将导致人类大脑的思维无法运转。这样一来，仅仅依靠数学语言又如何才能找出能够类比这个更“小”尺度的世界的数学结构呢？或者说，还能采用数学结构去类比这个更“小”尺度的世界吗？难道只能依靠采用其他方式进行思维的智能物种了吗？这些问题都需要我们对构建宇宙图像的3.0版本，即现代科学方法本身进行深入反思。

第9章 我们真的能认识世界吗

9.1 现代科学构建的宇宙图像真实吗

通过前面章节的谈论，我们可以清晰地认识到，人类思维在底层的实现方式主要是分类，这导致思维构建出来的宇宙图像将不可避免地携带有大量主观选择和先验成分。比如说，在牛顿的宇宙图像中，“绝对空间、绝对时间、三大定律和万有引力定律”都携带有大量主观选择和先验成分。正是这些主观选择和先验成分导致它们永远无法被实验直接验证。比如说，我们永远都无法将所有物质拿走，从而去直接验证绝对空间；我们也无法制造出只有一颗苹果孤零零地在绝对空间中运动的实验场景，从而去直接验证牛顿第一定律。

所以，尽管在牛顿之后的一百多年里，我们通过实验观测对牛顿的宇宙图像进行过大量的验证，但这些验证都不是直接验证，无法彻底证明牛顿宇宙图像所包含的理性思考都是完全正确的。比如说，这些实验观测无法彻底证明：思维在加工出绝对空间这个概念的过程中，并没有对真实世界进行过篡改和扭曲。然而，第6.2节已经详细谈到过，这个加工过程丢弃了大量信息。

现代科学构建的宇宙图像无法被实验观测直接验证，这导致我们无法及时将思维引入的主观选择和先验成分识别出来。比如说，你现在能识别出爱因斯坦的时空概念包含哪些先验成分吗？

由于很难被识别出来并排除掉，这些主观选择和先验成分将一直保留在构建宇宙图像的一些概念和判断中。比如说，在牛顿的宇宙图像中，“绝对空间、绝对时间、匀速直线运动”就是先验概念和判断。在爱因斯坦的宇宙图像中，“四维时空、最节省的运动”就是先验概念和判断。在微观宇宙图像中，“量子态、最节省的运动”就是先验概念和判断。

正是这些主观选择和先验成分让我们的思维对真实世界进行了修剪。我们总是认为思维对世界的加工过程如实地遵循了客观世界。这种“自以为是”让我们觉得现代科学所构建的宇宙图像就是真实世界的“镜像”，却没有觉察到思维已经对真实世界进行过大量的修剪，从而让修剪过的世界正好符合我们所构建的宇宙图像（图9-1）。

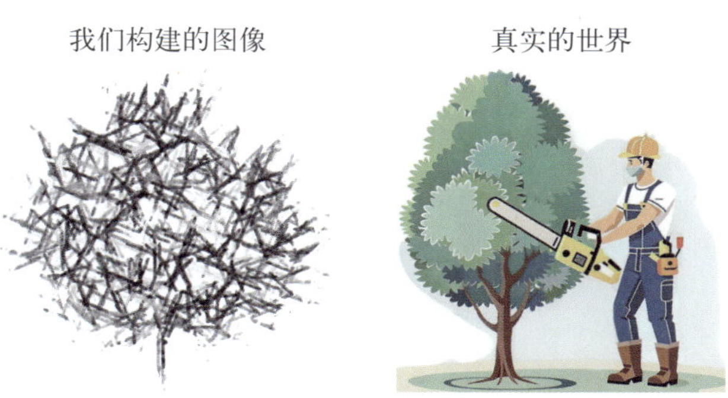

图9-1 我们构建的图像并不能与真实世界的“完全重合”

不过，随着实验范围的扩大和测量精度的提升，当初那些被思维的修剪过程所隐藏掉的、丢失掉的、修改过的、添加的信息必将暴露出来。到了那个时候，我们才会恍然大悟，当初的思维过程竟然忽略掉了如此重要的信息，竟然对世界进行了如此巨大的篡改和扭曲，世界居然是另外一幅图像，而我们当初对思维过程的这些篡改和扭曲竟然一点察觉都没有，我们过去所坚信的宇宙图像居然不是真实的。

比如说，在牛顿之后，随着实验范围的扩大，人类开始接触到一个崭新的现象领域——电磁现象，人们开始觉察到这些电磁新现象与牛顿的宇宙图像不再保持一致。再比如说，随着观测精度提高，人们发现水星的实际运动与牛顿的宇宙图像也不再保持一致。于是，我们开始发现，正是通过引入第6章谈到过的那些主观选择和先验成分，思维才能将真实世界修剪成牛顿的宇宙图像那样。这个修剪过程就是对真实世界进行篡改和扭曲。这个扭曲过程的详细说明可以参看《时空是怎样弯曲的——图解广义相对论》一书。当然，正是这个修剪过程让修剪之后的世界正好严格符合某个数学结构（或称为数学模型），从而让我们觉得世界的本质就是某种数学结构。

在今天，“主观”和“先验”都被视为不好的词，但无法回避的是，现代科学无法完全消除所有先验概念和判断。不仅如此，现代科学还不得不依赖一些预设前提（即初始分类），因为思维的推理必须基于这些初始分类才能启动。比如说，现代科学几乎都依赖这些预设前提：世界是物质的；这个物质世界是客观存在着的；世界由永恒不变的实体构造；因果关系是真实存在的；世界存在着秩序规律，这些秩序规律正好可以由因果关系来表述。

这些预设前提就是科学家的信仰。现代科学自身无法证明这些前提，更不会去反思这些前提是如何形成的、它们的有效性能够到达什么程度。当然，也许在未来的某一天，这些信仰都会被打破。比如说，当人工智能或其他类型的智能物种去描述这个世界时，它们的思维不是通过分类来实现的，所以不需要依赖这些初始分类。这样一来，它们就无须预先设定这个世界存在秩序规律、因果关系。也就是说，其他类型的智能可以不基于因果关系，甚至逻辑关系就能理解这个世界。

然而，人类无法改变自己大脑的结构和思维的实现方式，这导致我们对世界的理解无法摆脱这些预设前提、先验概念和判断，这又导致我们构建宇宙图像的方式存在无法克服的缺陷，比如第5.1节谈到的四个缺陷。

9.2 现代科学的自我修复能力

尽管现代科学方法自身存在这些无法克服的缺陷，但它仍然具有自我修复的能力。比如说，尽管宇宙图像中的先验概念和判断无法被实验直接验证，但它们却可以被新的实验否定，即被证伪。这样的实验一旦出现，这些先验概念就被摧毁了，科学的自我革命也就开始了。比如光速不变的现象就否定了牛顿的绝对空间和绝对时间，狭义相对论的革命也就开始了。再比如氢原子的光谱就否定了轨道的概念，量子力学的革命也就开始了，如图 9-2 所示。

当然，如果某位天才具有超凡的智力，仅仅凭借理性思考就能洞察出这些先验概念和判断的缺陷，那么科学革命也会开始。比如马赫和庞加莱仅仅凭借理性思考就找出了牛顿的绝对空间、绝对时间、牛顿第一定律等对象所存在的缺陷[1]。

再或者，以这些先验概念和判断为根基构建出的推理体系内部出现逻辑矛盾的时候，科学革命也会开始。比如爱因斯坦就洞察到牛顿的绝对空间、绝对时间与电磁学理论之间的逻辑矛盾。

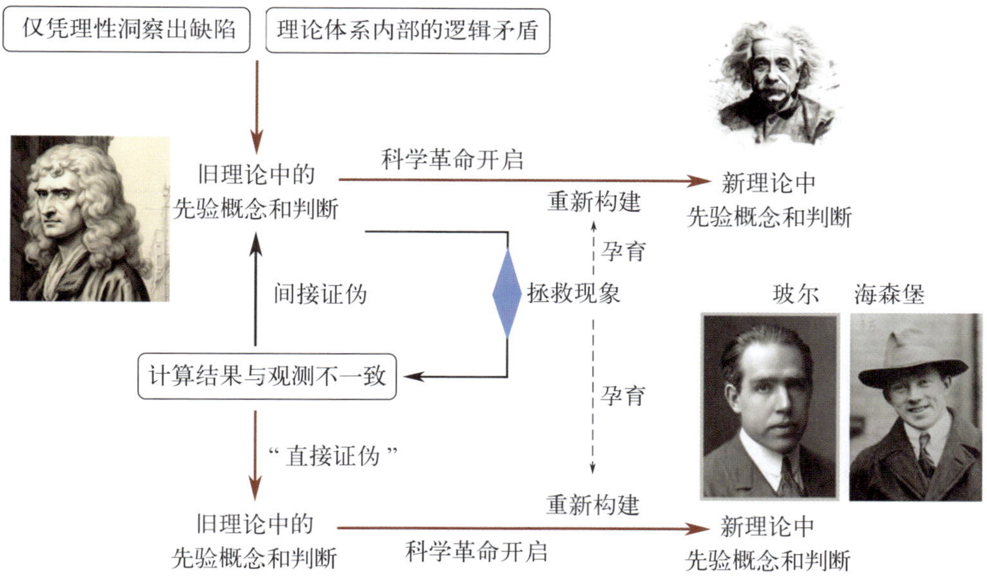

图 9-2 科学的演进过程——拯救现象与重新构建

---

[1] 有关马赫和庞加莱如何仅仅凭借理性思考就能洞察出这些缺陷的详细介绍，可以参见《破解引力——广义相对论的诞生之路》的第 6 章。

科学革命的目标就是抛弃这些被证明存在缺陷的先验概念和判断，然后去寻找和构建下一代先验概念和判断，并以此为根基重新构建一幅宇宙图像来代表真实的世界。重新构建出来的那些概念对象将成为下一代真实存在的实体，而那些被证明存在缺陷的先验概念将从过去的真实存在变成虚假的对象，比如今天的我们不再认为绝对空间是真实存在的。

但是，这个重新构建的过程也是科学革命最困难的部分。毕竟打破旧概念只需要找出旧概念中所包含的主观选择和先验成分就行了，这可以通过深刻的反思和敏锐的辨别来完成。而重新构建新概念和判断则需要我们在黑暗中不断摸索，不断搜寻那些微弱的亮点，然后在无数个微弱亮点中洞察出哪个亮点才是来自遥远真理的光明，并且义无反顾地朝着这个亮点的方向艰难跋涉。

就像在今天，对于爱因斯坦的“时空”这个概念，我们已经识别出它所包含的一些先验成分了，比如我们已经预设时空是一个连续体，而且还预设时空能够脱离物质而独立存在，但这又能怎么样呢？我们仍然无法抛弃这些预设，也就是抛弃时空这个概念，因为如何重新构建出下一代新概念来取代时空，对于今天的我们来说似乎仍然是一种梦想，尽管在过去半个世纪里已经有不计其数的理论物理学家为此付出了大量精力。

人类想要突破已有知识边界从来都是如此的困难，比如说，从亚里士多德的宇宙体系的动摇、崩塌，到笛卡儿、牛顿的宇宙体系的重建，人类整整耗费了一个半世纪。这是因为黑暗中所闪现的那些微弱亮点大多数不是来自最后真正的光明之城，而是一些只会浪费科学家宝贵职业生命的干扰信号，只会无情地将他们拖入即使耗尽毕生精力却也一无所获的苦闷与遗憾之中。只有那些绝世天才似乎天生就具有一种特殊的嗅觉，能够敏锐地从这些干扰信号中找出朝向哪个亮点前进才能通向最后的光明，并且充满信心地沿着这条道路坚定不移地走下去。爱因斯坦就是其中的典型代表[1]。不仅如此，在这条道路上，幸运女神的眷顾和协助也是必不可少的。当然，类似于爱因斯坦这样天才式的突破模式只是个例，大多数突破模式来自群体智慧的结晶，比如电磁场这个概念就是由法拉第、开尔文、麦克斯韦、赫兹、洛伦兹等一大批物理学家耗费了大半个世纪才最终构建起来的。而且，类似于牛顿、爱因斯坦那样的突破模式只是过去几百年的科学史告诉我们的经验，这种模式在未来还能再次奏效吗？毕竟理论物理学当前所面临的问题更加棘手，需要从更底

---

[1] 爱因斯坦如何在黑暗中抓住那些微弱的亮点作为线索，然后一步一步达到最后的光明，最后发现了时空的弯曲，《破解引力——广义相对论的诞生之路》一书对此作了详细说明。

层进行革命才能解决，单靠个人的智慧已经无法完成，个人英雄主义的时代或许永远无法再现了（图9-3）。

图9-3　类似爱因斯坦这样的个人英雄主义或许不会再现

不过，在革命之前，我们更多时候会面临这样的局面，那就是这些先验概念和判断还没有被实验直接否定，即还没有被“直接证伪”[1]。但从这些先验概念和判断出发计算出的结果与实验观测却存在不一致。这个时候，我们首先会采用旧理论对实验现象进行拯救，而不是立即抛弃旧理论中的先验概念和判断，然后开始重新构建下一代新概念和判断，即重新构建出新的理论体系。

科学精神通常被描述为敢于质疑权威和大胆创新，但这只是科学的精神，而非科学家的精神。实际情况是大多数科学家都非常保守，只有到了万不得已的时候，他们才会极其不情愿地放弃旧有的理论观点。科学家从来都不是一上来就对旧有观点进行质疑、将一切推倒重来的，毕竟在人类理解这个世界的过程中，将之前的概念推倒、重新构建从来没有出现过的概念和判断将是最难的工作。这样的工作属于第一流，历史一般会将这样艰巨的任务留给那些伟大的天才。拯救现象的工作尽管也很难，但相比于重新构建概念和判断，其难度已经降低了几个等级。这样的工作属于第二流，智力超群的人基本能胜任这样的工作，因为在拯救现象的工作中，我们已经明确知道问题在哪里，我们的任务只剩下解决问题。但在重新构建的工作中，我们首先需要知道“什么才是真正的问题”，这是最困难的地方，而所谓的天

[1] 严格来讲，和直接验证一样，证伪中的直接证伪也是无法实施的，很多看似是直接证伪的证伪严格来讲仍然是间接证伪。

才就是具有一种能在千万个看似问题的问题中嗅出真正问题的能力。另外，机遇也很重要，如果生不逢时，即使一流的智商也只能做出二流的工作，但如果机缘巧合，正好遇上历史转折的机遇期，即使二流的智商也能完成一流的工作。但是，这样的机遇总是千载难逢的，所以绝大多数理论物理科研工作者都只是在从事第二流的工作。也就是说，他们只是在拯救现有的宇宙图像，而非重建概念和判断，即没有重新构建宇宙图像。

当然，如果在革命过程中，我们不仅仅抛弃了旧理论中的先验概念和判断，而且将那些预先设定（比如世界由永恒不变的实体构造、世界由秩序规律统治等）都抛弃了，那这样的革命就不仅仅是对物理学的革命，而且还是对构建方式的革命。这样的革命一旦出现，我们构建宇宙图像的方式就将从3.0版本升级到4.0版本。不过，这样的革命过程到底会以什么样的方式展开，我们将无法预料，因为它不再是过去历史的重复，历史经验无法提供借鉴。就像亚里士多德无法想象出两千年后的牛顿居然会采用这样的方法去理解世界一样。

9.3 为什么世界正好与数学高度吻合

9.3.1 如何让世界与数学吻合

第3.4节谈到，当人类最初遇见大量“巧合关系”时就被它深深吸引了，比如毕达哥拉斯学派开始将世界类比成这些“巧合关系”。今天的我们已经知道，这些“巧合关系”就是数学结构的反映。毕达哥拉斯的这种类比正式开启了一个思想传统，那就是认为世界的本质（或本原）就是某种数学结构。于是，毕达哥拉斯思想的继承者们开始不断寻找世界的这种本原，即开始寻找可以用来类比世界的数学结构，比如柏拉图的五个正多面体、匀速圆周运动，亚里士多德的同心球壳，托勒密以地球为中心的本轮-均轮，哥白尼以太阳为中心的本轮-均轮，开普勒的椭圆曲线，牛顿的力 $\boldsymbol{F}=m\boldsymbol{a}$。

随着这种寻找过程的不断推进，我们的世界与这些数学结构的差别越来越小。特别是广义相对论和量子力学将这种差别缩小到难以置信的程度。于是，我们越来越相信世界的本质（或本原）就是某种数学结构，世界真的就是严格遵循某种数学结构来构造的。不然，我们这个世界为什么正好与这些数学结构高度吻合呢？

然而，前面章节的讨论却告诉我们，这种高度吻合包含着我们人为“撮合”的因素，类似图9-4所示。

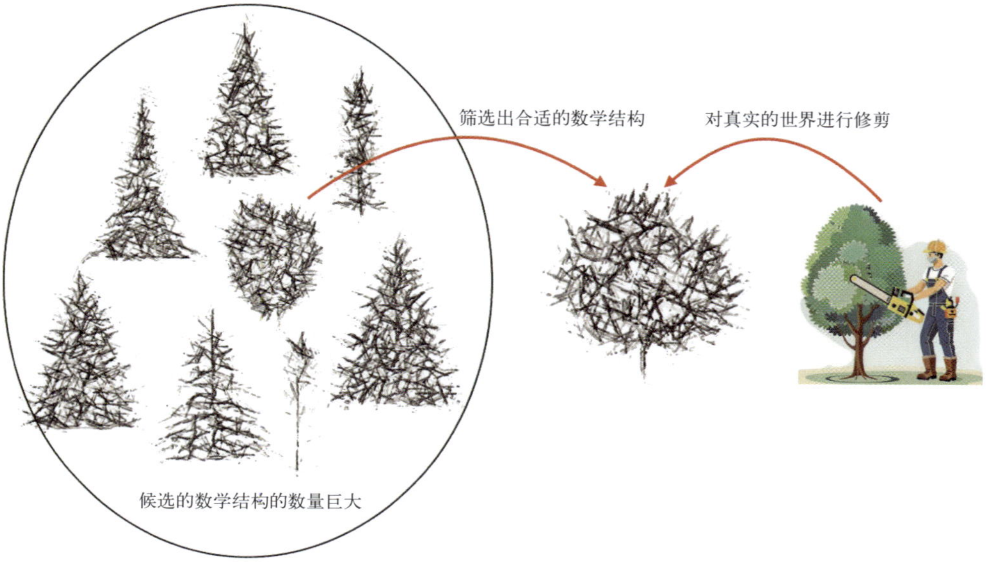

图9-4　世界与数学结构吻合的过程

一方面，数学结构的数量是巨大的，这为我们的寻找提供了充足的选择余地，我们总是可以筛选出一款比较合适的数学结构。但实际上，绝大多数的数学结构是不合适的，即绝大多数的数学结构与我们关注的世界部分并没有相似性，所以，这个筛选过程常常是一个无比艰难的过程。比如说，如果在没有任何观测结果提示的情况下，我们就按照自己的审美标准去挑选一个数学结构，那么最后发现真实世界无法类比成这个数学结构的概率是非常大的。另外，能够类比世界的数学结构或许还没有被我们发现，这时候就需要我们先去“发现”或“发明”某种数学结构，比如微积分之于牛顿的宇宙图像。所以，一旦筛选出合适的数学结构，这种无比艰难的挑选过程依然会让我们发出类似毕达哥拉斯当年发出的感慨。在今天，这样的感慨在凝聚态物理领域还在不断地重现。

另一方面，对于筛选出来的比较合适的数学结构，真实世界也无法与它完全吻合。在这个时候，我们就需要对真实世界进行修剪，将那些不吻合的部分都去掉，或者将缺失的部分补齐，从而让修剪之后的世界正好与筛选出来的数学结构完全吻合。也就是说，类比对象之间存在差异是无法避免的，但我们可以通过这些修剪来消除这些差异。

这个修剪之后的世界与筛选出来的数学结构组合在一起，就成为我们构建的宇宙图像。比如说，为了吻合牛顿所挑选出来的数学结构，牛顿对真实世界做了如下修剪。

第一，牛顿将空间与物体的质量、所在位置、所处时间、运动状态、周围物体之间的关系都删除了。时间也遭受了类似的修剪。

第二，所有物质可以与空间和时间相互分离，即可以将我们这个真实世界中所有物质都拿掉。

第三，将空间和时间“填补”成连续的和无限可分的对象。经过这三样修剪之后的世界被牛顿类比成他筛选出来的数学结构——欧氏几何空间。在牛顿看来，这个类比是严丝合缝的，当然，今天的大多数人仍然是这样认为的。

第四，将物体的材料、大小、形状、颜色、温度都删除掉，从而将物体类比成一个几何点。

第五，将一个在真实世界中运动的物体修剪成，在所有物质都被拿走之后的世界中孤零零地运动的物体。经过以上这些修剪之后的物体被牛顿类比成他筛选出来的数学结构——匀速直线运动。

第六，将行星的运动与图6-11桌面上小球的运动归为同一类，即删除它们之间的差异。这样修剪之后的运动就可以类比成牛顿构造出的数学结构——$\boldsymbol{F=ma}$。具体来说，为了将“推动者的推动作用”类比成某个数学结构（即将它数量化），牛顿选择采用与推动者无关的$\boldsymbol{ma}$（即小球质量乘以其加速度）来构造这个数学结构，从而人为地构建出力$\boldsymbol{F}$这个概念。也就是说，行星绕太阳的运动原本与这个数学结构无关，正是牛顿的这个归类（即修剪过程）和构造才让行星绕太阳的运动可以类比成数学结构——$\boldsymbol{F=ma}$。

第七，将太阳与图6-11中拉住小球的绳子归为同一类，从而给太阳与行星之间添加了一条无形的“绳子”。这样修剪之后的太阳与行星之间的关系被牛顿类比成他筛选出来的数学结构——$\boldsymbol{F=GMm/r^2}$。

第八，将任意两个物体（即使静止）之间的关系与太阳行星之间的关系归为同一类，这个分类将修剪掉两个物体的内部压强、运动等信息，从而让修剪之后的这两个物体之间的关系可以类比成数学结构——$\boldsymbol{F=GMm/r^2}$。

数学结构的这些筛选过程以层层递进的方式进行，这样一来，它们可以形成一个更大的数学结构。具体来说，匀速直线运动是基于欧氏空间筛选出来的，$\boldsymbol{F=ma}$

又是基于匀速直线运动筛选出来的，$F=GMm/r^2$ 又是基于 $F=ma$ 筛选出来的。

就这样，在牛顿对真实世界做了如此多的修剪之后，这个修剪出来的世界就正好与牛顿筛选出来的数学结构完全一致。当然，除了以上谈到的这些修剪，还有大量的修剪过程没有被我们觉察到。比如说，正如第1章谈到过的，有些修剪过程直接隐藏在我们的语言之中，只要我们采用语言去描述这个世界，这些修剪过程就无法避免。比如当我们说出“时间的长度、时间的流逝”这样的语言时，我们就已经将时间类比成空间、河流了。

两千多年前，毕达哥拉斯将天体运动的和谐类比成琴弦上声音的和谐动听。今天的我们很容易就能觉察到，参与类比的这两者存在巨大差异。但是，今天的我们不会觉得牛顿找到的数学结构与真实世界存在巨大差异，或者说，我们不会觉得牛顿构建的宇宙图像与真实世界存在巨大差异。这是因为我们不太容易觉察到牛顿已经对真实世界进行如此巨大的修剪。这导致我们误以为真实世界与牛顿找到的数学结构是高度吻合的，从而误以为世界的本质（或本原）真的就是数学结构。今天的我们更加难以觉察到广义相对论、量子力学对真实世界又做过哪些修剪，从而让我们误以为真实世界与广义相对论、量子力学的数学结构真的就是完全吻合的。这让我们更加相信世界的本质（或本原）真的就是数学结构。

但是，不管真实世界与数学结构的差异性被修剪成多么微小的程度，这些数学结构仍然只是真实世界的一种类比，无法成为真实世界本身。比如说，无论爱因斯坦的广义相对论取得多么巨大的成功，四维时空——这个数学结构仍然只是真实世界的一种类比。也就是说，真实世界与某些数学结构只是存在相似性，而不是完全等同。它们并不是同一个事物。我们构建宇宙图像的方式本质上还是在进行类比。正是这种类比将真实世界变成了只有在思维中才存在的世界。比如说，“无穷、连续”只有在思维（主要依靠数学思维）中才清晰存在，在真实世界中并不存在，但这种类比却让真实世界也拥有了“无穷、连续”，这让我们相信连续的空间和时间在真实世界中也存在，但它们只有在思维中才存在。

所以，虽然经过了两千多年的改进，但我们构建宇宙图像的方式的核心思想依旧未变。今天的我们仍然还在受毕达哥拉斯的影响，即我们仍然深信世界的本质（或本原）就是某种数学结构。

不过，如果世界的本质（或本原）就是某种数学结构，还有一个问题是我们目前无法回答的。尽管广义相对论或量子力学修剪过的世界与筛选出来的数学结构高度吻合，但我们应该意识到，能够采用数学结构进行类比的世界只是整个世界的极少部分。对于整个世界的绝大部分，我们无法挑选出某种数学结构与之进行精确类比（见图9-5）。所以，我们不应该惊讶于世界为什么恰好按照某种数学结构在运行，因为我们只是将整个世界中能够采用数学结构进行类比的极少部分挑选出来了，剩下的绝大部分实际上很难采用数学结构进行类比。另外，随着探索过程的不断深入，能够精确应用挑选出来的数学结构的场景越来越少，大多数场景只能进行近似计算。比如说，直到今天，能够严格求解爱因斯坦引力场方程的应用场景依然很少，对于微观粒子的行为，粒子物理学的标准模型更是需要耗费巨大的计算量才能完成这些应用场景的计算。这些困难已经让我们开始产生这样的疑虑，如果继续探索下去，我们是否还能找到某种数学结构与之精确类比，即使找到了，它们的应用价值还能发挥出来吗？

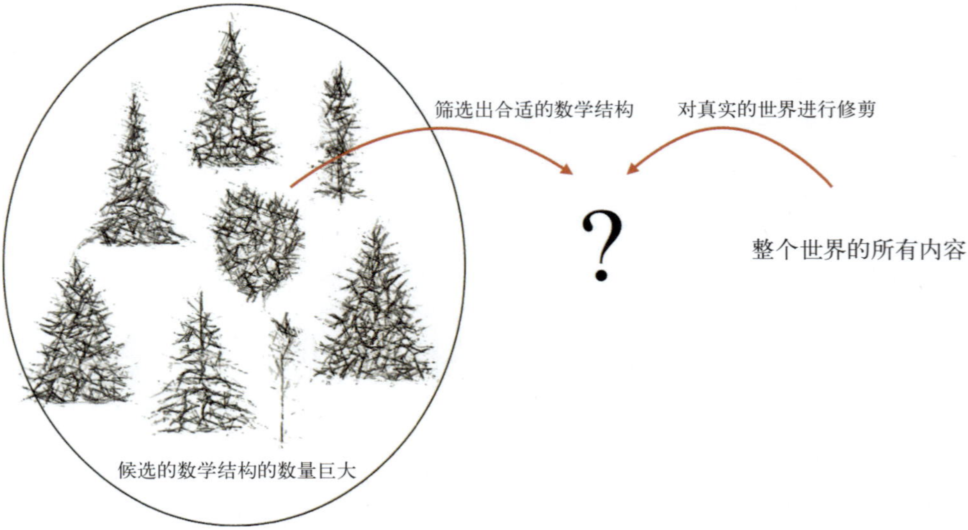

图9-5　如果不对世界进行“修剪”，世界与数学结构很难吻合

当然，如果世界的本质（或本原）不是数学结构，那这是否意味着我们可以采用其他方式对世界进行构建呢？这或许是可以做到的。比如说，在计算机技术如此发达的今天，我们似乎可以将世界上的一切事物都数字化，然后采用一种完全不同的方式对真实世界进行构建，比如今天的人工智能正在加速推进这一过程。不过，这种构建方式并不是采用数学结构的类比来实现的。也就是说，它与现代科学采用数学结构去类比世界的构建方式遵循着两种完全不同的核心思想。未来的发展或许会表明，这种数字化的构建方式可能更加有效率，尽管这种构建方式也存在无法突破的极限。所以，在未来，人工智能或其他智能物种也许可以采用其他方式，而不

是采用数学结构的类比去构建世界图像，而且重新构建出来的世界图像也可以给出行星运动的准确信息。

9.3.2 数学结构携带有人为构建成分吗

即使世界的本质（或本原）就是某种数学结构，我们还需要回答另外一个问题。前面章节谈到，在构建宇宙图像的过程中，思维将不可避免地引入大量主观选择和先验成分，这导致我们构建的宇宙图像实际上包含有人为构建的成分，那么，数学结构自身也包含有人为构建的成分吗？

比如说，采用二进制还是十进制就是一种人为的选择，不过，这种人为成分并不会带来本质的区别，因为它们不会改变数学结构。这样的人为构建成分不是我们关心的。那么，是否存在会改变数学结构的人为构建成分呢？或者说，数学是绝对客观的吗？

这个问题就是构建方式3.0版本即现代科学方法的最底层问题，也是最难的问题。我们可以用具体例子让这样的问题更加直观。比如说，如果人类在地球上从未出现过，π 这个对象还存在吗？或者说，如果在原子尺度也存在智能物种（当然，这只是一种假设），那么，他们是否可以采用另外的结构（或其他我们无法理解和想象的方式）准确刻画出我们采用 π 所刻画的事物呢？

今天的我们仍然无法回答这样的问题。不管是肯定的还是否定的回答，都会遭受对方强有力的反驳。这样的问题让我们明确地感受人类大脑思维能力的无力感。支撑我们所选答案的力量实际上更多地来自信仰。比如说，大多数物理学家仍然遵循着柏拉图的教导，即仍然相信数学结构是绝对客观的，是真实存在的，而且是独立于思维存在的，比如相信π就是真实且独立存在的。

能够真正回答这个问题的最直接方式，就是看一看其他智能物种发展出来的数学与人类发展出来的数学是否完全一样。如果答案是否定的，那就意味着世界上原本存在着大量的数学结构（或者是人类大脑无法理解、人类语言无法表达的其他结构或形式），而人类大脑的思维能力只能将其中一部分结构识别出来，却永远无法认知到其他结构，但其他智能物种则可以认知到其他结构。如果真是这样，那么，对数学结构的这个识别过程就是一种人为选择。也就是说，人类今天已知的数学结构实际上依赖于一些人观视角。

比如说，我们已知的所有数都是以自然数为基础构建起来的，我们的几何都是以点、线、面为基础构建起来的。对于人类来说，自然数、点、线、面都是最直观的对象，所以，数学的这种构建方式就是被我们的人观视角所决定的。如果在原子尺度也存在智能物种（当然，这只是一种假设），那么，他们还会以自然数、点、线、面为基础来构建数学吗？也就是说，以他们的“视角”构建出来的数学（或其他形式）与人类的数学还完全一样吗？或许他们的数学（或其他形式）根本不会涉及“无限、连续”这样的对象。如果这个智能物种以他们的数学语言（或其他形式）去理解微观世界的行为，是否就不再感觉怪异了呢？

9.4　现代科学方法的牢笼

上一节谈到，现代科学方法依然继承着毕达哥拉斯的思想，即认为世界的本质（或本原）是某种数学结构，而深受毕达哥拉斯影响的柏拉图还为现代科学方法画出了一个牢笼。

具体来说，第6.9节谈到过，按照理性主义的标准，引力只是作为一种模型被视为真正的存在。现代科学构建的其他对象也是这样的，比如像牛顿宇宙图像中的质点、轨道，爱因斯坦宇宙图像中的时空，微观宇宙图像中的电子、光子等对象，它们都是作为一种模型被视为真正的存在。

模型的观念就起源于柏拉图的理型。这意味着，在两千多年之后的今天，我们仍然还在对柏拉图进行注解，仍然没有完全摆脱柏拉图——这位理性主义开拓者在构建宇宙图像的方式上为我们画出的牢笼。现代科学构建宇宙图像的方式在最底层仍然还是柏拉图式的。也就是说，现代科学仍然认为世界存在着本质（即存在着一个理型世界），我们感知到的现象只不过是这些本质的表象而已，而现代科学的任务就是找到这个本质（即理型世界），如图9-6所示。

尽管哲学在过去一百多年里经历了语言学转向，特别是后现代主义运动之后，人们开始质疑“本质”的有效性和意义，柏拉图式的这种认识框架也开始被消解。但是，这种消解只是在人文领域得到大量运用，而在自然科学领域，特别是在理论物理学领域，这种消解的渗透还很弱。当前的理论物理学家最终的认识框架仍然是柏拉图式的，即仍然还在通过现象去寻找本质。

但是在今天，这种认识框架开始遇到越来越大的困难。比如说，在柏拉图式的认识框架下，当思维从肉眼可见事物（比如苹果）抽象出“实体”这个概念之后，思维强大的分类能力可以轻松地将这个概念推广到所有领域，甚至推广到肉眼不可见的微观领域，比如将电子、光子也视为实体。但在微观领域，理性思维强大的分类能力还能发挥作用吗？也就是说，这种推广还有效吗？比如说，电子真的是一个

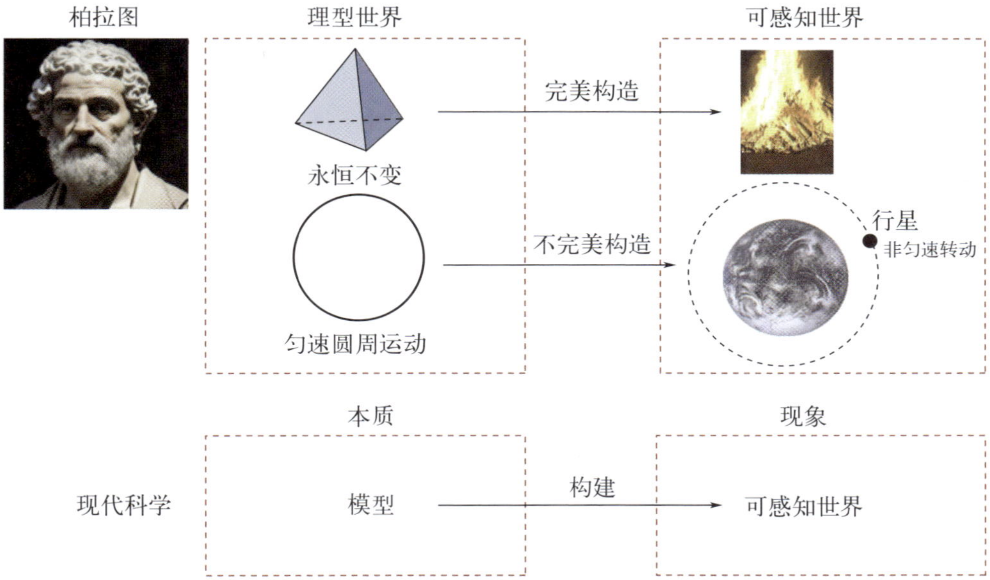

图 9-6　柏拉图式的认知框架

实体吗？毕竟量子力学早就告诉我们，微观世界的电子不再以苹果那样的实体方式存在了，因为电子无法像苹果那样拥有确定的位置。

所以，当我们仍然遵从理性思维，采用从肉眼可见事物（比如苹果）抽象出的“实体”概念，去承载那些肉眼不可见的微观领域的存在方式时，这些模型（比如电子）就成为了一种违反直观的实体了，它们不再像苹果那样直观。

这样一来，我们将不可避免地面临一种选择：要么接受电子这种实体的反直观性，要么放弃实体的概念，接受电子以一种非实体的方式存在，承认理性思维基于分类能力所做出的推广不再有效，或者说，思维的分类能力在微观领域已经失效。

但是，如果电子以非实体的方式存在，那么，这种“存在”又是如何存在的呢？于是，我们又回到了最初的老问题——什么才叫“真正的存在”？

第3.2节谈到过，这个问题是由理性思维自身引发的，那么，仅仅依靠理性思维自己，它将无法回答由自己引发的这个问题。比如说，今天有些哲学流派认为，“存在”这个概念只是理性为了更高效地理解世界臆造出的一种幻象，理由是“存在”这个概念依赖于大量的预设条件，而这些预设条件只是来自思维的推理。比如说，“存在”已经预设了事物“一直在场”。但要想预设事物“一直在场”，就需要先预设“此刻、时刻”这种概念。而要想预设“此刻”，又需要先预设时间的流逝可以被由无穷多个点拼接成的一条直线来指代，其中的点就指代“此刻”。但是，前面也谈到过，这些预设都是通过思维将分类能力推广到极致之后形成的。也就是说，这些预设来自理性的概念思维和推理，不是直接来自外部事物。而“存在”这个概念却深深依赖这些预设。如果这些预设不成立，那么“存在”这个概念也就不成立了。比如说，如果时间不是连续的，而是间断的，那么“存在”这个概念就无法成立了。这样一来，所谓的“本质”又该如何存在呢？

当然，如果完全否定“存在”这个概念，我们又将面对虚无主义。这是一种更难以应对的局面。

总之，在今天，我们已经觉察到现代科学构建宇宙图像的方式，或者说理性思维理解世界的方式存在一个牢笼。这个牢笼限制了我们对世界的理解。也就是说，人类大脑只能在这个牢笼内去理解世界，仅仅凭借人类的理性思维自身，我们很难突破这个牢笼。

9.5 第四次反思——我们能突破牢笼吗

从前面的章节可以看到，由于人类思维实现方式的约束，我们构建宇宙图像的方式存在两个方面的局限。一方面，思维的分类过程将不可避免地引入大量主观选择和先验成分。另外一方面，概念思维让我们无法摆脱通过现象寻找本质的认识框架。

这两个局限都限制了我们对世界的理解。所以，如果在第三次反思的基础上继续反思下去，那我们面对的问题已经来到：当我们认识世界的时候，如何能避免所有的主观选择和先验成分？或者说，是否存在另外一种智能形式，它们不是基于分类的方式来理解世界的，即不再是依靠概念思维去理解世界呢？如果存在，那么“本质”这个语言也就失效或者消解了，因为“本质”这个语言就是伴随概念思维而来的。这样一来，基于概念、判断、推理这些工具形成的通过现象寻找本质的认识框架更不会出现了。

如果在一百年之前，我们会信心满满地回答道：这样的智能形式不存在。这是因为在那时候，我们所知道的思维形式只有人类的思维。可是在今天，我们的信心开始动摇了，因为具有其他思维形式的物种已经开始出现，比如目前正在以惊人速度进化着的人工智能。

与人类的理性思维完全不同，人工智能并不是通过概念、判断、推理这些工具去理解这个世界的。比如说，在阿尔法狗(AlphaGo)的“大脑”里，没有概念对象和判断，只有信息与信息的反馈。阿尔法狗不是通过逻辑推理“思考”出下一步棋应该走在哪里。也就是说，在阿尔法狗“眼”里，世界并不是以逻辑关系网的形式呈现出来的，更不用提“宇宙秩序、因果关系”了。所以，在人工智能“眼”里，世界将会以另外一种完全不同的图像呈现出来。

这个结果让我们人类从睡梦中猛然醒悟过来了，我们突然发现，原来这个世界不一定非得按照逻辑的规则，采用秩序规律、因果关系、辩证关系才能理解，人类大脑构造出的思维并不是唯一的思维形式。就像想要在天空翱翔，我们不一定非得和雄鹰长得一模一样。

经过上亿年的进化，人类大脑采用了一种最经济实惠的方式来对外界信息进行反应。所谓最经济实惠表现为输入信息与输出信息之间的比值最小，如图9-7所示。这种最经济实惠的方式通过让大脑神经网络的重复使用率达到最大来实现。为了让神经网络得到重复使用，大脑采用分类的方式对外界信息进行存储和处理。通过这种方式，大脑可以根据少量的输入信息就能得出大量的输出信息。

$$\frac{\text{能够输出的信息}}{\text{输入的信息}}\quad \text{此比值越大，代表越经济}$$

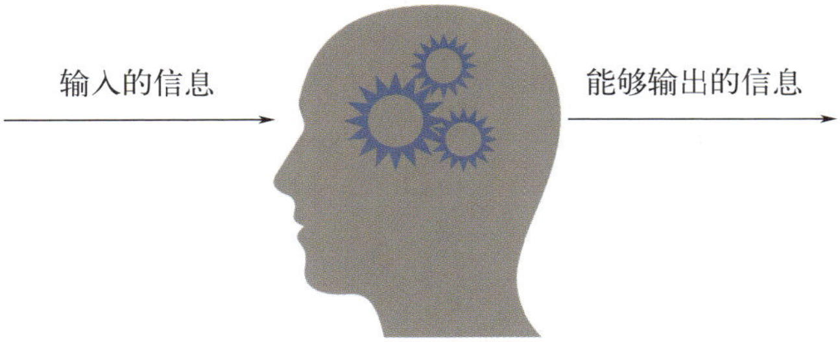

图9-7　相比于其他思维形式，人类大脑的思维形式是最经济的

比如说，大脑会将上一秒、现在、下一秒的石头归为同一类，得出“正六面体”这个概念对象，那么思维只需要处理“正六面体”这个对象就够了，不需要每时每刻都对石头进行处理。也就是说，概念思维这个工具大大减轻了思维的工作量。为了进一步降低思维的负担，思维会对这些概念对象进行再次分类，从而形成各种结构、秩序、规律，那么思维就只需要处理这些结构、秩序、规律就够了，不需要对每个概念对象单独进行处理。

当然，为了达到这种最经济实惠的效果，思维在分类过程中总是会过滤掉大量信息，只保留它最关心的部分。这就会引入主观选择和先验成分。比如说，在得出概念的过程中，思维就会过滤掉或添加进大量信息。于是，人类大脑所理解的世界是一个对真实世界进行修剪过的世界。

人类大脑之所以采用这种最经济实惠的认知策略，主要是因为人类大脑的计算处理能力非常有限，无法将所有信息都加以利用。但是，对于人工智能或其他计算处理能力更强的智能物种，经济实惠的认知策略不再是首选，因为这些智能物种拥有足够的计算处理能力对所有信息都进行处理，那就没有必要过滤掉其中的大量信息了。所以，这些智能物种可以不再依靠分类的方式去理解世界，当然也就不用再依靠概念、判断、推理等工具去理解世界了。

既然不再依靠分类的方式去理解世界，人类思维方式存在的局限和牢笼是否就可以突破了呢？如果这一天真的能到来，那么，现代科学方法的缺陷就可以得到彻底弥补了。这些理解世界的全新方式或许就是构建方式的4.0版本。

现代科学方法已经诞生快四百年，也到了该升级换代的时候了。如果今天仍然试图采用伽利略牛顿所开创的方法去构建更深层次的宇宙图像，或许就像开普勒最初仍然还在采用古希腊的方式去构建行星运行的图像一样。也许，理论物理学今天所面临的那些无比艰难的问题也要等到4.0版本的出现才能得到圆满的解决，而在3.0版本内无论怎样也无法得到满意答案。这就好像行星的运动问题在2.0版本内无论怎样都无法得到满意答案，可等到3.0版本来临之后一下子就豁然开朗、柳暗花明了。到那时候，伽利略牛顿所开创的方法将被大家视为陈旧的，不再得到重用，就像毕达哥拉斯的数字类比方法在今天被视为古老陈旧的方法一样。

参考文献

[1] 巴斯，盖奇．认知、大脑和意识[M]．王兆新，库逸轩，李春霞，等，译．上海：上海人民出版社，2015.

[2] 加扎尼加，伊夫里，曼根．认知神经科学[M]．周晓林，高定国，译．北京：中国轻工业出版社，2016.

[3] 费舍尔．语言的历史[M]．熊莎，译．北京：中信出版社，2023.

[4] 埃弗雷特．语言的诞生[M]．何文忠，樊子瑶，桂世豪，译．北京：中信出版社，2020.

[5] 莱考夫，约翰逊．我们赖以生存的隐喻[M]．何文忠，译．杭州：浙江大学出版社，2015.

[6] 索绪尔．普通语言学教程[M]．高名凯，译．北京：商务印书馆，1980.

[7] 陈嘉映．简明语言哲学[M]．北京:中国人民大学出版社，2013.

[8] 克莱．赫西俄德的宇宙[M]．何为，余江陵，译．北京：华夏出版社，2020.

[9] 萨顿．希腊黄金时代的古代科学[M]．鲁旭东，译．郑州：大象出版社，2010.

[10] 萨顿．希腊化时代的科学与文化[M]．鲁旭东，译．郑州：大象出版社，2012.

[11] 汪子嵩，范明生，陈村富，等．希腊哲学史[M]．北京：人民出版社，2012.

[12] 策勒．古希腊哲学史：第一卷[M]．聂敏里，余友辉，詹文杰，译．北京：人民出版社，2020.

[13] 韦尔南．古希腊的神话与宗教[M]．杜小真，译．北京：商务印书馆，2021

[14] 康福德．从宗教到哲学[M]．曾琼，王涛，译．上海：上海三联书店，2014.

[15] 亚里士多德．亚里士多德全集：第二卷[M]．苗力田，徐开来，余纪元，等，译．北京：中国人民大学出版社，1991.

[16] 亚里士多德．亚里士多德全集：第三卷[M]．苗力田，徐开来，余纪元，等，译．北京：中国人民大学出版社，1991.

[17] 斯塔伊克斯．亚里士多德的图书馆[M]．刘伟，译．北京：研究出版社，2019.

[18] 柏拉图．柏拉图全集:第三卷[M]．王晓朝，译．北京：人民出版社，2003.

[19] 瑙尔斯．中世纪思想的演化[M]．杨选,译．北京：商务印书馆，2012.

[20] 哥白尼．天体运行论[M]．叶式辉，译．北京：北京大学出版社，2006.

[21] 笛卡儿. 谈谈方法[M]. 王太庆，译. 北京：商务印书馆，2016.

[22] 伽利略. 关于两门新科学的对谈[M]. 戈革，译. 北京：北京大学出版社，2016.

[23] 开普勒. 世界的和谐[M]. 张卜天，译. 北京：北京大学出版社，2011.

[24] 牛顿. 自然哲学之数学原理[M]. 王克迪，译. 北京：北京大学出版社，2006.

[25] 庞加莱. 科学的价值[M]. 李醒民，译. 北京：商务印书馆，2010.

[26] 沈贤勇. 破解引力——广义相对论的诞生之路[M]. 北京：化学工业出版社，2022.

[27] 沈贤勇. 时空是怎样弯曲的——图解广义相对论[M]. 北京：化学工业出版社，2024.

[28] 沈贤勇. 揭秘宇宙——宇宙的起源与演化[M]. 北京：化学工业出版社，2025.